全国一级造价工程师职业资格考试

建设工程计价

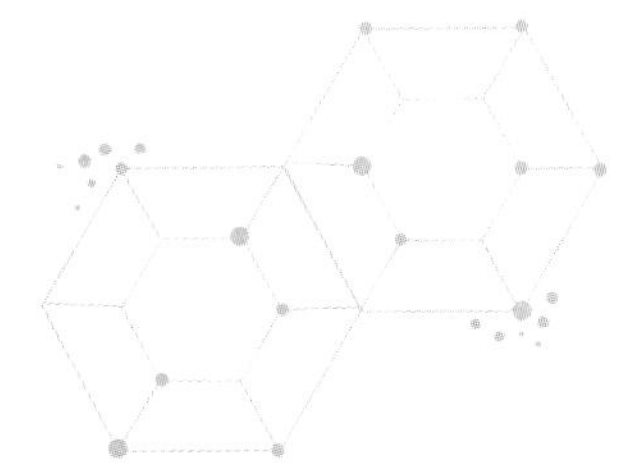

精选章节习题集

环球网校造价工程师考试研究院 组编

图书在版编目（CIP）数据

建设工程计价/环球网校造价工程师考试研究院组编.—北京：中国石化出版社，2020.5（2020.12重印）
ISBN 978-7-5114-5813-1

Ⅰ.①建… Ⅱ.①环… Ⅲ.①建筑工程—工程造价—资格考试—自学参考资料Ⅳ.①TU723.3

中国版本图书馆CIP数据核字（2020）第073128号

中国石化出版社出版发行
地址：北京市东城区安定门外大街58号
邮编：100011　电话：(010)57512500
发行部电话：(010)57512575
http：//www.sinopec-press.com
E-mail：press@sinopec.com
三河市中晟雅豪印务有限公司印刷
全国各地新华书店经销
*
787×1092毫米 16开本 15印张 371千字
2020年6月第1版　2020年12月第2次印刷
定价：48.00元

环球君带你学造价

根据《造价工程师职业资格制度规定》，国家对造价工程师实行准入类职业资格制度，纳入国家职业资格目录。凡从事工程建设活动的建设、设计、施工、造价咨询等单位，必须在建设工程造价工作岗位配备造价工程师。因此，一级造价工程师职业资格考试一直以来热度不减，具有通过率低、难度大等特点。

全国一级造价工程师职业资格考试分为建设工程造价管理、建设工程计价、建设工程技术与计量、建设工程造价案例分析共4个科目。其中，第三科目“建设工程技术与计量”及第四科目“建设工程造价案例分析”分为土木建筑工程、交通运输工程、水利工程、安装工程4个专业类别，考生在报名时可根据实际工作需要选择其中一个专业。这4个科目分别单独考试、单独计分。在连续的4个考试年度通过全部考试科目，方可获得一级造价工程师职业资格证书。

为帮助考生顺利通过考试，环球网校造价工程师考试研究院对繁杂的考试内容进行了系统的研究、思考、总结，编写了本套精选章节习题集。建议您按照如下方法使用本书：

◇ 科学规划备考进度，强化阶段连续8周做题

本套习题集对一级造价工程师职业资格考试的章节习题进行了梳理，按照章节顺序分配到8周中，帮助考生规划每周的学习任务。其中，前7周主要是各个章节的同步练习，目的是及时复习、夯实基础；第8周是做两套真题选编，目的是实战演练、做好准备。建议考生在完成基础阶段的学习后，在强化阶段做章节练习题，从而系统、全面地掌握知识。此外，坚持连续8周做题，可以养成坚持不懈、持之以恒的学习习惯，为以后的发展奠定基础。

◇ 夯实基础知识，重视错题分析

本书按照章节顺序呈现习题，并对习题进行了分类。标注“必会”的知识点及题目是需要考生重点掌握的；标注“重要”的知识点及题目需要考生会做并能运用；标注“了解”的知识点及题目，考生了解即可，不是考试重点。本书中的每道题都是环球网校造价工程师考试研究院根据考试频率和知识点的考查方向精挑细选出来的，相信考生通过做本套精选章节习题集，可以打好扎实的基础。

此外，建议考生对错题进行整理和分析，从每一道具体的错题入手，分析错误的知识原因、能力原因、解题习惯原因等，从而完善知识体系，达到高效备考的目的。

◇“码”上听章节导学课、真题视频解读

本书在每章都设置了章节导学课二维码，考生可以扫码听课。章节导学课与每章节的思维导图相结合，即可掌握每章主要知识架构，增强知识之间的联系，加深对知识的掌握程度。

做完章节练习题，掌握全书知识脉络后，一定要做套卷进行模拟考试。本书在最后设置了两套真题选编，精心选择近年的最新真题，旨在让考生进行模拟练习，检测自己的复习情况，进而胸有成竹地参加考试。

本套精选章节习题集由环球网校造价工程师考试研究院的蒋莉莉、武立叶、张静、胡倩倩、汤菁、王东、陈钰莹、刘晓溪等老师主笔编写，在此表示感谢！希望各位考生勤于思考、善于总结，灵活运用所学知识，提升抽丝剥茧、融会贯通的能力，从而通过造价工程师职业资格考试！

相信本套图书可以帮助您在短时间内熟悉出题“套路”、学会解题“思路”、找到破题“出路”。在造价工程师职业资格考试之路上，环球网校与您相伴，祝您一次通关！

请大胆写出您的得分目标：＿＿＿＿＿＿＿＿

环球网校造价工程师考试研究院

目录

参考答案及解析

第一章

建设工程造价构成

（建议学习时间：**1**周）

学习计划（第1周）：

Day 1

Day 2

Day 3

Day 4

Day 5

Day 6

Day 7

扫码即听
本章导学

第一章　建设工程造价构成

第一节　概　述

知识脉络

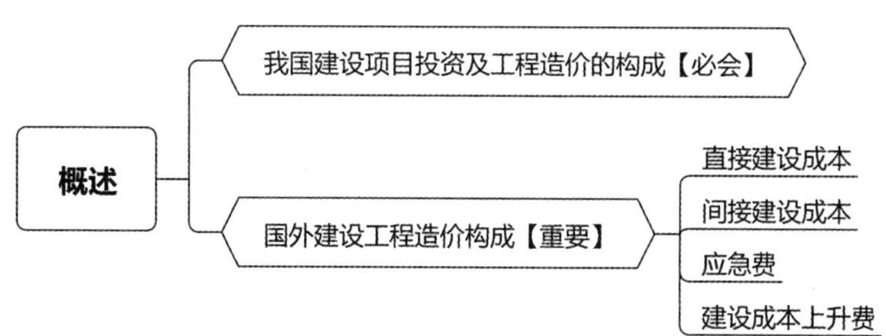

考点 1　我国建设项目投资及工程造价的构成【必会】

1. **【单选】**建设项目总投资是为完成工程项目建设并达到使用要求或生产条件，在建设期内预计或实际投入的全部费用。下列关于我国现行建设项目总投资的说法中，正确的是（　　）。
   A. 生产性建设项目的总投资由建设投资、建设期利息、应急费用以及流动资金构成
   B. 非生产性建设项目总投资由建设投资和建设期利息构成
   C. 建设项目总投资由工程费用和流动资金构成
   D. 固定资产投资与建设项目工程费用在量上是等价的

2. **【多选】**根据《建设项目经济评价方法与参数（第三版）》（发改投资〔2006〕1325 号）的规定，建设投资包括（　　）。
   A. 建设期利息　　B. 工程费用
   C. 工程建设其他费用　　D. 预备费
   E. 流动资金

3. **【单选】**根据我国现行建设项目投资构成，下列属于工程费用的是（　　）。
   A. 建设用地费　　B. 应急费
   C. 设备及工器具购置费　　D. 基本预备费

4. **【单选】**为完成工程项目建设并达到使用要求或生产条件，在建设期内预计或实际投入的全部费用总和为（　　）。
   A. 固定资产投资　　B. 建设项目总投资
   C. 建设投资　　D. 工程费用

5. **【单选】**在建设项目总投资中，为完成工程项目建设，在建设期内投入且形成现金流出的全部费用是（　　）。
   A. 工程造价　　B. 建设项目总投资
   C. 建设投资　　D. 工程费用

6. 【单选】固定资产投资与建设项目的（　　）在量上相等。

A. 建设投资　　B. 工程造价

C. 建设项目总投资　　D. 建设期利息

7. 【单选】某建设项目建筑安装工程费为3000万元，设备购置费为1000万元，工程建设其他费为500万元，预备费为170万元，建设期利息为120万元，流动资金为500万元，则该项目的工程造价为（　　）万元。

A. 4670　　B. 4790

C. 4620　　D. 5290

8. 【单选】在建设项目总投资中，生产经营性建设项目为保证投产后正常的生产运营所需，并在项目资本金中筹措的自有流动资金是（　　）。

A. 流动资产投资　　B. 铺底流动资金

C. 流动资产　　D. 流动资金

9. 【单选】在建设期预计或实际支出的建设费用是（　　）。

A. 工程造价　　B. 建设项目总投资

C. 建设投资　　D. 工程费用

10. 【多选】非生产性建设项目总投资的内容包括（　　）。

A. 价差预备费　　B. 流动资金

C. 工程建设其他费　　D. 基本预备费

E. 建筑安装工程费

考点 2　国外建设工程造价构成【重要】

1. 【多选】世界银行、国际咨询工程师联合会规定工程项目总建设成本包括（　　）。

A. 项目直接建设成本　　B. 项目间接建设成本

C. 预备费　　D. 应急费

E. 建设成本上升费

2. 【单选】下列有关未明确项目准备金描述正确的是（　　）。

A. 用于支付天灾、非正常经济情况及罢工等情况

B. 用于补偿物质、社会和经济变化引起的估算增加的情况

C. 用于支付工作范围以外可能增加的项目

D. 用于在估算时不可能明确的潜在项目

3. 【单选】国外建设工程造价构成中，用于在估算时不可能明确的潜在项目，包括那些在做成本估算时因为缺乏完整、准确和详细的资料而不能完全预见和不能注明的项目是（　　）。

A. 未明确项目的准备金　　B. 不可预见准备金

C. 建设成本上升费用　　D. 基本预备费

4. 【多选】下列项目中，属于世界银行工程造价构成中应急费的有（　　）。

A. 零星杂项费用　　B. 服务性建筑费用

C. 未明确项目的准备金　　D. 不可预见准备金

E. 工艺设备费

5. 【多选】下列关于国外建设工程造价构成中，说法正确的有（　　）。

A. 工艺设备费包括海运包装费用、交货港离岸价及税金

B. 临时公共设施及场地的维持费属于项目直接建设成本

C. 运费和保险费属于项目直接建设成本

D. 未明确项目准备金可能发生，也可能不发生

E. 建设成本上升费是为了补偿直至工程结束时的未知价格增长

6.【单选】下列费用中，属于项目间接成本的是（　　）。

A. 运费和保险费　　B. 建筑保险和债券

C. 土地征购费　　D. 设备安装费

7.【单选】国外建筑工程造价构成中，反映工程造价估算日期至工程竣工日期之前，工程各个主要组成部分的人工、材料和设备等未知价格增长部分的是（　　）。

A. 直接建设成本　　B. 建设成本上升费

C. 不可预见准备金　　D. 未明确项目准备金

第二节　设备及工、器具购置费用的构成和计算

知识脉络

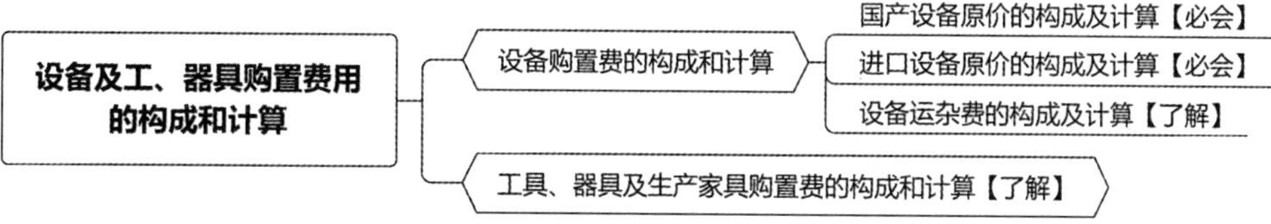

考点1　国产设备原价的构成及计算【必会】

1.【单选】根据我国现行工程造价构成，属于固定资产投资中积极部分的是（　　）。

A. 建筑安装工程费

B. 设备及工、器具购置费

C. 建设用地费

D. 可行性研究费

2.【多选】关于国产非标准设备相关价格，下列计算式中正确的有（　　）。

A. 材料费＝材料净重×（1＋加工损耗系数）×每吨材料综合价

B. 加工费＝设备总重量×设备每吨加工费

C. 辅助材料费＝设备总重量（吨）×辅助材料费指标

D. 增值税＝进项税额－当期销项税额

E. 当期销项税额＝销售成本×适用增值税率

3.【单选】用成本计算估价法计算国产非标准设备原价时，包装费的计算基数中不包括的费用项目是（　　）。

A. 专用工具费　　B. 废品损失费

C. 外购配套件费　　D. 非标准设备设计费

4.【单选】某项目采购一台国产非标准设备，按成本计算估价法计算原价，已知材料费为20万元，辅助材料费为1万元，加工费为3万元，外购配套件费为5万元，专用工具费率为3%，废品损失费率为2%，包装费为1%，利润率为8%，增值税税率为15%，则该设备原价中的利润为（　　）万元。

A. 2.74　　B. 2.54

C. 2.34　　D. 2.04

5.【多选】用成本计算估价法计算国产非标准设备原价时，利润的计算基数包括的费用项目有（　　）。

A. 专用工具费　　B. 废品损失费

C. 外购配套件费　　D. 包装费

E. 加工费

6.【单选】在国产非标准设备原价的计算过程中，可以作为利润计算基数的是（　　）。

A. 包装费

B. 增值税

C. 外购配套件费

D. 非标准设备设计费

7.【多选】按成本计算估价法计算利润的计算基数包括（　　）。

A. 材料费、加工费、外购配套件费

B. 材料费、辅助材料费、废品损失费

C. 专用工具费、废品损失费、包装费

D. 外购配套件费、废品损失费、包装费

E. 专用工具费、废品损失费、外购配套件费

8.【单选】关于国产设备原价的构成及计算，正确的是（　　）。

A. 设备原价一般不含备品备件费在内

B. 国产非标准设备原价可以通过向设备生产厂家询价得到

C. 非标准设备原价中利润的计算基数包含外购配套件费

D. 非标准设备原价中增值税的计算基数是销售额

9.【多选】国产非标准设备原价的常用计算方法有（　　）。

A. 定额估价法

B. 查询对比估价法

C. 成本计算估价法

D. 分部组合估价法

E. 系列设备插入估价法

10.【单选】某工程采购一台国产非标准设备，制造厂生产该设备的材料费、加工费和辅助材料费合计 20 万元，专用工具费率为 2%，废品损失率为 8%，利润率为 10%，增值税率为 13%。假设不再发生其他费用，则该设备的销项增值税为（　　）万元。

A. 4.08　　B. 4.09

C. 4.11　　D. 3.15

11.【单选】某工程采购一台国产非标准设备，制造厂生产该设备的材料、加工费和辅助材料费合计 20 万元，专用工具费率为 2%，废品损失费率为 8%，包装费费率为 1%，利润率为 10%，外购配套件费为 3 万元，增值税率为 13%，非标准设备的设计费为 1 万元，则该设备的原价为（　　）万元。

A. 30.23　　B. 34.69

C. 31.58　　D. 32.09

考点 2　进口设备原价的构成及计算【必会】

1.【多选】在 FOB 交货方式下，卖方的基本义务有（　　）。

A. 负责租船或订舱

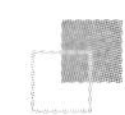

B. 办理货物出口所需的一切海关手续

C. 将货物交到买方指派的船上

D. 支付运费

E. 负担货物在装运港装上船后的一切费用和风险

2. **【单选】**关于进口设备的交易价格，以下说法正确的是（　　）。

A. FOB 交货方式下，费用划分与风险转移的分界点不一致

B. FOB 交货方式下，费用划分与风险转移的分界点相一致

C. CFR 交货方式下，费用划分与风险转移的分界点相一致

D. CIF 交货方式下，费用划分与风险转移的分界点相一致

3. **【单选】**某进口设备人民币到岸价 400 万元，国际运费折合人民币 30 万元，运输保险费率为 3‰，则该设备的货价折合人民币（　　）万元。

A. 360.2　　B. 398.8

C. 368.8　　D. 370.5

4. **【多选】**关于进口设备到岸价的构成及计算，下列公式中正确的有（　　）。

A. 外贸手续费＝FOB×人民币外汇汇率×外贸手续费率

B. 到岸价＝离岸价＋运输保险费

C. 运输保险费$=\dfrac{\text{FOB}+\text{国外运费}}{1+\text{保险费率}}\times$保险费率

D. 消费税$=\dfrac{\text{CIF}+\text{关税}}{1-\text{消费税税率}}\times$消费税税率

E. 银行财务费＝FOB×人民币外汇汇率×银行财务费率

5. **【单选】**已知某进口设备到岸价格为 80 万美元，进口关税税率为 15%，增值税税率为 16%，银行外汇牌价为 1 美元＝6.4 元人民币。按以上条件计算的进口环节增值税额是（　　）万元人民币。

A. 72.83　　B. 81.92

C. 94.21　　D. 108.71

6. **【多选】**进口一台正常缴纳关税的机床，其进口从属费的构成有（　　）。

A. 银行财务费

B. 国际运费

C. 关税

D. 车辆购置税

E. 进口环节增值税

7. **【单选】**某进口设备离岸价为 255 万元，国际运费为 25 万元，运输保险费率为 0.2%，关税税率为 20%，则该设备的关税完税价格为（　　）万元。

A. 280.56　　B. 281.12

C. 336.67　　D. 337.35

8. **【单选】**已知某进口设备货价为 300 万美元，银行外汇牌价为 1 美元＝6.9 元人民币，运费率为 1.5%，运输保险费率为 1.5%，外贸手续费率为 1.5%，则该进口设备的外贸手续费为（　　）万元人民币。

A. 30.25　　B. 32.13

C. 32.00　　D. 31.66

9.【单选】计算进口环节增值税时，组成计税价格等于（　　）。

A. 关税完税价

B. 关税＋到岸价

C. 关税完税价＋关税＋消费税

D. 关税完税价＋关税＋消费税＋进口车辆购置税

10.【单选】在采用 CFR 作为进口设备交易价格时，风险转移的分界点是（　　）。

A. 到达进口国口岸

B. 货物起运

C. 货物在装运港被装上指定船

D. 货物越过船舷

11.【单选】已知某进口设备 FOB 价为 500 万元人民币，银行财务费率为 0.2%，外贸手续费率为 1.5%，关税税率为 10%，增值税率为 13%，若该进口设备抵岸价为 750 万元人民币，则该进口设备到岸价为（　　）万元人民币。

A. 500.00　　B. 557.00

C. 595.39　　D. 717.10

考点 3　设备运杂费的构成及计算【了解】

1.【单选】下列各项中，属于设备运杂费中运费和装卸费的是（　　）。

A. 为运输而进行的包装支出的各种费用

B. 进口设备由我国到岸港口起至工地仓库止所发生的运费

C. 设备供销部门的手续费

D. 设备采购人员的差旅交通费

2.【多选】关于设备运杂费的构成及计算的说法中，正确的有（　　）。

A. 设备运杂费包含运输中的设备包装支出

B. 采购与仓库保管费不含采购人员和管理人员的工资

C. 设备运杂费为设备购置费与设备运杂费率的乘积

D. 国产设备运费和装卸费是由设备制造厂交货地点至工地仓库所发生的费用

E. 设备运杂费中包含设备仓库所占用的固定资产使用费

考点 4　工具、器具及生产家具购置费的构成和计算【了解】

1.【单选】下列费用项目中，属于工具、器具及生产家具购置费计算内容的是（　　）。

A. 未达到固定资产标准的设备购置费

B. 达到固定资产标准的设备购置费

C. 引进设备时备品备件的测绘费

D. 引进设备的专利使用费

2.【单选】下列关于工具、器具及生产家具购置费的表述中，正确的是（　　）。

A. 该项费用属于设备购置费

B. 该项费用属于工程建设其他费用

C. 该项费用是为了保证初期正常生产必须购置的、没有达到固定资产标准的购置费用

D. 该项费用一般以工程费用为基数乘以一定费率计算

第三节　建筑安装工程费用构成和计算

知识脉络

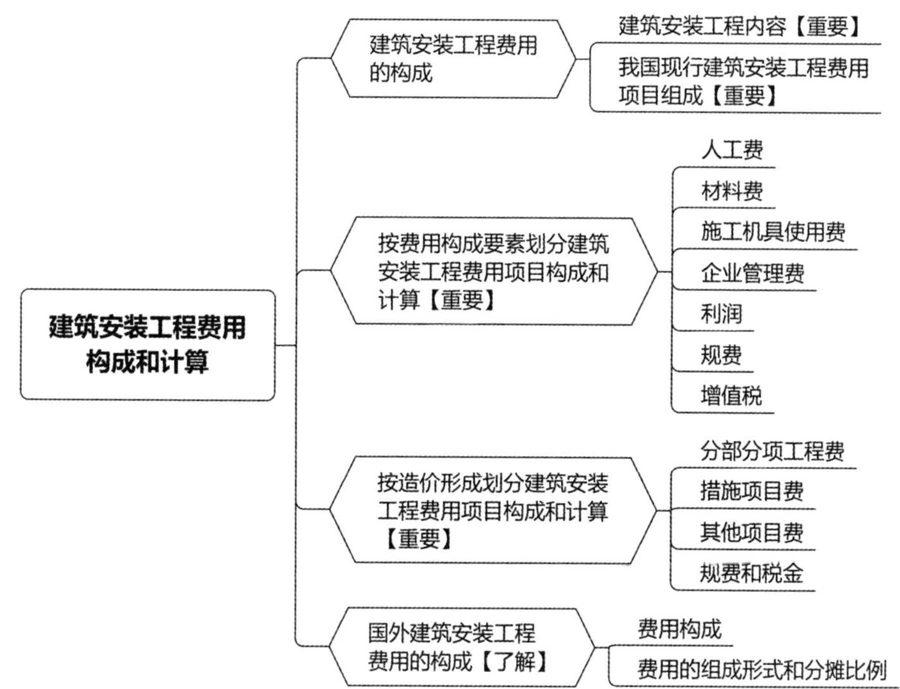

考点 1　建筑安装工程费用内容【重要】

1. **【多选】**下列费用项目中，属于安装工程费用的有（　　）。

A. 被安装设备的防腐、保温等工作的材料费

B. 设备基础的工程费用

C. 对单台设备进行单机试运转的调试费

D. 被安装设备的防腐、保温等工作的安装费

E. 与设备相连的工作台、梯子、栏杆的工程费用

2. **【单选】**根据我国现行建筑安装工程费用构成的相关规定，下列费用中，属于安装工程费用的是（　　）。

A. 设备基础、工作台的砌筑工程费或金属结构工程费用

B. 房屋建筑工程供水、供暖等设备费用

C. 对系统设备进行系统联动无负荷试运转工作的调试费

D. 对整个生产线负荷联合试运转所发生的费用

3. **【多选】**以下属于建筑工程费用的有（　　）。

A. 房屋建筑工程供水设备费用

B. 设备基础的工程费用

C. 机械设备的装配费用

D. 单台设备单机试运转费

E. 与设备相连的工作台、梯子、栏杆的工程费用

4.【单选】下列费用中，属于安装工程费用的是（　　）。

A. 设备基础的砌筑费用　　B. 管道敷设工程的费用

C. 通风设备、油饰工程的费用　　D. 运输设备的装配费用

考点 2 我国现行建筑安装工程费用项目组成【重要】

1.【单选】根据《建筑安装工程费用项目组成》（建标〔2013〕44 号），下列费用项目属于按费用构成要素划分的是（　　）。

A. 分部分项工程费用　　B. 其他项目费

C. 企业管理费　　D. 措施项目费

2.【单选】根据现行建筑安装工程费用项目组成规定，下列费用项目属于按造价形成划分的是（　　）。

A. 人工费　　B. 企业管理费

C. 利润　　D. 规费

3.【多选】根据现行建筑安装工程费用项目组成规定，下列费用项目属于按造价形成划分的有（　　）。

A. 分部分项工程费　　B. 措施项目费

C. 利润　　D. 规费

E. 施工机具使用费

4.【多选】根据现行建筑安装工程费用项目组成规定，下列费用项目属于按费用构成要素划分的有（　　）。

A. 人工费　　B. 其他项目费

C. 利润　　D. 规费

E. 施工机具使用费

5.【单选】根据《建筑安装工程费用项目组成》（建标〔2013〕44 号）的规定，在按费用构成要素划分和按造价形成划分这两种划分方法中，都有单独列项的是（　　）。

A. 措施项目费　　B. 企业管理费

C. 分部分项工程费　　D. 税金

考点 3 按费用构成要素划分建筑安装工程费用项目构成和计算【重要】

1.【单选】关于建筑安装工程费中材料费的说法，正确的是（　　）。

A. 材料费不包括工程设备的费用

B. 计算材料费的基本要素是材料消耗量和材料单价

C. 材料消耗量是指形成工程实体的净用量

D. 当采用一般计税方法时，材料单价中的材料原价、运杂费等不需扣除增值税的进项税额

2.【单选】关于建筑安装工程费中材料费的说法，正确的是（　　）。

A. 材料费包括原材料、辅助材料、构配件、零件、半成品、周转材料的费用

B. 材料消耗量是指形成工程实体的净用量

C. 材料检验试验费不包括对构件做破坏性试验的费用

D. 材料费等于材料净用量与材料基价的乘积

3.【单选】根据我国现行建筑安装工程费用项目组成的规定，下列有关费用的表述中，正确的是（　　）。

A. 人工费包含支付给管理人员的计时工资、奖金等

B. 施工机具使用费不包含仪器仪表使用费

C. 材料检验试验费不包括对构件做破坏性试验的费用

D. 社会保险费中包括建筑安装工程一切险的投保费用

4. 【多选】下列施工企业支出的费用项目中，属于建筑安装企业管理费的有（　　）。

A. 技术开发费

B. 印花税

C. 已完工程及设备保护费

D. 材料采购及保管费

E. 财产保险费

5. 【多选】下列费用项目中，属于建筑安装企业管理费的有（　　）。

A. 材料采购及保管费

B. 临时设施费

C. 劳动保护费

D. 工具用具使用费

E. 预付款担保

6. 【多选】下列有关企业管理费的说法中，正确的有（　　）。

A. 工具用具使用费是企业施工生产和管理使用的属于固定资产的工具、器具

B. 采用一般计税方法时，检验试验费中增值税进项税额不可以抵扣

C. 企业管理费中税金包含城市维护建设税、教育费附加、地方教育附加等各项税费

D. 检验试验费不包括新结构、新材料的试验费

E. 企业管理费可以以人工费和材料费合计为计算基础

7. 【单选】关于建筑安装工程费用中的规费，下列说法正确的是（　　）。

A. 规费是指县级以上有关权力部门规定必须缴纳或计取的费用

B. 规费包括社会保险费和住房公积金

C. 投标人在投标报价时填写的规费可高于规定的标准

D. 社会保险费中包括建筑安装工程一切险的投保费用

8. 【单选】根据我国现行建筑安装工程费用项目组成的规定，下列有关费用的表述中，不正确的是（　　）。

A. 人工费是指支付给直接从事建筑安装工程施工作业的生产工人和附属生产单位工人的各项费用

B. 材料费中的材料单价由材料原价、材料运杂费、材料损耗费、采购及保管费五项组成

C. 材料费包含构成或计划构成永久工程一部分的工程设备费

D. 施工机具使用费包含仪器仪表使用费

9. 【多选】按照我国现行建筑安装工程费用项目组成的规定，下列属于企业管理费内容的有（　　）。

A. 企业管理人员办公用的文具、纸张等费用

B. 企业施工生产和管理使用的属于固定资产的交通工具的购置、维修费

C. 对建筑以及材料、构件和建筑安装进行特殊鉴定检查所发生的检验试验费

D. 按照职工工资总额的规定比例计提的工会经费

E. 为施工生产筹集资金、履约担保所发生的财务费用

10. 【单选】下列关于规费的说法，正确的是（　　）。

A. 规费是指按国家法律、法规规定，由工程所在地地方有关权力部门规定施工单位必须缴纳或计取的费用

B. 规费包括社会保险费、住房公积金

C. 社会保险费包括人身意外伤害保险

D. 社会保险费和住房公积金应以直接费为计算基础

11. 【多选】下列关于增值税的说法正确的有（　　）。

A. 一般纳税人以清包工方式提供的建筑服务，适用简易计税方法计税

B. 小规模纳税人发生应税行为适用简易计税法计税

C. 一般纳税人为甲供工程提供的建筑服务，适用简易计税方法计税

D. 一般纳税人为建筑工程老项目提供的建筑服务，适用简易计税方法计税

E. 采用一般计税方法时，税前造价各项费用均不包含增值税可抵扣的进项税额

12. 【单选】根据“十三五”规划纲要，社会保险费中实施合并试点的是（　　）。

A. 养老保险与失业保险　　B. 失业保险与医疗保险

C. 生育保险与工伤保险　　D. 生育保险与医疗保险

13. 【单选】根据《建设工程计价设备材料划分标准》（GB/T 50531—2009）的规定，宜列入建筑工程费中材料费的是（　　）。

A. 工业、交通等项目中的工艺设备购置费

B. 工业、交通等项目中的建筑设备购置费

C. 单一的房屋建筑工程项目的建筑设备购置费

D. 单一的房屋建筑工程项目的工艺设备购置费

14. 【单选】关于建筑安装工程费用中税金的计算，下列表述中正确的是（　　）。

A. 当采用简易计税方法时，税前造价中各项费用均不包含增值税可抵扣进项税额的价格计算

B. 当采用一般计税方法时，税前造价中各项费用均以包含增值税可抵扣进项税额的价格计算

C. 一般纳税人为建筑工程老项目提供的建筑服务，可以选择适用简易计税方法计税

D. 一般纳税人以清包工的方式提供的建筑服务，适用简易计税方法计税

15. 【单选】有关建筑安装工程费中利润的计算，以下说法错误的是（　　）。

A. 施工企业可根据企业自身需求并结合市场实际自主确定利润

B. 工程造价管理机构在确定计价定额中的利润时，应以定额人工费、材料费和施工机具使用费之和，或以定额人工费或定额人工费与施工机具使用费之和作为计算基数

C. 工程造价管理机构在确定计价定额中利润时，其费率根据历年积累的工程造价资料确定

D. 利润在税前建筑安装工程费的比重可按不低于5%且不高于7%的费率计算

16. 【单选】工程造价管理机构在确定计价定额中利润时，利润在税前建筑安装工程费的比重通常为（　　）。

A. 3%～5%　　B. 5%～7%

C. 7%～9%　　D. 9%～10%

17. 【单选】关于建筑安装工程费用中的规费，下列说法中错误的是（　　）。

A. 规费是由省级政府和省级有关权力部门规定必须缴纳或计取的费用

B. 规费包括社会保险费、住房公积金

C. 社会保险费中包括财产保险费

D. 投标人在投标报价时填写的规费不得作为竞争性费用

18. 【单选】按照费用构成要素划分建筑安装工程费用项目，以下各项中属于企业管理费的是（　　）。

A. 工程保险费

B. 工伤保险费

C. 地方教育附加

D. 建设单位委托检测机构对建筑安装物进行检测的费用

19. 【单选】当一般纳税人采用一般计税方法时，材料单价中需要考虑扣除增值税进项税额的是（　　）。

A. 材料原价和运输损耗费　　B. 运输损耗费和采购及保管费

C. 材料原价和运杂费　　D. 运杂费和采购及保管费

20. 【单选】下列各项内容中，属于企业管理费的是（　　）。

A. 企业按规定标准为职工缴纳的基本医疗保险费

B. 企业按规定标准为职工缴纳的住房公积金

C. 企业按规定缴纳的房产税

D. 企业按规定缴纳的施工现场环境保护费

21. 【单选】在规费的计算过程中，通常社会保险费和住房公积金的计算基础为（　　）。

A. 定额材料费

B. 定额人工费

C. 定额人工费＋定额施工机具使用费

D. 根据工程所在地行业建设主管部门的规定执行

考点 4　按造价形成划分建筑安装工程费用项目构成和计算【重要】

1. 【多选】根据我国现行建筑安装工程费用项目构成的规定，下列费用中，属于安全文明施工费的有（　　）。

A. 临时文化福利用房的费用　　B. 生活用洁净燃料费用

C. 夜间施工照明费　　D. 建筑物的临时保护设施费

E. 冬雨季施工增加费

2. 【多选】根据我国现行建筑安装工程费用项目组成的规定，下列关于措施项目费用的说法中，正确的有（　　）。

A. 脚手架费属于不宜计量的措施项目

B. 施工排水、降水费由排水和降水两个独立的费用项目组成

C. 当单层建筑物檐口高度超过 20m 时，可计算超高施工增加费

D. 已完工程及设备保护费是指竣工验收前，对已完工程及设备采取必要保护措施所发生的费用

E. 地上、地下设施、建筑物的临时保护设施费是在工程竣工后，对已建成的地上、地下设施和建筑物进行的遮盖、封闭、隔离等必要保护措施所发生的费用

3. 【单选】安全文明施工费的计算基数不包括（　　）。

A. 定额基价　　B. 定额人工费

C. 定额人工费与材料费之和　　D. 定额人工费与施工机具使用费之和

4. 【多选】下列有关暂列金额的表述，正确的有（　　）。

A. 施工单位在工程量清单中暂定并包含在工程合同价款中的一笔款项

B. 建设单位在工程量清单中暂定但不包含在工程合同价款中的一笔款项

C. 建设单位在工程量清单中暂定并包含在工程合同价款中的一笔款项

D. 用于施工中可能发生的工程变更、合同约定调整因素出现时的工程价款调整

E. 用于支付必然发生但暂时不能确定价格的材料的单价

5. 【单选】下列有关暂估价的表述，正确的是（　　）。

A. 暂估价是投标人在工程量清单中用于支付必然发生但暂时不能确定价格的材料的金额

B. 暂估价是招标人在工程量清单中用于支付必然发生但暂时不能确定价格的材料的金额

C. 暂估价中的材料、工程设备直接计入工程总价

D. 暂估价中的专业工程暂估价不需要分专业

6. **【单选】** 下列有关计日工的说法中，正确的是（　　）。

A. 计日工是施工单位完成建设单位提出工程合同范围以内的零星工作

B. 计日工是施工单位完成建设单位提出工程合同范围以外的零星工作

C. 计日工的单价按照承包人提出的单价计价

D. 计日工由建设单位和施工单位按合同约定的金额计价

7. **【单选】** 下列有关总承包服务费的说法中，正确的是（　　）。

A. 总承包服务费由施工单位投标时，按照招标人给定的金额填写

B. 总承包服务费由施工单位投标时自主报价

C. 总承包人的工程分包费计入总承包服务费中

D. 总承包服务费包含总承包人的管理费

8. **【多选】** 下列有关安全文明施工费的说法中，正确的有（　　）。

A. 安全文明施工费包括临时设施费

B. 现场生活用洁净燃料费属于环境保护费

C. “三宝”“四口”“五临边”等防护费用属于安全施工费

D. 消防设施与消防器材的配置费用属于文明施工费

E. 施工现场搭设的临时文化福利用房的费用属于文明施工费

9. **【多选】** 关于措施费中超高施工增加费，下列说法正确的有（　　）。

A. 单层建筑檐口高度超过30m时计算

B. 多层建筑超过6层时计算

C. 包括建筑超高引起的人工工效降低费

D. 不包括通信联络设备的使用费

E. 按建筑物超高部分建筑面积以“m^2”为单位计算

10. **【单选】** 施工过程中用于现场工人的防暑降温费，属于安全文明施工措施费中的（　　）。

A. 环境保护费　　　　B. 文明施工费

C. 安全施工费　　　　D. 临时设施费

11. **【单选】** 根据《房屋建筑与装饰工程工程量计算规范》的规定，下列选项中，属于安全施工费的是（　　）。

A. 消防设施与消防器材的配置费用　　　　B. 现场生活卫生设施费用

C. 现场工人的防暑降温设备及用电费用　　　　D. 施工现场操作场地的硬化费用

12. **【单选】** 垂直运输费的计算方法通常是（　　）。

A. 按照施工工期日历天数以“昼夜”为单位计算

B. 按照施工工期日历天数以“天”为单位计算

C. 按照施工工期日历天数以“m^2”为单位计算

D. 按照建筑面积以“天”为单位计算

13. **【单选】** 以下各项中，属于不宜计量的措施项目的是（　　）。

A. 脚手架费　　　　B. 垂直运输费

C. 冬雨季施工增加费　　　　D. 施工排水、降水费

14. 【多选】在下列措施项目中，属于夜间施工增加费的有（　　）。
A. 电气保护、安全照明设施费
B. 施工人员夜班补助
C. 夜间施工时施工现场交通标志设置费
D. 夜间固定照明灯具设置费
E. 在地下室等特殊施工部位施工时所采用的照明设备安拆费

15. 【多选】下列选项中，应计算超高施工增加费的有（　　）。
A. 建筑物高度增加引起人工工效降低
B. 建筑物高度增加引起加压水泵的安装
C. 单层建筑物檐口高度超过 20m
D. 多层建筑物超过 6 层
E. 建筑物高度增加引起需要增加通信联络设备

16. 【单选】根据《房屋建筑与装饰工程工程量计算规范》，下列选项中，属于临时设施费的是（　　）。
A. 工程防扬尘洒水费用
B. 现场生活卫生设施费用
C. 施工现场临时文化福利用房费用
D. 消防设施与消防器材的配置费用

17. 【单选】对已完工程及设备采取的覆盖、包裹、封闭、隔离等必要保护措施所发生的费用属于（　　）。
A. 地上、地下设施、建筑物的临时保护设施费
B. 已完工程及设备保护费
C. 临时设施费
D. 安全文明施工费

18. 【单选】在工程施工过程中，对已建成的地上、地下设施和建筑物进行的遮盖、封闭、隔离等必要保护措施所发生的费用属于（　　）。
A. 安全文明施工费
B. 临时设施费
C. 已完工程及设备保护费
D. 地上、地下设施、建筑物的临时保护设施费

19. 【单选】在应予计量的措施项目中，排水、降水费通常可采用的计算方法包括（　　）。
A. 按照建筑面积以“m^2”计算
B. 按照排、降水日历天数以“昼夜”计算
C. 按照垂直投影面积以“m^2”计算
D. 按照施工工期日历天数以“天”计算

20. 【单选】下列费用中，不包含在其他项目费中的是（　　）。
A. 暂列金额
B. 计日工
C. 企业管理费
D. 总承包服务费

21. 【多选】根据我国现行建筑安装工程费用项目组成规定，下列各项中，属于不宜计量的措施项目的有（　　）。
A. 安全文明施工费
B. 非夜间施工照明费
C. 冬雨季施工增加费
D. 施工排水、降水费
E. 二次搬运费

22. 【单选】根据《房屋建筑与装饰工程工程量计算规范》，下列各项中，属于环境保护费的是（　　）。
A. 土石方、建筑弃渣外运车辆防护措施费用
B. 施工安全防护通道费用
C. 工人的安全防护用品、用具购置费用
D. 施工机具防护棚的费用

23. 【多选】施工排水、降水费中的成井费用通常包括（　　）。

A. 抽水设备维修等费用　　B. 准备钻孔机械的费用

C. 对接上、下井管的费用　　D. 管道安装费

E. 管道拆除费

24. 【单选】下列选项中，属于措施项目费的是（　　）。

A. 建设单位临时设施费　　B. 非夜间施工照明费

C. 检验试验费　　D. 劳动保险费

考点 5 国外建筑安装工程费用的构成【了解】

1. 【单选】下列有关国外建筑安装工程费用描述正确的是（　　）。

A. 各分部分项工程费用包括人工费、材料费、施工机械费、管理费、利润和税金

B. 单项工程建设安装工程量越大，开办费在工程价格中的比例就越大

C. 国外的建筑安装工程费用一般是在建筑市场上通过招标投标方式确定的

D. 国外建筑安装工程费用由各分部分项工程费用、单项工程开办费、各分包工程费和暂定金额构成

2. 【单选】关于国外建筑安装工程费用的计算，下列说法错误的是（　　）。

A. 施工机械使用费分为租用机械费用和自有机械费用

B. 管理费包括工程现场管理费和公司管理费

C. 管理费包含的内容与我国施工管理费的内容完全一致

D. 代理人费用和佣金属于管理费

3. 【单选】在国外建筑安装工程费用构成中，属于管理费的是（　　）。

A. 施工用水、用电费　　B. 工地清理费

C. 单独列项的增值税　　D. 业务经费

4. 【单选】在国外建筑安装工程费用构成中，承包商投标报价时不计入和分摊进单价，而需单独列项的是（　　）。

A. 临时设施费　　B. 总部管理费

C. 利润　　D. 税金

5. 【单选】国外建筑安装工程费用中的暂定金额（　　）。

A. 包括在合同价中，但只有工程师批准后才能动用

B. 不包括在合同价中，只有工程师批准后才能动用

C. 不包括在合同价中，只有业主批准后才能动用

D. 包括在合同价中，由承包商自主使用

6. 【多选】国外建筑安装工程费用中，单项工程费用由（　　）构成。

A. 各分部分项工程费用　　B. 单项工程开办费

C. 直接工程费　　D. 措施费

E. 单位工程开办费

7. 【单选】在国外建筑安装工程费用中，通常以单独列项形式体现在承包商投标报价中的是（　　）。

A. 总部管理费　　B. 开办费中的临时设施费

C. 税金　　D. 利润

8. **【单选】**在国外建筑安装工程费用中，以下各项属于管理费的是（　　）。

A. 投标保函费　　B. 开办费

C. 人员招雇解雇费　　D. 分包工程费用

第四节　工程建设其他费用的构成和计算

知识脉络

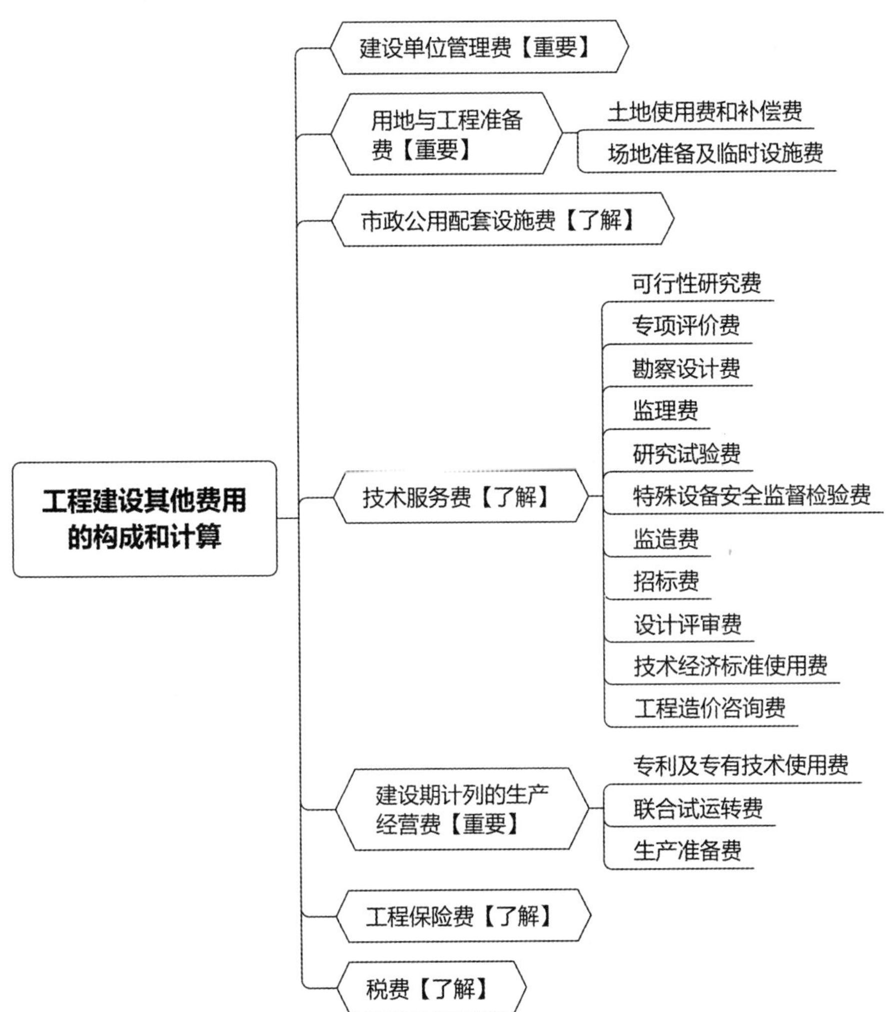

考点 1　建设单位管理费【重要】

1. **【单选】**下列（　　）费用不得列入相应建设项目的工程造价。

A. 建设单位管理费

B. 增值税

C. 预备费

D. 由政府部门财政支出的用于项目管理监督的费用

2. **【单选】**根据我国现行建设项目总投资及工程造价的构成，下列有关建设项目费用开支，应列入建设单位管理费的是（　　）。

A. 场地准备费　　B. 勘察设计费

C. 竣工验收费　　D. 招标费

3. **【单选】**下列关于建设单位管理费的表述中，正确的是（　　）。

A. 建设单位管理费＝工程费用×建设单位管理费费率

B. 建设单位管理费＝工程建设其他费×建设单位管理费费率

C. 实行代建制管理的项目，计列代建管理费等同建设单位管理费

D. 委托第三方行使部分管理职能的，技术服务费列入建设单位管理费

4. **【单选】**已知某建设项目设备、工器具购置费为 5000 万元，建筑安装工程费为 3000 万元，土地使用权出让金为 8000 万元，征地补偿费为 3000 万元，建设单位管理费费率为 3%，则该建设项目建设单位管理费为（　　）万元。

A. 150　　B. 240

C. 480　　D. 500

5. **【单选】**以下各项费用中，属于建设单位管理费的是（　　）。

A. 可行性研究费　　B. 环境影响评价费

C. 勘察设计费　　D. 技术图书资料费

6. **【单选】**建设单位管理费包含项目建设单位各类管理支出，其涵盖的时间范围是（　　）。

A. 从项目筹建之日起至移交使用单位之日止

B. 从项目筹建之日起至办理竣工决算之日止

C. 从项目立项之日起至移交使用单位之日止

D. 从项目立项之日起至办理竣工财务决算之日止

考点 2　用地与工程准备费【重要】

1. **【单选】**下列关于土地使用费和补偿费，说法正确的是（　　）。

A. 获得土地使用权的基本方法只有出让、划拨方式

B. 通过行政划拨方式确定的建设用地，需要向土地所有者支付有偿使用费

C. 通过行政划拨方式确定的建设用地，只需要承担征地补偿费用或对原用地单位或个人的拆迁补偿费用

D. 通过市场机制确定的建设用地，不需要向土地所有者支付土地出让金

2. **【多选】**下列费用项目中，应归属征地补偿费的有（　　）。

A. 拆迁补偿金　　B. 安置补助费

C. 耕地开垦费和森林植被恢复费　　D. 迁移补偿费

E. 生态补偿费

3. **【单选】**关于征地补偿费用，下列表述中正确的是（　　）。

A. 征用征地的补偿费，为该耕地被征用前三年平均年产值的 4～6 倍

B. 土地补偿是对农村集体经济组织因土地被征用而造成的经济损失的补偿

C. 在协商征地方案后抢种的农作物、树木可以视情况给予补偿

D. 地上附着物的补偿标准，由地方政府规定

4. **【单选】**下列关于安置补助费的说法，正确的是（　　）。

A. 安置补助费归农村集体经济组织所有

B. 每公顷需要安置的农业人口的安置补助费最高不得超过被征收前三年平均年产值的 30 倍

C. 土地补偿费和安置补助费，一经确定不得调整

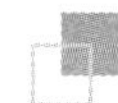

D. 土地补偿费和安置补助费的总和不得超过土地被征收前三年平均年产值的 30 倍

5.【单选】下列关于新菜地开发建设基金，说法正确的是（　　）。

A. 新菜地开发建设基金这项费用交给地方财政，作为开发建设新菜地的投资

B. 新菜地开发建设基金是指支付给被征地单位和安置劳动力单位的费用

C. 征用未开发的规划菜地按一年只种一茬收取新菜地基金

D. 在蔬菜产销放开口，能够满足供应的城市，仍然需要收取新菜地开发基金

6.【单选】土地管理费的收取标准，一般是在土地补偿费、青苗补偿费和地上附着物补偿费、安置补助费四项费用之和的基础上提取（　　）。

A. 1%～4%　　B. 2%～4%　　C. 4%　　D. 2%

7.【多选】土地管理费一般是在（　　）费用之和的基础上提取。

A. 土地补偿费　　B. 青苗补偿费

C. 地上附着物补偿费　　D. 新菜单开发建设基金

E. 安置补助费

8.【单选】在取得土地使用权时，若有偿出让的土地在城市规划区内，则应支付的建设用地费包括（　　）。

A. 拆迁补偿费　　B. 拆迁补偿费＋出让金

C. 征地补偿费　　D. 征地补偿费＋出让金

9.【单选】在城市规划区内国有土地实施房屋拆迁，企业单位因搬迁造成的减产、停工损失补贴费属于（　　）。

A. 迁移补偿费　　B. 安置补助费

C. 拆迁补偿金　　D. 土地补偿费

10.【单选】在工程建设其他费用中，属于用地与工程准备费的是（　　）。

A. 建设单位临时设施费　　B. 可行性研究费

C. 勘察设计费　　D. 设计审查费

11.【单选】下列属于征地补偿费的是（　　）。

A. 耕地占用税　　B. 土地转让金

C. 耕地开垦费　　D. 拆迁补偿金

12.【单选】下列各项中，应计入改扩建项目场地准备和临时设施费的是（　　）。

A. 总图运输费　　B. 场地平整费

C. 拆除清理费　　D. 生活临时设施建设费

13.【单选】工程建设其他费用中，建设项目场地准备费是指（　　）。

A. 为满足施工建设需要而供到场地界区的临时水、电等工程费用

B. 为使工程项目的建设场地达到开工条件，由建设单位组织进行的场地平整等准备工作而发生的费用

C. 建设单位的现场临时建筑物的搭设费用

D. 施工期间专用公路或桥梁的加固、养护、维修等费用

14.【单选】下列关于拆迁补偿费用的说法，正确的是（　　）。

A. 拆迁补偿金只能实行货币补偿

B. 货币补偿的金额以房地产重置价格测算

C. 在过渡期限内，被拆迁人自己安排住处的，拆迁人无需支付临时安置补助费

D. 被拆迁人使用拆迁人提供的周转房的，拆迁人不支付临时安置补助费

15. 【单选】房屋拆迁中，货币补偿的金额根据被拆除房屋的区位、用途、建筑面积等因素，以（　）确定。

A. 房地产重置价格测算　　B. 房地产重置价格结合成新测算

C. 房地产市场评估价格　　D. 房地产中的房屋部分市场评估价格

16. 【单选】土地使用权出让合同约定的使用年限届满，土地使用者需要继续使用土地的，应当至迟于届满前（　）申请续期，除根据社会公共利益需要收回该幅土地的，应当予以批准。

A. 两年　　B. 一年

C. 一个月　　D. 半年

17. 【单选】下列关于有偿出让和转让土地时，政府对地价应坚持的原则中，说法错误的是（　）。

A. 地价对投资环境不产生大的影响

B. 地价与当地的社会经济承受能力相适应

C. 地价无须考虑已投入的土地开发费用

D. 转让土地如有增值，需向转让者征收土地增值税

18. 【多选】下列关于场地准备及临时设施费，说法正确的有（　）。

A. 场地准备费是指施工单位组织场地平整等准备工作而发生的费用

B. 大型土石方工程应进入工程费用中的总图运输费用

C. 新建项目的场地准备和临时设施费应根据实际工程量估算

D. 改扩建项目一般只计拆除清理费

E. 场地准备和临时设施费＝工程费用×费率

考点 3 市政公用配套设施费【了解】

1. 【单选】按项目所在地政府有关规定缴纳的绿化、人防等配套设施费用属于（　）。

A. 场地准备费　　B. 临时设施费

C. 市政公用配套设施费　　D. 环境保护费

考点 4 技术服务费【了解】

1. 【单选】以下各项中，属于技术服务费的是（　）。

A. 业务招待费　　B. 工程造价咨询费

C. 技术图书资料费　　D. 竣工验收费

2. 【单选】以下各项中，属于专项评价费的是（　）。

A. 设计评审费　　B. 监造费

C. 节能评估费　　D. 招标费

3. 【单选】下列费用项目中，属于工程建设其他费中研究试验费的是（　）。

A. 新产品试制费

B. 水文地质勘察费

C. 特殊设备安全监督检验费

D. 委托专业机构验证设计参数而发生的验证费

4. 【多选】研究试验费的计算要考虑（　）。

A. 自行研究试验所需人工费、材料费、试验设备及仪器使用费等

B. 重要科学研究补助费

C. 技术革新的研究试验费

D. 委托其他部门研究实验所需人工费、材料费、试验设备及仪器使用费等

E. 新产品试制费

考点 5　建设期计列的生产经营费【重要】

1.【单选】下列费用项目中，计入工程建设其他费中专利及专有技术使用费的是（　　）。

A. 专利及专有技术在项目全寿命期的使用费

B. 在生产期支付的商标权费

C. 专项评价费

D. 特许经营权费

2.【单选】建设期计列的生产经营费不包括（　　）。

A. 专利及专有技术使用费　　B. 联合试运转费

C. 生产准备费　　D. 场地准备费

3.【多选】计算专利及专有技术使用费时应注意的问题有（　　）。

A. 按专利使用许可协议和专有技术使用合同的规定计列

B. 专有技术的界定应以省、部级鉴定批准为依据

C. 项目投资中只计需在建设期支付的专利及专有技术使用费，协议或合同规定在生产期支付的使用费应在生产成本中核算

D. 专有技术的界定应以国家级鉴定批准为依据

E. 在对专利进行计列时，可不按照专利使用许可协议和专有技术使用合同的规定进行计列

4.【多选】下列各项中，应包括在联合试运转费中的有（　　）。

A. 施工单位参加试运转人员工资

B. 单机试运转费

C. 试运转所需的专家指导费

D. 系统联动无负荷试运转费

E. 试运转暴露出来的设备缺陷的处理费用

5.【单选】关于专利及专有技术使用费的计算，下列表述中正确的是（　　）。

A. 专有技术的界定应以国家鉴定标准为依据

B. 项目投资中应计算需在项目寿命期内支付的专利及专有技术使用费

C. 协议或合同规定在生产期支付的商标权和特许经营权费应在建设投资中核算

D. 为项目配套的专用设施投资，如由项目建设单位负责投资但产权不归属本单位的，应作无形资产处理

6.【单选】下列有关联合试运转费的表述中，正确的是（　　）。

A. 联合试运转费中包括试运转中暴露出来的因施工缺陷发生的处理费用

B. 试运转收入包括试运转期间的产品销售收入和其他收入

C. 联合试运转费中包括试运转中暴露出来的因设备缺陷发生的处理费用

D. 联合试运转费是对整个生产线负荷及无负荷所发生的费用净支出

7.【单选】关于生产准备费的计算，下列公式中正确的是（　　）。

A. 生产准备费＝（工程费用＋工程建设其他费）×生产准备费费率

B. 生产准备费＝工程费用×生产准备费费率

C. 生产准备费＝设计定员×生产准备费指标（元/人）

D. 生产准备费＝工程建设其他费×生产准备费费率

8. **【多选】**下列费用中，属于生产准备费的有（　　）。
A. 人员培训费　　B. 提前进厂费
C. 生产家具购置费　　D. 备品备件费
E. 业务招待费

考点 6　工程保险费【了解】

1. **【单选】**下列不属于工程保险费的是（　　）。
A. 建筑安装工程一切险　　B. 引进设备财产保险
C. 人身意外伤害险　　D. 工伤保险

考点 7　税费【了解】

1. **【单选】**以下各项税费中，不包括在工程建设其他费用中的是（　　）。
A. 增值税　　B. 印花税
C. 耕地占用税　　D. 车船使用税

第五节　预备费和建设期利息的计算

知识脉络

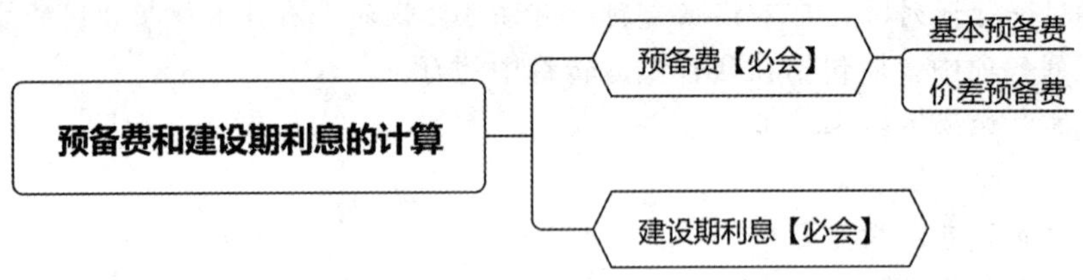

考点 1　预备费【必会】

1. **【单选】**根据我国现行规定，关于预备费的说法中，正确的是（　　）。
A. 基本预备费以工程费用为计算基数
B. 实行工程保险的工程项目，基本预备费应适当降低
C. 价差预备费以工程费用和工程建设其他费用之和为计算基数
D. 价差预备费不包括利率、汇率调整增加的费用

2. **【单选】**预备费包括基本预备费和价差预备费，其中价差预备费的计算应（　　）。
A. 以编制年份的静态投资额为基数，采用单利方法
B. 以编制年份的静态投资额为基数，采用复利方法
C. 以估算年份价格水平的投资额为基数，采用单利方法
D. 以估算年份价格水平的投资额为基数，采用复利方法

3. **【单选】**以下各项中，包含在价差预备费中的是（　　）。
A. 技术设计、施工图设计及施工过程中所增加的工程费用
B. 一般自然灾害造成的损失
C. 工程建设其他费用调整
D. 不可预见的地下障碍物处理的费用

4.【单选】下列有关基本预备费的说法，正确的是（　　）。

A. 基本预备费是指投资估算、工程概算、工程预算阶段预留的费用

B. 实行工程保险的工程项目，基本预备费可适当降低

C. 包括超规超限设备、材料、构件运输增加的费用

D. 工程变更和洽商不得从基本预备费中列支

5.【单选】基本预备费费率的取值方式为（　　）。

A. 执行国家及有关部门的规定

B. 由可行性人员预测

C. 参照区域同类型项目数据估计

D. 执行项目所在地的有关规定

6.【单选】某建设项目工程费用为 7200 万元，工程建设其他费用为 1800 万元，基本预备费为 400 万元，项目前期年限 1 年，建设期 3 年，各年度完成投资计划额的比例分别为 20%、40%、40%，年涨价率为 6%，则该项目建设期第二年价差预备费为（　　）万元。

A. 451.63　　B. 464.74

C. 564.54　　D. 589.63

7.【单选】已知某建设项目设备购置费为 2000 万元，建筑安装工程费为 800 万元，工程建设其他费用为 1500 万元，基本预备费费率为 10%，则该建设项目基本预备费为（　　）万元。

A. 300　　B. 430

C. 120　　D. 645

8.【单选】价差预备费的计算基数是（　　）。

A. 工程费用

B. 设备工器具购置费

C. 工程费用＋工程建设其他费用

D. 工程费用＋工程建设其他费用＋基本预备费

9.【单选】在计算价差预备费时，对于年涨价率，政府部门有规定的按规定执行，没有规定的应（　　）。

A. 由可行性研究人员预测　　B. 参照市场平均水平估计

C. 参照类似行业的水平　　D. 按估算年份的价格水平计算

考点 2　建设期利息【必会】

1.【单选】某新建项目，建设期为 2 年，分年均衡进行贷款，第一年贷款 500 万元，第二年贷款 800 万元，年利率为 10%，建设期内利息只计息不支付，则第二年的建设期利息为（　　）万元。

A. 135　　B. 130

C. 80　　D. 92.5

2.【单选】某新建项目，建设期为 3 年，每年期初贷款，第一年贷款 300 万元，第二年贷款 600 万元，第三年贷款 400 万元，年利率 12%，建设期内利息当年支付，则建设期利息为（　　）万元。

A. 18.00　　B. 300.00

C. 235.22　　D. 74.16

3.【单选】某项目共需项目资金 900 万元，建设期为 3 年，按年度均衡筹资，第一年贷款为

300 万元，第二年贷款为 400 万元，建设期内计息但不支付，年利率为 10%，则第二年的建设期利息为（　　）万元。

A. 50.0　　　　B. 51.5

C. 71.5　　　　D. 86.65

4.【单选】根据我国现行建设项目投资构成，下列费用项目中，属于建设期利息包含的内容是（　　）。

A. 建设单位建设期后发生的利息　　　　B. 施工单位建设期长期贷款利息

C. 国内代理机构收取的贷款管理费　　　　D. 国外贷款机构收取的转贷费

5.【单选】关于建设期利息的说法，正确的是（　　）。

A. 建设期利息包括国际商业银行贷款在建设期间应计的借款利息

B. 建设期利息包括在境内发行的债券在建设期后支付的借款利息

C. 建设期利息不包括国外贷款银行以年利率方式收取的各种管理费

D. 建设期利息不包括国内代理机构以年利率方式收取的转贷费和担保费

6.【单选】某新建项目，建设期为 3 年，分年均衡进行贷款，第一年贷款 600 万元，第二年贷款 800 万元，第三年贷款 1200 万元，年利率为 10%，建设期内只计息不支付，则项目建设期贷款利息为（　　）万元。

A. 260.0　　　　B. 486.6

C. 346.3　　　　D. 680.0

7.【单选】对于建设期利息的计算，下列说法正确的是（　　）。

A. 当年借款按半年计息，上年借款按半年计息

B. 当年借款按全年计息，上年借款按半年计息

C. 当年借款按半年计息，上年借款按全年计息

D. 当年借款按全年计息，上年借款按全年计息

学习笔记

第二章

建设工程计价原理、方法及计价依据

（建议学习时间：2周）

学习计划（第2～3周）：

Day 1	***Day 8***
Day 2	***Day 9***
Day 3	***Day 10***
Day 4	***Day 11***
Day 5	***Day 12***
Day 6	***Day 13***
Day 7	***Day 14***

扫码即听
本章导学

第二章　建设工程计价原理、方法及计价依据

第一节　工程计价原理

知识脉络

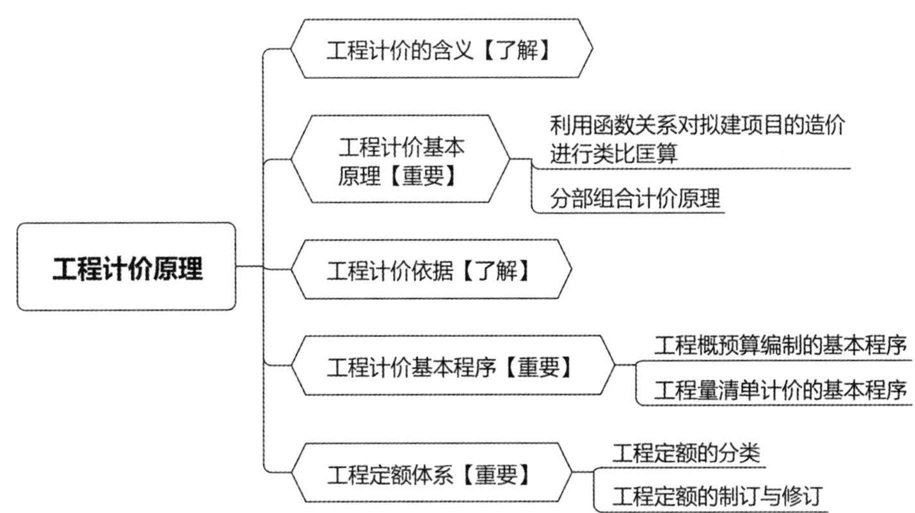

考点 1　工程计价的含义【了解】

1. 【单选】下列关于工程计价的作用，说法错误的是（　　）。

A. 工程计价结果反映了工程的货币价值

B. 工程计价结果是投资控制的依据

C. 工程计价结果是合同价款管理的基础

D. 按照自上而下的分部组合计价法，计算出总造价

考点 2　工程计价基本原理【重要】

1. 【单选】当利用函数关系对拟建项目的造价进行类比匡算时，通常基于的变量是（　　）。

A. 某个表明设计能力或者形体尺寸的变量

B. 某个表明设计能力或者资源消耗的变量

C. 某个表明资源消耗或者形体尺寸的变量

D. 某个表明资源消耗或者型号规格的变量

2. 【单选】下列关于工程计价的说法中，正确的是（　　）。

A. 工程计价包括计算工程量和套定额两个环节

B. 建筑安装工程费＝∑基本构造单元工程量×相应单价

C. 工程组价包括工程单价的确定和总价的计算

D. 工程计价中的工程单价仅指综合单价

3.【单选】在工程造价的计价过程中，确定单位工程基本构造单元属于（　　）。

A. 工程量的计算　　B. 单价的确定

C. 总价的计算　　D. 工程项目的划分

4.【单选】根据分部组合计价原理，单位工程可依据（　　）的不同分解为分部工程。

A. 施工方法、材料、工序及路段长度

B. 结构部位、路段长度和施工特点或施工任务

C. 结构部位、工序和路段长度

D. 施工方法、材料和施工特点

5.【单选】工程计价的基本原理是（　　）。

A. 单价的确定和总价的计算　　B. 工程计价的多次性

C. 项目的分解与价格的组合　　D. 工程计价的复杂性

6.【单选】关于建设工程的分部组合计价，下列说法正确的是（　　）。

A. 适用于没有具体图样和工程量清单的建设项目计价

B. 适用于建设项目的设计方案已经确定的建设项目计价

C. 是利用产出函数进行匡算

D. 工程计价的基本原理是工程计量和工程组价

7.【多选】下列关于工程计价的基本原理的说法，正确的是（　　）。

A. 分部分项工程费＝∑［基本构造单元工程量（定额项目或清单项目）×综合单价］

B. 工料单价＝∑（人材机消耗量×人材机单价）

C. 综合单价仅指的是清单综合单价

D. 工程总价按照计算程序的不同，分为单价法和综合单价法

E. 全费用综合单价中除包括人工、材料、机具使用费外，还包括企业管理费、利润、规费和税金

8.【单选】关于工程造价的分布组合计价原理，下列说法正确的是（　　）。

A. 基本构造单位是将分部工程进一步分解和组合得到的

B. 工料单价指人工、材料和施工机械台班单价

C. 清单综合单价除包含人工、材料、机具使用费外，还包括企业管理费、利润、规费和税金

D. 工程总价是按规定程序和方法逐级汇总形成的工程造价

考点 3　工程计价依据【了解】

1.【单选】工程计价依据体系不包括（　　）。

A. 工程造价管理标准体系　　B. 工程计价定额体系

C. 工程计价信息体系　　D. 工程造价管理的相关法律法规体系

2.【单选】下列各项中，属于工程造价管理基础标准的是（　　）。

A. 建设工程造价咨询成果文件质量标准

B. 工程造价术语标准

C. 建设工程人工材料设备机械数据标准

D. 建设工程造价指标指数分类与测算标准

3.【单选】工程定额主要指国家、地方或行业主管部门制定的各种定额，包括（　　）等。

A. 工程消耗量定额和工程计价定额　　B. 预算定额和概算定额

C. 施工定额和企业定额　　D. 补充定额和地方定额

4.【单选】下列有关工程定额的描述中，正确的是（　　）。

A. 工程计价定额包含企业定额、预算定额等

B. 工程消耗量定额是完成规定计量单位合格建筑安装产品所消耗的人工、材料、施工机具台班的数量标准

C. 工期定额是工程定额的一种类型，属于工程计价定额

D. 工程定额编制后无需修订

5.【单选】根据《住房城乡建设部关于进一步推进工程造价管理改革的指导意见》（建标〔2014〕142号）的要求，工程定额的定位应为（　　）。

A. 对各类工程，作为其编制估算和概算的依据

B. 对各类工程，作为其工程结算编制和审查的依据

C. 对国有资金投资工程，作为其编制最高投标限价的依据

D. 对国有资金投资工程，作为其投标报价的依据

考点 4　工程计价基本程序【重要】

1.【多选】编制工程量清单时，可以依据施工组织设计、施工规范、验收规范确定的要素有（　　）。

A. 项目名称　　B. 项目编码

C. 项目特征　　D. 计量单位

E. 工程量

2.【单选】在工程量清单编制过程中，通常根据施工组织设计、施工规范、验收规范确定的内容是（　　）。

A. 计算工程量　　B. 确定计量单位

C. 确定项目编码　　D. 确定项目序号

3.【单选】用工料单价法编制工程概预算的基本程序包括：①汇总工程概预算价值；②套用概预算定额单价；③逐项计算工程量；④计算利润和税金。下列工作排序正确的是（　　）。

A. ①②③④　　B. ①③②④

C. ②④③①　　D. ③②④①

4.【多选】关于工程概预算编制的基本程序，下列计价公式中正确的有（　　）。

A. 单位工程直接费＝∑（假定建筑安装产品工程量×工料单价）

B. 单位工程概预算造价＝单位工程直接费＋间接费

C. 单项工程概预算造价＝∑单位工程概预算造价

D. 基本构造单元的工料单价＝人工费＋材料费＋施工机具使用费

E. 建设项目概预算造价＝∑单项工程的概预算造价

5.【单选】在工程量清单计价过程中，分部分项工程费、措施项目费、其他项目费、规费和税金的和计为（　　）。

A. 单项工程造价　　B. 单位工程造价

C. 建设项目总造价　　D. 投标报价

6.【单选】下列有关工程量清单计价基本程序中综合单价的表述，正确的是（　　）。

A. 综合单价应包括一定范围内的风险费用

B. 风险费用是用于化解承包方在工程合同中约定的风险内容和范围的费用

C. 综合单价是指完成一个规定清单项目所需的人工费、材料和工程设备费、施工机具使用费和企业管理费、利润

D. 风险费用应在已标价工程量清单综合单价中单独列项

7. 【多选】关于工程量清单计价的基本程序，下列计价公式中正确的有（　　）。

A. 分部分项工程费＝∑（分部分项工程量×相应分部分项工程综合单价）

B. 措施项目费＝∑各措施项目费

C. 建设项目总造价＝∑单项工程的概预算造价＋预备费＋工程建设其他费＋建设期利息＋流动资金

D. 单项工程造价＝∑单位工程概预算造价＋设备及工器具购置费

E. 单位工程造价＝单位工程直接费＋间接费＋利润＋税金

8. 【单选】下列关于工程量清单计价的基本程序的说法，错误的是（　　）。

A. 招标人编制招标控制价的依据包括国家、地区或行业定额资料、工程造价信息、企业定额等

B. 计价过程包括工程量清单的编制和应用两个阶段

C. 工程量清单计价活动涵盖施工招标、合同管理以及竣工交付全过程

D. 其他项目费＝暂列金额＋暂估价＋计日工＋总承包服务费

考点 5　工程定额体系【重要】

1. 【单选】作为工程定额体系的重要组成部分，预算定额是（　　）。

A. 完成一定计量单位的某一施工过程所需消耗的人工、材料和机械台班数量标准

B. 完成一定计量单位合格分项工程和结构构件所需消耗的人工、材料、施工机械台班数量及其费用标准

C. 完成单位合格扩大分项工程所需消耗的人工、材料和施工机械台班数量及其费用标准

D. 完成一个规定计量单位建筑安装产品的费用消耗标准

2. 【多选】按定额的编制程序和用途，建设工程定额可划分为（　　）。

A. 施工定额　　B. 企业定额

C. 预算定额　　D. 补充定额

E. 投资估算指标

3. 【多选】关于投资估算指标，下列说法中错误的有（　　）。

A. 应以单位工程为编制对象

B. 是反映建设总投资的经济指标

C. 是在项目建议书和可行性研究阶段编制投资估算、计算投资需要量使用的一种定额

D. 编制基础包括概算定额、预算定额、施工定额

E. 可根据历史预算资料和价格资料等编制

4. 【单选】关于工程定额，下列说法正确的是（　　）。

A. 全国统一定额属于按照定额的编制程序和用途划分的

B. 行业统一定额是考虑全国统一定额水平做适当调整和补充编制的

C. 施工定额是项目划分最细的计价性定额

D. 投资估算指标的概略程度与可行性研究阶段相适应

5. 【单选】关于工程定额，下列说法错误的是（　　）。

A. 劳动定额和机械消耗定额的主要表现形式为时间定额

B. 企业定额是企业内部使用的预算定额

C. 补充定额只能在指定范围内使用

D. 地区统一定额主要是考虑地区性特点和全国统一定额水平做适当调整和补充编制的

6. **【多选】**按主编单位和管理权限，工程定额可以分为（ ）。

A. 企业定额 B. 全国统一定额
C. 安装工程定额 D. 预算定额
E. 补充定额

7. **【单选】**对相关技术规程和技术规范发生局部调整且不能满足工程计价需要的定额，部分子目已不适应工程计价需要的定额，应及时（ ）。

A. 制定新定额 B. 全面修订
C. 编制补充定额 D. 局部修订

8. **【单选】**对相关技术规程和技术规范已全面更新且不能满足工程计价需要的定额，发布实施已满五年的定额，应（ ）。

A. 制定新定额 B. 全面修订
C. 编制补充定额 D. 局部修订

9. **【单选】**对新型工程以及建筑产业现代化、绿色建筑、建筑节能等工程建设新要求，应及时（ ）。

A. 制定新定额 B. 全面修订
C. 编制补充定额 D. 局部修订

10. **【单选】**对于工程建设中出现的新技术、新工艺、新材料、新设备等情况，应根据工程建设需求及时（ ）。

A. 制定新定额 B. 全面修订
C. 编制补充定额 D. 局部修订

11. **【单选】**（ ）是以单位工程为对象，反映完成一个规定计量单位建筑安装产品的经济指标。

A. 施工定额 B. 概算定额
C. 概算指标 D. 投资估算指标

12. **【单选】**关于概算指标，下列说法正确的是（ ）。

A. 概算指标是以完成单位合格扩大分项工程或扩大结构构件所需消耗的人工、材料和施工机具台班的数量及其费用标准
B. 概算指标属于生产性定额
C. 概算指标是概算定额的扩大与合并
D. 概算指标只包括人工、材料、机具台班三个基本部分

13. **【多选】**关于概算定额，下列说法错误的有（ ）。

A. 概算定额是完成单位合格扩大分项工程或扩大结构构件所需消耗的人工、材料和施工机具台班的数量及其费用标准
B. 概算定额是一种计价性定额
C. 概算定额一般是在施工定额的基础上综合扩大而成的
D. 概算定额是编制扩大初步设计概算、确定建设项目投资额的依据
E. 概算定额的项目划分粗细，与可行性研究阶段相适应

14. **【单选】**按照定额的编制程序和用途分类，下列表述正确的是（ ）。

A. 预算定额是以施工定额为基础综合扩大编制的
B. 概算定额的项目划分粗细，与初步设计的深度相适应
C. 概算指标主要用来编制扩大初步设计概算

D. 投资估算指标的概略程度与项目建议书阶段相适应

15. **【单选】** 在正常的施工条件下，完成一定计量单位合格分项工程或结构构件所需消耗的人工、材料、施工机具台班数量及其费用标准的是（　　）。

A. 施工定额　　B. 预算定额

C. 概算定额　　D. 概算指标

16. **【单选】** 根据定额的编制程序和用途分类，属于生产性定额的是（　　）。

A. 预算定额　　B. 施工定额

C. 概算定额　　D. 概算指标

17. **【单选】** 根据定额的编制程序和用途分类，项目划分程度最细的计价定额是（　　）。

A. 预算定额　　B. 施工定额

C. 概算定额　　D. 概算指标

第二节　工程量清单计价方法

知识脉络

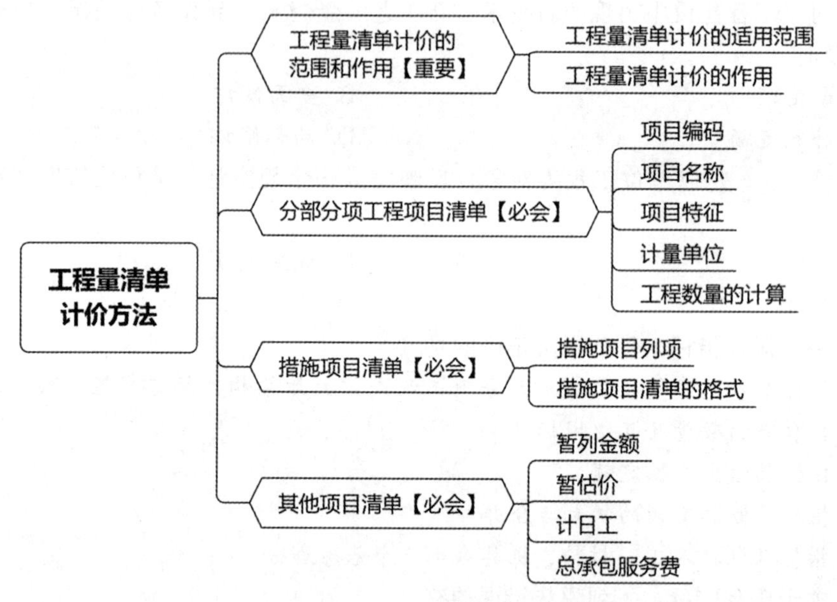

考点 1　工程量清单计价的范围和作用【重要】

1. **【多选】** 下列工程项目中，必须采用工程量清单计价的有（　　）。

A. 使用各级财政预算资金的项目　　B. 使用国家发行债券所筹资金的项目

C. 国有资金投资总额占50%以上的项目　　D. 使用国家政策性贷款的项目

E. 使用国际金融机构贷款的项目

2. **【单选】** 根据现行《建设工程工程量清单计价规范》，关于工程量清单的特点和应用，下列说法错误的是（　　）。

A. 分为招标工程量清单和已标价工程量清单

B. 以单位（项）工程为单位编制

C. 是招标文件的组成部分

D. 是载明发包工程内容和数量的清单，不涉及金额

3. **【单选】**根据《建设工程工程量清单计价规范》（GB 50500—2018）的规定，不属于必须采用工程量清单计价的范围的是（　　）。

A. 全部使用国有资金投资的建设项目

B. 国家融资资金投资的建设项目

C. 国有资金（含国家融资资金）为主的建设项目

D. 非国有资金投资的建设项目

4. **【单选】**采用工程量清单方式招标，招标工程量清单必须作为招标文件的组成部分，其准确性和完整性由（　　）负责。

A. 工程造价咨询人　　B. 招标人　　C. 招标代理人　　D. 投标人

5. **【多选】**关于工程量清单计价方法，下列说法正确的有（　　）。

A. 招标工程量清单必须作为投标文件的组成部分

B. 我国工程量清单计价规范主要用于项目决策和设计阶段

C. 招标工程量清单必须由招标人编写

D. 工程量清单分为招标工程量清单和已标价工程量清单

E. 招标工程量清单应以单位（项）工程为单位编制

6. **【多选】**关于工程量清单计价的适用范围，下列说法错误的有（　　）。

A. 工程量清单计价适用于建设工程发承包及其实施阶段的计价活动

B. 使用国有资金投资的工程发承包，必须采用工程量清单计价

C. 非国有资金投资的建设工程，必须采用工程量清单计价

D. 不采用工程量清单计价的建设工程，可以不执行清单计价规范中除工程量清单等专门性规定以外的规定

E. 国有资金投资总额不足50%的建设工程发承包，不必采用工程量清单计价

7. **【多选】**工程量清单计价的作用有（　　）。

A. 为投标者提供了一个平等的竞争条件

B. 有利于提高工程计价效率，能真正实现快速报价

C. 有利于国家对建设工程造价的宏观调控

D. 有利于减少业主与施工单位之间的纠纷

E. 有利于业主对投资的控制

考点2　分部分项工程项目清单【必会】

1. **【单选】**编制工程量清单出现计算规范附录中未包括的清单项目时，编制人应作补充。下列关于编制补充项目的说法，正确的是（　　）。

A. 补充项目编码由B与三位阿拉伯数字组成

B. 补充项目应报县级工程造价管理机构备案

C. 补充项目的工作内容等应予以明确

D. 补充项目编码应顺序编制，起始序号由编制人根据需要自主确定

2. **【单选】**在工程量清单中，最能体现分部分项工程项目自身价值的本质是（　　）。

A. 项目特征　　B. 项目编码　　C. 项目名称　　D. 项目计量单位

3. **【单选】**关于工程量清单编制中的项目特征描述，下列说法正确的是（　　）。

A. 措施项目无需描述项目特征

B. 应按计量规范附录中规定的项目特征，结合技术规范、标准图集加以描述

C. 对完成清单项目可能发生的具体工作和操作程序仍需要加以描述

D. 图纸中已有的工程规格、型号、材质等可不描述

4. 【单选】关于分部分项工程量清单编制的说法，正确的是（　　）。

A. 施工工程量大于按计算规则计算出的工程量的部分，由投标人在综合单价中考虑

B. 在清单项目“工程内容”中包含的工作内容必须进行项目特征的描述

C. 计价规范中就某一清单项目给出两个及以上计量单位时，应选择最方便计算的单位

D. 同一标段的工程量清单中含有多个项目特征相同的单位工程时，可采用相同的项目编码

5. 【单选】当出现计量规范附录中未包括的清单项目时，编制补充项目应遵循的原则是（　　）。

A. 补充项目的编码由分部工程的代码与B和三位阿拉伯数字组成

B. 在工程量清单中应附补充项目的项目名称、项目特征、计量单位、工程量计算规则

C. 将编制的补充项目报市级或行业工程造价管理机构备案

D. 补充项目的编码应按工程量计算规范的规定确定

6. 【单选】根据清单项目编码规则，某清单项目编码为020305002003，则其分项工程项目名称顺序码是（　　）。

A. 03　　　　B. 002

C. 05　　　　D. 003

7. 【单选】在编制分部分项工程和单价措施项目清单与计价表时，为了记取规费等的需要，可在表中增设的项目是（　　）。

A. 定额人工费

B. 定额材料费

C. 定额直接费

D. 定额人工费与定额施工机具使用费之和

8. 【单选】选择分部分项工程的计量单位时，以“kg”为单位的项目，有效位数应遵守（　　）。

A. 保留三位有效数字　　　　B. 保留两位有效数字

C. 保留整数　　　　D. 保留一位有效数字

9. 【单选】根据我国现行的清单项目编码规则，第三级编码代表的含义是（　　）。

A. 分部工程顺序码　　　　B. 分项工程项目名称顺序码

C. 工程量清单项目名称顺序码　　　　D. 附录分类顺序码

10. 【单选】分部分项工程项目清单必须载明的项目不包括（　　）。

A. 项目编码　　　　B. 项目名称

C. 项目特征　　　　D. 综合单价

11. 【单选】关于项目编码的说法中，正确的是（　　）。

A. 清单项目编码以四级编码设置，用十二位阿拉伯数字表示

B. 项目编码前四级编码全国统一

C. 第五级项目编码按工程量计算规范附录的规定设置

D. 当同一标段（或合同段）的一份工程量清单中含有多个单位工程且工程量清单是以单位工程为编制对象时，项目编码可以重复

12. 【单选】下列关于分部分项工程项目清单中项目名称的说法，正确的是（　　）。

A. 项目名称应按各专业工程工程量计算规范附录的项目名称直接确定

B. 各专业工程量计算规范中的分项工程项目名称不得调整

C. 招标人可以补充各专业工程量计算规范中的分项工程项目名称
D. 分部分项工程项目清单的项目名称不需要考虑项目的规格、型号、材质等特征要求

13. **【单选】** 关于分部分项工程量清单编制的说法，正确的是（　　）。
A. 凡项目特征中未描述到的其他独有特征，由清单编制人视项目具体情况确定，以准确描述清单项目为准
B. 分部分项工程项目清单的项目特征直接按各专业工程工程量计算规范附录中规定的项目特征确定
C. 当计量单位有两个或两个以上时，应根据习惯确定
D. 清单工程量包含各种损耗和施工中需要增加的工程量

14. **【单选】** 对于没有具体数量的清单项目，通常选取的计量单位可以是（　　）。
A. 套　　B. 组
C. 项　　D. 台

考点 3 措施项目清单【必会】

1. **【多选】** 下列措施项目，应按分部分项工程量清单编制方式编制的有（　　）。
A. 超高施工增加　　B. 建筑物的临时保护设施
C. 大型机械设备进出场及安拆　　D. 已完工程及设备保护
E. 施工排水、降水

2. **【多选】** 关于措施项目工程量清单编制与计价，下列说法正确的有（　　）。
A. 不能计算工程量的措施项目也可以采用分部分项工程量清单方式编制
B. 安全文明施工费按总价方式编制，其计算基础可为“定额基价”“定额人工费”
C. 总价措施项目清单表应列明计量单位、费率、金额等内容
D. 除安全文明施工费外的其他总价措施项目的计算基础可为“定额人工费”
E. 按施工方案计算的总价措施项目可以只填“金额”数值

3. **【单选】** 措施项目清单编制中，下列适用于以“项”为单位计价的措施项目费是（　　）。
A. 已完工程及设备保护费　　B. 超高施工增加费
C. 大型机械设备进出场及安拆费　　D. 施工排水、降水费

4. **【多选】** 下列措施项目中，适宜于采用综合单价方式计价的有（　　）。
A. 已完工程及设备保护
B. 大型机械设备进出场及安拆
C. 安全文明施工
D. 混凝土、钢筋混凝土模板
E. 施工排水、降水

5. **【单选】** 下列措施项目中，宜采用分部分项工程项目清单方式编制的是（　　）。
A. 二次搬运费　　B. 大型机械进出场及安拆
C. 冬雨季施工　　D. 夜间施工

6. **【多选】** 在总价措施项目清单与计价表中，安全文明施工费的计算基数可为（　　）。
A. 定额基价
B. 定额人工费
C. 定额人工费＋定额施工机具使用费
D. 定额人工费＋定额材料费
E. 定额材料费＋定额施工机具使用费

7. 【多选】关于措施项目清单的编制依据，正确的有（　　）。

A. 拟定的招标文件

B. 其他项目清单

C. 常规施工方案

D. 与建设工程有关的标准、规范

E. 相关法律法规

8. 【多选】针对总价措施项目清单的编制，下列说法正确的有（　　）。

A. “计算基础”中安全文明施工费可为“定额基价”“定额人工费”或“定额人工费＋定额机械费”

B. “计算基础”中除安全文明施工费之外的其他项目应为“定额人工费”

C. 按施工方案计算的措施费，可只填“金额”数值，不填“计算基础”和“费率”

D. 按施工方案计算的措施费，应在备注栏说明施工方案出处或计算方法

E. 措施项目中可以计算工程量的项目清单宜采用分部分项工程量清单的方式编制

考点 4　其他项目清单【必会】

1. 【单选】招标人在工程量清单中提供的用于支付必然发生但暂不能确定价格的材料、工程设备的单价及专业工程的金额是（　　）。

A. 暂列金额　　B. 暂估价

C. 总承包服务费　　D. 价差预备费

2. 【单选】招标工程量清单编制时，在总承包服务费计价表中，应由招标人填写的内容是（　　）。

A. 服务内容　　B. 项目价值

C. 费率　　D. 金额

3. 【单选】下列费用项目中，应由投标人确定额度，并计入其他项目清单与计价汇总表中的是（　　）。

A. 暂列金额　　B. 材料暂估价

C. 专业工程暂估价　　D. 总承包服务费

4. 【单选】在以下各项费用中，由招标人在工程量清单中提供金额的是（　　）。

A. 暂列金额　　B. 计日工

C. 总承包服务费　　D. 社会保险费

5. 【单选】对于暂估价的概念及使用，下列表述正确的是（　　）。

A. 暂估价是因不可避免的价格调整而设立的

B. 暂估价是指招标人在工程量清单中提供的用于可能发生但暂时不能确定价格的材料、工程设备单价以及专业工程的金额

C. 材料、工程设备暂估价和专业工程暂估价应只是暂估单价，以方便投标人组价

D. 投标人应将材料暂估价计入工程量清单综合单价报价中

6. 【单选】在合同约定之外的或者因变更而产生的、工程量清单中没有相应项目的额外工作通常是指（　　）。

A. 零星项目或工作　　B. 计日工

C. 暂列金额　　D. 暂估价

7. 【单选】对于计日工表的编制原则，以下表述正确的是（　　）。

A. 计日工项目在结算时，应按发承包双方确认的实际数量计算合价

B. 计日工表项目名称由招标人填写，暂定数量由投标人填写

C. 计日工主要适用于发包人提出的工程合同范围以外的新增项目或工作
D. 投标时，计日工表的单价应根据招标人提供的金额填写

8.【单选】在总承包服务费计价表中，应由投标人自主报价的是（　　）。
A. 项目名称　　B. 费率
C. 项目价值　　D. 服务内容

9.【单选】计日工是为了解决现场发生的（　　）的计价。
A. 变更工作　　B. 零星工作
C. 新增工作　　D. 额外工作

10.【多选】下列对其他项目清单的具体内容会产生直接影响的因素有（　　）。
A. 工程建设标准的高低
B. 工程的复杂程度
C. 承包人对工程的管理
D. 工程的组成内容
E. 工程的工期长短

11.【单选】在工程量清单计价中，下列关于暂列金额的说法，正确的是（　　）。
A. 暂列金额是招标人在工程量清单中暂定但是不包括在合同价款中的一笔款项
B. 暂列金额是用于支付必然发生但暂时不能确定价格的材料、工程设备的单价以及专业工程的金额
C. 暂列金额是为了消化不可避免的价格调整而设立，以便达到合理确定和有效控制工程造价的目标
D. 设立暂列金额可以保证合同结算价格不超过合同价格的情况

12.【单选】在暂列金额明细表中，暂定金额总额由（　　）填写。
A. 招标人
B. 投标人
C. 清单编制人
D. 工程造价咨询机构

13.【多选】在工程量清单计价中，下列关于暂估价的说法，正确的有（　　）。
A. 暂估价只包括材料、工程设备暂估单价
B. 暂估价数量和拟用项目应结合工程量清单中“暂估价表”予以补充说明
C. 纳入分部分项工程项目清单综合单价中的暂估价包括材料、工程设备暂估单价和专业工程暂估价
D. 专业工程暂估价一般应是综合暂估价，包括人工费、材料费、施工机具使用费、企业管理费和利润，不包括规费和税金
E. 暂估价中材料、工程设备暂估单价应根据清单编制人的经验直接确定

14.【单选】根据《建设工程工程量清单计价规范》(GB 50500—2013)，关于其他项目清单的编制和计价，下列说法正确的是（　　）。
A. 专业工程暂估价应分不同专业列出明细表
B. 招标人填写的暂估单价中无需说明暂估材料、工程设备拟用于哪些清单项目上
C. 专业工程的暂估价金额由投标人填写
D. 专业工程暂估价中暂估金额结算时，按照实际发生的金额结算

第三节　建筑安装工程人工、材料和施工机具台班消耗量的确定

知识脉络

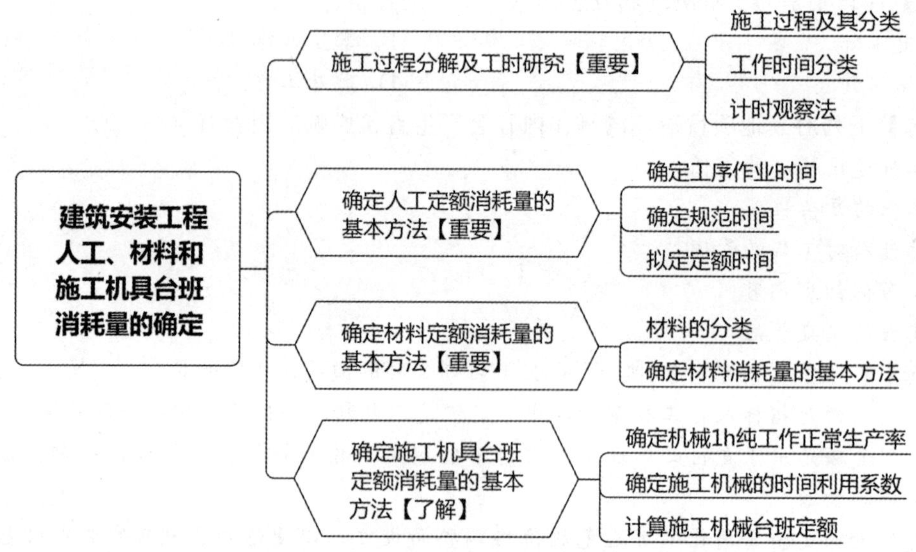

考点 1　施工过程分解及工时研究【重要】

1. 【单选】下列关于测时法的特征描述中，正确的是（　　）。
   A. 测时法既适用于测定重复的循环工作时间，也适用于测定非循环工作时间
   B. 选择测时法比接续测时法正确、完善，但观察技术也较之复杂
   C. 当所测定的各工序的延续时间较短时，接续测时法较选择测时法方便
   D. 测时法的观测次数应该根据误差理论和经验数据相结合的方法确定

2. 【多选】下列施工工作时间分类中，属于工人有效工作时间的有（　　）。
   A. 基本工作时间　　B. 休息时间
   C. 辅助工作时间　　D. 准备与结束工作时间
   E. 不可避免的中断时间

3. 【单选】下列工人工作时间消耗中，属于有效工作时间的是（　　）。
   A. 因混凝土养护引起的停工时间
   B. 偶然停工（停水、停电）增加的时间
   C. 产品质量不合格返工的工作时间
   D. 准备施工工具花费的时间

4. 【单选】下列施工机械消耗时间中，属于机械必需消耗时间的是（　　）。
   A. 未及时供料引起的机械停工时间　　B. 由于气候条件引起的机械停工时间
   C. 装料不足时的机械运转时间　　D. 因机械保养而中断使用的时间

5. 【单选】下列因素中，影响施工过程的技术因素是（　　）。
   A. 工人技术水平　　B. 操作方法
   C. 机械设备性能　　D. 劳动组织

6. 【单选】在机械工作时间消耗的分类中，由于工人装料数量不足引起的砂浆搅拌机不能满载工作的时间属于（　　）。

A. 有根据地降低负荷下的工作时间

B. 机械的多余工作时间

C. 违反劳动纪律引起的机械时间损失

D. 低负荷下的工作时间

7. 【单选】在机器工作时间分类中，混凝土搅拌机搅拌混凝土时超过规定搅拌时间，属于（　　）。

A. 低负荷下工作时间

B. 多余工作时间

C. 与机器有关的不可避免的中断时间

D. 与工艺过程的特点有关的不可避免的中断工作时间

8. 【单选】有关工作日写实法的内容，以下表述中正确的是（　　）。

A. 当采用工作日写实法取得编制定额的基础资料时，通常需要测定1～3次

B. 工作日写实法具有技术简便、费力不多、应用面广和资料全面的优点

C. 工作日写实法记录时间时，需要将有效工作时间分为各个组成部分

D. 工作日写实法通常对整个工作班或半个工作班进行长时间观察

9. 【单选】下列施工过程的影响因素中，属于技术因素的是（　　）。

A. 工人的技术水平　　B. 所用材料的规格和性能

C. 施工组织和施工方法　　D. 工资分配方式

10. 【单选】在确定测时法的观察次数时，主要考虑的因素是（　　）。

A. 要求的算术平均值的精确度和数列的稳定系数

B. 要求的算术平均值的精确度和被测定的工人人数

C. 已经达到的功效水平的稳定程度和数列的稳定系数

D. 所测施工过程的广泛性和经济价值

11. 【单选】在工人工作涉及消耗的分类中，为完成一定合格产品所消耗的时间是（　　）。

A. 有效工作时间　　B. 基本工作时间

C. 辅助工作时间　　D. 必需消耗的工作时间

12. 【单选】以下各类时间中，用测时法测定的是（　　）。

A. 工人休息时间　　B. 准备与结束时间

C. 循环组成部分工作时间　　D. 非循环的工作时间

13. 【单选】在工人工作时间消耗的分类中，与产品生产直接有关的时间消耗是（　　）。

A. 有效工作时间　　B. 基本工作时间

C. 辅助工作时间　　D. 必需消耗的工作时间

14. 【单选】在工人工作时间消耗的分类中，下列各项属于损失时间的是（　　）。

A. 抹灰工补上偶然遗留的墙洞消耗的时间

B. 施工工艺特点引起的工作中断的时间

C. 保证基本工作能顺利完成所消耗的时间

D. 事后清理场地的时间

15. 【单选】在机器施工过程中，筑路机在工作区末端掉头所消耗的时间应属于（　　）。

A. 有效工作时间　　B. 不可避免的无负荷工作时间

C. 必需消耗的时间　　D. 多余工作时间

16. **【单选】**在机器施工过程中，汽车运输重量轻而体积大的货物所消耗的时间应属于（　　）。

A. 有效工作时间　　B. 不可避免的中断时间

C. 不可避免的无负荷工作时间　　D. 多余工作时间

17. **【单选】**当用计时观察法记录时间消耗时，适合用写实记录法研究而不适合用测时法研究的是（　　）。

A. 循环组成部分工作时间消耗　　B. 基本工作时间

C. 不可避免中断时间　　D. 准备与结束时间

18. **【单选】**当运用工作日写实法检查定额执行情况时，通常需要测定（　　）次。

A. 1～3　　B. 2～4

C. 3～4　　D. 3～5

19. **【多选】**下列关于施工过程的分类，说法正确的有（　　）。

A. 从施工的技术操作和组织观点看，工序是工艺方面最简单的施工过程

B. 根据施工过程组织上的复杂程度，可将其分解为工序、工作过程和综合工作过程

C. 工作过程的特点是劳动者和劳动工具不变，劳动对象可以变换

D. 综合工作过程是不同时进行的

E. 工作过程必须由1人以上的班组完成

20. **【单选】**基本工作时间是指工人完成能生产一定产品的施工工艺过程所消耗的时间，关于基本工作时间的说法，不正确的是（　　）。

A. 在基本工作时间里，通过相关工艺过程可以使材料改变外形

B. 基本工作时间的长短和工作量的大小成正比

C. 基本工作时间所包括的内容依工作性质各不相同

D. 在基本工作时间里，不能使产品的形状、大小、性质或位置发生变化

21. **【单选】**下列对工人工作时间中辅助工作时间的理解，正确的是（　　）。

A. 在辅助工作时间里，能使产品的形状、大小、性质或位置发生变化

B. 基本工作时间的结束，往往就是辅助工作时间的开始

C. 辅助工作一般是机械操作

D. 在机手并动的情况下，辅助工作是在机械运转过程中进行的，为避免重复则不应再计辅助工作时间的消耗

22. **【单选】**工人工作必需消耗时间中的“准备与结束工作时间”属于（　　）。

A. 基本工作时间　　B. 有效工作时间

C. 辅助工作时间　　D. 不可避免的中断时间

23. **【单选】**有效工作时间包括基本工作时间、辅助工作时间、准备与结束工作时间。下列关于有效工作时间的叙述，不正确的是（　　）。

A. 基本工作时间的长短和工作量大小成正比

B. 辅助工作时间的结束，往往就是基本工作时间的开始

C. 准备与结束工作时间可以分为班内的准备与结束工作时间和任务的准备与结束工作时间

D. 准备与结束工作时间的长短与工作内容无关

24. **【多选】**下列关于损失时间的说法，正确的有（　　）。

A. 损失时间与产品生产无关

B. 损失时间与施工组织和技术上的缺点有关

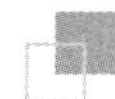

C. 损失时间与工人施工过程中的个人过失有关

D. 损失时间与某些偶然因素有关

E. 损失时间是制定定额的主要依据

25. **【多选】**工人工作时间包括必需消耗的时间和损失时间，以下属于损失时间的有（　　）。

A. 停工时间　　B. 休息时间

C. 不可避免的中断时间　　D. 违背劳动纪律损失时间

E. 多余和偶然工作时间

26. **【多选】**下列选项中，属于损失时间但应该在定额中予以合理考虑的有（　　）。

A. 休息时间

B. 不可避免的中断时间

C. 偶然工作时间

D. 施工本身造成的停工时间

E. 非施工本身造成的停工时间

27. **【多选】**下列关于测时法的说法中，正确的有（　　）。

A. 测时法主要适用于测定定时重复的循环工作的工时消耗

B. 当所测定的各工序的延续时间较短时，用连续法测时比较方便、简单

C. 连续测时法比选择测时准确、完善，观察技术也比较简单

D. 测时法的观察次数与要求的算术平均值精度及数列的稳定系数有关

E. 观测次数应该依据误差理论和经验数据相结合的方法来判断

28. **【多选】**确定写实记录法的延续时间时，需考虑的因素包括（　　）。

A. 需要足够多的观察时间来得到比较可靠和准确的结果

B. 所测施工过程的广泛性和经济价值

C. 已经达到的功效水平的稳定程度

D. 同时测定不同类型施工过程的数目

E. 被测定的工人人数以及测定完成产品的可能次数

29. **【多选】**下列关于写实记录法的说法中，正确的有（　　）。

A. 能够通过测定检查定额的执行情况

B. 主要适用于测定定时重复的循环工作

C. 在我国是一种采用较广的编制定额的方法

D. 是一种研究各种性质的工作时间消耗的方法

E. 可以获得分项工作时间消耗和制定定额所必需的全部资料

30. **【单选】**下列关于工作日写实法的说法中，正确的是（　　）。

A. 工作日写实法具有技术简便、费力不多、应用面广和资料全面的优点

B. 工作日写实法由于有观察人员在场，且做了充分准备，在工时利用上非常真实

C. 工作日写实法是一种研究各种性质的工作时间消耗的方法

D. 工作日写实法用于编制定额的基础资料时，需要测定1～3次

考点 2　确定人工定额消耗量的基本方法【重要】

1. **【单选】**通过计时观察，完成某工程的基本工时为6h/m²，辅助工作时间为工序作业时间的8%，规范时间占工作时间的15%，则完成该工程的时间定额是（　　）工日/m²。

A. 0.93　　B. 0.94

C. 0.95　　D. 0.96

2. 【单选】已知每平方米墙面所需的勾缝时间为10min，根据工时规范，辅助工作时间占工序作业时间的2%，准备与结束时间、不可避免中断时间、休息时间分别占工作日的3%、2%、15%，则一砖半墙勾缝的时间定额为（　　）工日/m^3。

A. 0.111　　B. 0.073

C. 0.027　　D. 0.058

3. 【单选】通过计时观察资料得知，人工挖三类土1m^3的基本工作时间为7h，辅助工作时间占工序作业时间的2%，准备与结束工作时间、不可避免的中断时间、休息时间分别占工作日的3%、2%、18%，则该人工挖三类土的产量定额是（　　）m^3/工日。

A. 1.160　　B. 1.140

C. 0.877　　D. 0.862

考点3　确定材料定额消耗量的基本方法【重要】

1. 【单选】已知1m^3标准砖，1砖墙的砂浆损耗率为5%，则每立方米砖墙砂浆的消耗量定额为（　　）m^3。

A. 0.226　　B. 0.238

C. 0.235　　D. 0.237

2. 【单选】在对材料消耗过程测定与观测的基础上，通过完成产品数量和材料消耗量的计算而确定各种材料消耗定额的方法是（　　）。

A. 实验室实验法　　B. 现场技术测定法

C. 现场统计法　　D. 理论计算法

3. 【单选】正常施工条件下，完成单位合格建筑产品所需某材料的不可避免损耗量为0.90kg，已知该材料的损耗率为7.20%，则其总消耗量为（　　）kg。

A. 13.50　　B. 13.40

C. 12.50　　D. 11.60

4. 【单选】已知1m^2砖墙的勾缝时间为8min，则每立方米一砖半厚墙所需的勾缝时间为（　　）min。

A. 12.00　　B. 21.92

C. 22.22　　D. 33.33

5. 【单选】砌筑一砖厚砖墙，灰缝厚度为10mm，砖的施工损耗率为1.5%，场外运输损耗率为1%。砖的规格为240mm×115mm×53mm，则每立方米砖墙工程中砖的定额消耗量为（　　）块。

A. 515.56　　B. 520.64　　C. 537.04　　D. 542.33

6. 【单选】关于材料的分类，下列说法正确的是（　　）。

A. 必须消耗的材料不包括不可避免的材料损耗

B. 必须消耗的材料编制材料净用量定额

C. 施工中的材料可分为实体材料和非实体材料两类

D. 模板、脚手架、支撑属于实体材料

7. 【单选】关于确定材料消耗量的基本方法，下列说法正确的是（　　）。

A. 现场技术测定法主要用于确定材料净用量

B. 试验室试验法主要用于编制材料净用量定额

C. 现场统计法可以作为确定材料净用量定额和材料损耗定额的依据

D. 理论计算法适合于易产生损耗的，且不易确定废料的材料消耗量计算

8.【单选】以施工现场积累的分部分项工程使用材料数量、完成产品数量、完成工作原材料的剩余数量等统计资料为基础，经过整理分析，获得材料消耗数据的方法是（　　）。

A. 现场技术测定法　　B. 实验室试验法

C. 现场统计法　　D. 理论计算法

9.【多选】施工中材料的消耗可分为必须消耗的材料和损失的材料，其中，必须消耗的材料包括（　　）。

A. 直接用于建筑和安装工程的材料

B. 不可避免的施工废料

C. 不可避免的场外运输损耗材料

D. 不可避免的场内运输损耗材料

E. 不可避免的现场仓储损耗材料

10.【单选】确定材料消耗量的基本方法中，（　　）适合于不易产生损耗，且容易确定废料的材料消耗量的计算。

A. 现场技术测定法　　B. 实验室试验法

C. 理论计算法　　D. 现场统计法

11.【多选】关于材料消耗的性质及材料消耗量的基本方法中，说法正确的有（　　）。

A. 直接用于建筑和安装工程的材料编制材料净用量定额

B. 现场技术测定法适用于确定材料净用量

C. 不可避免的施工废料和材料损耗编制材料损耗定额

D. 现场统计法主要适用于确定材料总消耗量，是编制材料消耗量定额的主要方法

E. 实体材料包括工程直接性材料和辅助材料

12.【单选】材料损耗率的计算公式，可以表示为（　　）×100%。

A. 损耗量/净用量　　B. 净用量/损耗量

C. 损耗量/总用量　　D. 净用量/总用量

考点 4　确定施工机具台班定额消耗量的基本方法【了解】

1.【单选】挖土方采用斗容量 300L 的挖掘机，每次循环中，挖土、回转、卸土、返回、等待需要的时间分别为 30s、15s、10s、5s、5s，各组成部分有 5s 的交叠时间，机械时间利用系数为 0.85，则该挖掘机台班时间定额为（　　）台班/m^3。

A. 122.4　　B. 113.0

C. 0.009　　D. 0.008

2.【单选】确定施工机械台班定额消耗量的计算公式中，正确的是（　　）。

A. 机械时间利用系数＝机械纯工作 1h 正常生产率×工作班纯工作时间

B. 机械一次循环的正常延续时间＝$\sum$（循环各组成部分正常延续时间）

C. 机械时间利用系数＝机械在一个工作班内纯工作时间/一个工作班延续时间（8h）

D. 施工机械台班产量定额＝机械 1h 纯工作正常生产率×工作班延续时间

3.【单选】某土方施工机械一次循环的正常时间为 2.5min，每循环工作一次挖土 0.8m^3，工作班的延续时间为 8h，机械正常利用系数为 0.90，则该土方施工机械的产量定额为（　　）m^3/台班。

A. 14.40　　B. 130.56

C. 138.24　　D. 345.60

第四节　建筑安装工程人工、材料和施工机具台班单价的确定

知识脉络

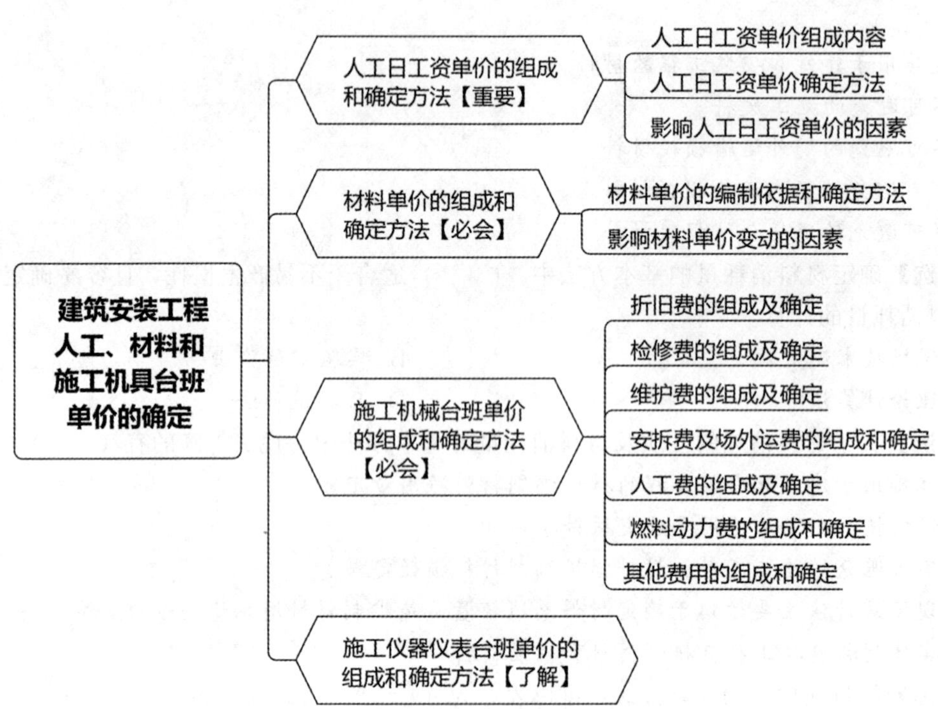

考点 1　人工日工资单价的组成和确定方法【重要】

1. **【单选】**按照《建筑安装工程费用项目组成》（建标〔2013〕44 号）规定，生产工人六个月以内的病假人员工资计入人工日工资单价组成中的（　　）。

A. 职工福利费　　B. 特殊情况下支付的工资
C. 津贴补贴　　D. 奖金

2. **【多选】**影响定额动态人工日工资单价的因素包括（　　）。

A. 人工日工资单价的组成内容　　B. 社会工资差额
C. 劳动力市场供需变化　　D. 社会最低工资水平
E. 政府推行的社会保障与福利政策

3. **【单选】**根据国家相关法律、法规和政策规定，因停工学习、执行国家或社会义务等原因，按计时工资标准支付的工资属于人工日工资单价中的（　　）。

A. 基本工资　　B. 奖金
C. 津贴补贴　　D. 特殊情况下支付的工资

4. **【单选】**根据人工日工资单价的组成，下列各项中，属于特殊情况下支付的工资是（　　）。

A. 高温作业临时津贴
B. 定期休假时按计时工资的一定比例支付的工资
C. 劳动竞赛奖

D. 劳动保护费

5. 【单选】根据人工日工资单价的组成，下列各项属于津贴补贴的是（　　）。

A. 增收节支支付给个人的劳动报酬

B. 保证职工工资水平不受物价影响支付给个人的物价补贴

C. 定期休假时按计时工资的一定比例支付的工资

D. 执行国家或社会义务按计件工资标准的一定比例支付的工资

6. 【单选】计算人工日工资单价时需要确定年平均每月法定工作日，计算公式正确的是（　　）。

A. 年平均每月法定工作日＝（全年日历日－法定节日）/12

B. 年平均每月法定工作日＝（全年日历日－法定双休日）/12

C. 年平均每月法定工作日＝（全年日历日－法定假日）/12

D. 年平均每月法定工作日＝全年日历日/12

7. 【单选】影响人工日工资单价的主要因素是（　　）。

A. 生产能力指数　　B. 社会先进工资水平

C. 劳动力市场的供需变化　　D. 季节性变化

8. 【单选】某工程所在地人力资源和社会保障部门发布的最低日工资标准为 50 元，某安装企业高级技工的最低日工资单价不得低于（　　）元。

A. 65　　B. 100

C. 150　　D. 50

9. 【多选】下列费用项目中，应计入人工日工资单价的有（　　）。

A. 计件工资　　B. 节约奖

C. 劳动保护费　　D. 高温施工津贴

E. 职工福利费

考点 2　材料单价的组成和确定方法【必会】

1. 【多选】下列材料单价的构成费用，包含在采购及保管费中进行计算的有（　　）。

A. 运杂费　　B. 仓储费

C. 工地保管费　　D. 运输损耗

E. 仓储损耗

2. 【单选】某材料自甲、乙两地采购，适用 13%增值税率，相关信息如下表所示（表中原价、运杂费均为含税价格；来源一供料采用“一票制”支付方式，来源二供料采用“两票制”支付方式），则其材料单价为（　　）元/t。

供货地点	采购 /t	原价 /（元/t）	运杂费 /（元/t）	运输损耗率 /%	采购及保管费率 /%
甲	50	340	20	2	3
乙	55	350	15		

A. 337.40　　B. 333.69

C. 300.00　　D. 298.14

3. 【单选】下列费用项目中，应计入进口材料运杂费的是（　　）。

A. 国际运费　　B. 国际运输保险费

C. 到岸后外埠中转运输费　　D. 进口环节税费

4.【单选】已知某材料适用13%增值税率，采用“两票制”支付方式，其含税原价为960.5元/t，含税运杂费为27.25元/t，运输损耗率为0.6%，采购及保管费率为4%，则该材料的单价为（　　）元/t。

A. 963.85　　B. 931.37

C. 915.46　　D. 925.82

5.【多选】下列因素中，影响材料预算价格变动的因素包括（　　）。

A. 市场供需变化　　B. 材料制造费用的变动

C. 流通环节和供应体制　　D. 运输距离和运输方法

E. 生活消费指数的变动

6.【单选】对于材料单价的计算，下列表述中正确的是（　　）。

A. 当材料供货方是小规模纳税人时，购货方购买价格中包含的增值税是不能扣除的

B. 对于进口材料，材料原价是指抵达买方边境、港口或车站并缴纳完各种手续费税费后形成的价格

C. 当同种材料有几种原价时，应根据不同供应地点的需要量为权重计算加权平均综合单价

D. 材料运杂费中包含装卸费、运输费和运输损耗等

7.【单选】当计算材料单价时，材料运到工地仓库的价格通常是指（　　）。

A. 材料原价＋运杂费＋运输损耗费＋采购及保管费

B. 材料原价＋运杂费＋运输损耗费

C. 材料供应价格

D. 材料供应价格＋材料运杂费

8.【单选】当同一材料因来源地、交货地、供货单位、生产厂家不同而有几种原价时，通常采用加权平均的方法确定其综合原价，通常使用的权重是（　　）。

A. 不同来源地供货价格比例　　B. 不同来源地存货数量比例

C. 不同来源地生产数量比例　　D. 不同来源地供货数量比例

9.【多选】关于材料单价的构成和计算，下列说法中正确的有（　　）。

A. 材料单价指材料由其来源地运达工地仓库的入库价

B. 若材料供货价格为含税价格，则材料原价无需扣除增值税进项税额

C. 在材料的运输中应考虑一定的场外运输损耗费用

D. 采购及保管费一般按照材料到库价格以费率取定

E. 材料生产成本的变动直接影响材料单价的波动

10.【单选】关于材料单价的组成和确定方法，下列说法中错误的是（　　）。

A. 国外采购材料原价是指抵达买方边境、港口或车站缴纳完成各种手续费、税费（包含增值税）后形成的价格

B. 材料运杂费包含外埠中转运输过程中所发生的一切费用和过境过桥费用

C. 运输损耗是指材料在运输装卸过程中不可以避免的损耗

D. 采购及保管费包括采购费、仓储费、工地保管费和仓储损耗

11.【单选】已知购买某种材料原价为2000元/t，材料运杂费为50元/t（原价和运杂费均为不含税价格），运输损耗率为0.5%，采购及保管费率为4%，则该材料单价中的采购保管费应为（　　）元/t。

A. 2142.66　　B. 82.41

C. 82.00　　D. 92.66

考点 3　施工机械台班单价的组成和确定方法【必会】

1. 【单选】某施工机械设备司机 2 人，若年制度工作日为 254 天，年工作台班为 250 台班，人工日工资单价为 80 元，则该施工机械的台班人工费为（　　）元/台班。

A. 78.72　　B. 81.28

C. 157.44　　D. 162.56

2. 【单选】某施工机械预算价格为 50000 元，耐用总台班为 2000 台班，一次检修费为 3000 元，检修周期为 4，除税系数为 90%，每台班发生的其他费用合计为 30 元/台班，忽略残值和资金时间价值，则该机械的台班单价为（　　）元。

A. 59.05　　B. 62.20

C. 65.40　　D. 67.20

3. 【单选】关于施工机械安拆费和场外运费的说法，正确的是（　　）。

A. 安拆费指安拆一次所需的人工、材料和机械使用费之和

B. 安拆费中包括机械辅助设施的折旧费

C. 能自行移动机械的安拆费不予计算

D. 塔式起重机安拆费的超高增加费应计入机械台班单价

4. 【单选】以下各项费用中，不属于机械台班单价中维护费的是（　　）。

A. 保障施工机械正常运转所需替换工具附具的摊销和维护费

B. 机械运转及日常保养所需润滑与擦拭的材料费用

C. 机械停滞期间的维护和保养费

D. 恢复机械正常功能所需要的费用

5. 【单选】下列施工机械的费用项目中，不能计入施工机械台班单价的是（　　）。

A. 施工机械年检测费　　B. 小型施工机械安拆费

C. 定期保养所用的维护费　　D. 机上司机劳动保险费

6. 【单选】对于下列不同的施工机械，其安拆费及场外运费应单独计算的是（　　）。

A. 安拆简单、移动不需要起重及运输机械的轻型施工机械

B. 安拆简单、移动需要起重及运输机械的轻型施工机械

C. 安拆复杂、移动不需要起重及运输机械的重型施工机械

D. 安拆复杂、移动需要起重及运输机械的重型施工机械

7. 【单选】已知某施工机械需要两人操作，年制度工作日为 250 天，年工作台班为 230 天，人工日工资单价为 150 元/工日，则台班人工费为（　　）元/台班。

A. 220.00　　B. 237.60　　C. 326.09　　D. 300.00

8. 【单选】已知某施工机械耐用总台班为 2500 台班，检修间隔台班为 500 台班，一次检修费为 10000 元，若自行检修比例为 60%，税率按 13% 计算，则该施工机械台班检修费为（　　）元/台班。

A. 20.00　　B. 15.26　　C. 19.08　　D. 16.00

考点 4　施工仪器仪表台班单价的组成和确定方法【了解】

1. 【单选】关于施工仪器仪表台班单价的组成，下列表述中正确的是（　　）。

A. 施工仪器仪表台班维护费中通常需考虑除税系数

B. 施工仪器仪表台班单价中不包括检测软件的相关费用

C. 施工仪器仪表台班单价中包括耗用的电费、水费及其他动力费等

D. 计算施工仪器仪表台班折旧费时，年工作台班与年制度工作日通常是相等的

2. 【多选】下列费用项目中，构成施工仪器仪表台班单价的有（　　）。

A. 折旧费　　B. 检修费

C. 维护费　　D. 动力费

E. 校验费

第五节　工程计价定额的编制

知识脉络

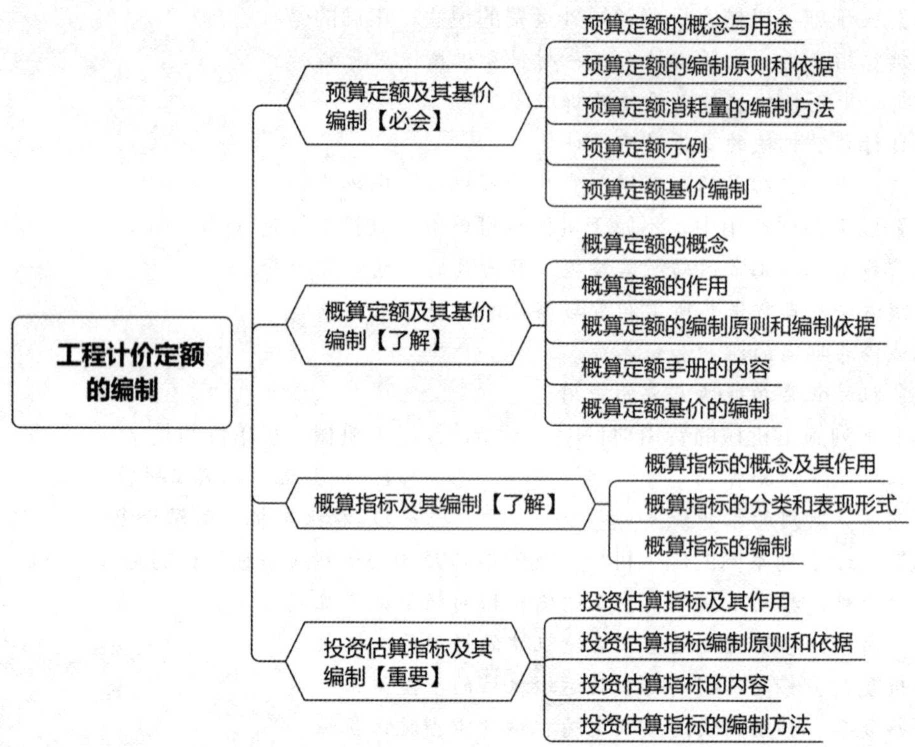

考点 1　预算定额及其基价编制【必会】

1. 【单选】某挖土机挖土，一次正常循环工作时间为 50s，每次循环平均挖土量为 $0.5m^3$，机械正常利用系数为 0.8，机械幅度差系数为 25%，按 8h 工作制考虑，挖土方预算定额的机械台班消耗量为（　　）台班/$1000m^3$。

A. 5.43　　B. 7.20

C. 8.00　　D. 8.68

2. 【单选】完成某单位分部分项工程需要基本用工 4.2 工日，超运距用工 0.3 工日，辅助用工 1 工日，人工幅度系数为 10%，则该单位分部分项工程预算定额人工消耗量为（　　）工日。

A. 5.92　　B. 5.95

C. 6.02　　D. 6.05

3. 【多选】预算定额中人工、材料、机械台班消耗量的确定方法包括（　　）。

A. 以施工定额为基础确定
B. 以现场观察测定资料为基础计算
C. 以工程量清单计算规则为依据计算
D. 以各类费用定额为基础确定
E. 以工程结算资料为依据计算

4. 【单选】关于预算定额人工、材料、机械台班消耗量的计算和确认，下列说法正确的是（　　）。

A. 人工消耗中包含超出预算定额取定运距后的超运距用工
B. 材料损耗量按照材料消耗量的一定比例计算
C. 各种胶结、涂料等材料的配合比用料，按换算法计算
D. 按小组产量计算机械台班产量时，机械幅度差系数取10%

5. 【单选】经现场观测，完成$10m^3$某分项工程需消耗某种材料$2.76m^3$，其中现场内材料运输及施工操作过程中的损耗量为$0.095m^3$，则该种材料的损耗率为（　　）。

A. 3.64%
B. 3.57%
C. 3.44%
D. 3.56%

6. 【单选】下列施工机械的停歇时间，不在预算定额机械幅度差中考虑的是（　　）。

A. 机械维修引起的停歇
B. 工程质量检查引起的停歇
C. 机械转移工作面引起的停歇
D. 进行准备与结束工作时引起的停歇

7. 【多选】预算定额编制时需要遵循简明适用原则，以下说法正确的有（　　）。

A. 主要的、常用的、价值量大的项目，分项工程划分要粗
B. 次要的、不常用的、价值量相对较小的项目，分项工程划分可以粗一些
C. 尽可能地避免同一种材料用不同的计量单位和一量多用
D. 预算定额要项目齐全
E. 因采用新技术、新结构、新材料而出现的新的定额项目无需补充

8. 【多选】下列关于预算定额的用途和作用中，说法正确的有（　　）。

A. 预算定额是编制施工图预算的基础
B. 预算定额是编制施工组织设计的依据
C. 预算定额是编制最高投标限价（招标控制价）的基础
D. 预算定额不可以作为工程结算的依据
E. 预算定额是施工单位进行经济活动分析的依据

9. 【多选】预算定额的编制原则包括（　　）。

A. 社会平均先进水平
B. 社会平均水平
C. 先进水平
D. 简明适用
E. 个别企业水平

10. 【单选】在预算定额人工工日消耗量计算时，按劳动定额规定应增（减）计算的用工属于（　　）。

A. 超运距用工
B. 基本用工
C. 辅助用工
D. 人工幅度差

11. 【多选】在编制预算定额中的人工工日消耗量时，下列各项中属于其他用工的有（　　）。

A. 完成定额计量单位的主要用工
B. 辅助用工
C. 超运距用工
D. 人工幅度差
E. 按劳动定额规定应增（减）的用工

12.【单选】以下各项中，属于预算定额人工消耗量中辅助用工的是（　　）。

A. 工序交接时对前一工序不可避免的修整用工

B. 电焊点火用工

C. 不可避免的其他零星用工

D. 隐蔽工程验收工作而影响工人操作的时间

13.【多选】材料消耗量计算方法主要有（　　）。

A. 按规范要求计算定额计量单位的耗用量

B. 按设计图纸尺寸计算材料净用量

C. 换算法

D. 测定法

E. 类比法

考点 2　概算定额及其基价编制【了解】

1.【单选】与预算定额相比，概算定额的不同之处主要在于（　　）。

A. 表达的主要内容不同

B. 表达的主要方式不同

C. 基本使用方法不同

D. 项目划分和综合扩大程度上的差异

2.【多选】关于概算定额与预算定额，下列说法正确的有（　　）。

A. 概算定额的主要内容、主要方式及基本使用方法与预算定额相近

B. 概算定额是预算定额的综合和扩大

C. 概算定额是确定概算指标中各种消耗量的依据

D. 概算定额主要用于施工图预算的编制

E. 概算定额项目可以按工程结构划分，也可以按工程部位划分

3.【多选】概算定额主要作用包括（　　）。

A. 是编制预算定额的依据

B. 是工程结束后，进行竣工决算和评价的依据

C. 是控制施工图预算的依据

D. 是对设计项目进行技术经济分析比较的基础资料之一

E. 是建设工程主要材料计划编制的依据

4.【多选】概算定额的编制依据有（　　）。

A. 现行的预算定额

B. 具有代表性的标准设计图纸和其他有关资料

C. 全国统一劳动定额

D. 推广的新技术、新结构、新材料、新工艺

E. 人工日工资单价标准、材料单价、施工机具台班单价

5.【单选】关于工程计价定额中的概算定额，下列说法正确的是（　　）。

A. 概算定额通常以分项工程为对象

B. 概算定额基价＝人工费＋材料费＋机具费

C. 概算定额手册由文字说明、定额项目表组成

D. 概算定额中分部说明主要阐述概算定额的性质和作用

考点 3　概算指标及其编制【了解】

1.【单选】关于概算指标的编制，下列说法正确的是（　　）。

A. 概算指标分为建筑安装工程概算指标和设备工器具概算指标

B. 综合概算指标的准确性高于单项概算指标

C. 单项形式的概算指标对工程结构形式可不做说明

D. 构筑物的概算指标以预算书确定的价值为准，不必进行建筑面积换算

2. 【单选】在概算指标编制时，关于不同类型工程应选取的计算单位，下列说法中符合要求的是（　　）。

A. 安装工程以占设备购置费的百分比表示

B. 建筑工程以综合生产能力的单位投资表示

C. 构筑物以每立方米的投资表示

D. 建设项目以使用功能的单位投资表示

3. 【单选】在概算指标的列表形式中，对电气照明工程列出配线方式和灯具名称属于（　　）部分的内容。

A. 工程特征　　B. 示意图

C. 经济指标　　D. 构造内容及工程量指标

4. 【单选】下列对单项概算指标的表述中，正确的是（　　）。

A. 单项概算指标是按照工业或民用建筑及其结构类型而制定的概算指标

B. 单项概算指标的概况性较大

C. 单项概算指标中对工程结构形式要做介绍

D. 单项概算指标的准确性、针对性不如综合概算指标

5. 【单选】下列有关概算定额与概算指标关系的表述中，正确的是（　　）。

A. 概算定额以单位工程为对象，概算指标以单项工程为对象

B. 概算定额以预算定额为基础，概算指标主要来自各种预算和结算资料

C. 概算定额适用于初步设计阶段，概算指标不适用于初步设计阶段

D. 概算定额比概算指标更加综合与扩大

6. 【单选】关于工程计价定额中的概算指标，下列说法正确的是（　　）。

A. 概算指标通常以扩大分项工程为对象

B. 概算指标中的主要材料指标可以作为匡算主要材料用量的依据

C. 概算指标的组成内容一般分为列表形式和必要的附录两部分

D. 概算指标的使用及调整方法，一般在附录中说明

考点 4　投资估算指标及其编制【重要】

1. 【多选】下列关于各类工程计价定额的说法中，正确的有（　　）。

A. 预算定额以现行劳动定额和施工定额为编制基础

B. 概、预算定额的基价一般由人工、材料和机械台班费用组成

C. 概算指标可分为建筑工程概算指标、设备及安装工程概算指标

D. 投资估算指标主要以概算定额和概算指标为编制基础

E. 单位工程投资估算指标中仅包括建筑安装工程费

2. 【单选】在国内建设项目投资构成中，超规超限设备运输增加的费用属于（　　）。

A. 设备及工器具购置费　　B. 基本预备费

C. 工程建设其他费　　D. 建筑安装工程费

3. 【单选】下列工程项目总投资构成中，应计入单项工程投资估算指标中的是（　　）。

A. 生产家具购置费　　B. 基本预备费

C. 涨价预备费　　D. 铺底流动资金

4.【单选】在投资估算指标的内容中，以下各项包括在单位工程指标中的是（　　）。

A. 工程建设其他费　　B. 建筑安装工程费

C. 价差预备费　　D. 生产家具购置费

5.【单选】建设项目综合投资估算指标的主要表现形式是以（　　）。

A. 单项工程生产能力单位投资表示　　B. 项目的综合工程量指标表示

C. 单项工程综合工程量指标表示　　D. 项目的综合生产能力单位投资表示

6.【多选】工程投资估算指标的作用有（　　）。

A. 投资估算指标是评价建设项目投资可行性、分析投资效益的主要经济指标

B. 投资估算指标是可行性研究报告阶段项目决策的重要依据

C. 投资估算指标是合理确定项目投资额的重要基础

D. 投资估算指标是编制建设工程主要材料计划的依据

E. 投资估算指标的正确制定是进行工程造价管理改革、实现工程造价事前管理和主动控制的前提条件

7.【单选】工程建设投资估算指标是编制建设工程投资估算的依据，下列对投资估算表述正确的是（　　）。

A. 投资估算指标分为建设项目综合指标和单项工程指标两个层次

B. 投资估算指标只反映实施阶段的静态投资

C. 投资估算指标比其他各种计价定额具有更大的综合性和概括性

D. 投资估算指标的概括性不如概算指标全面

第六节　工程计价信息及其应用

知识脉络

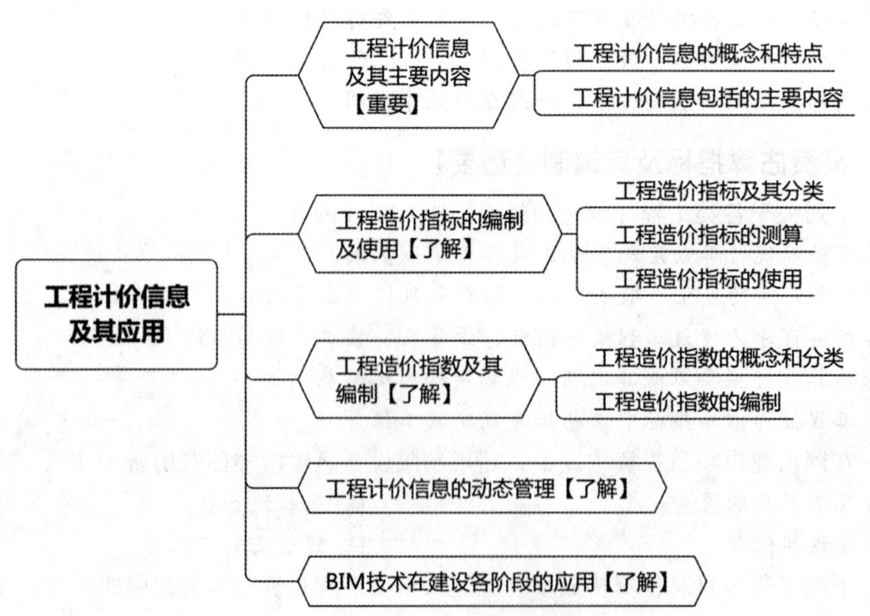

考点 1 工程计价信息及其主要内容【重要】

1.【单选】最能体现信息动态性变化特征，并且在工程价格的市场机制中起重要作用的工程计价信息主要包括（　　）。

A. 工程造价指数、在建工程信息和已完工程信息

B. 价格信息、工程造价指数和工程造价指标

C. 人工价格信息、材料价格信息和在建工程信息

D. 价格信息、工程造价指数及刚开工的工程信息

2.【单选】一切工程造价的管理活动和变化总是在一定条件下受各种因素的制约和影响。工程造价管理工作也同样是多种因素相互作用的结果，这体现了工程计价信息的（　　）特点。

A. 专业性　　B. 区域性

C. 动态性　　D. 系统性

3.【单选】某类建筑材料本身的价格不高，但所需的运输费用却很高，该类建筑材料的价格信息一般具有较明显的（　　）。

A. 专业性　　B. 季节性

C. 区域性　　D. 动态性

4.【单选】下列关于工程计价信息的描述中，正确的是（　　）。

A. 未经过加工处理的造价数值可用于对已完或在建工程的造价分析以及拟建工程的计价依据

B. 数据是经过加工处理的

C. 施工机械价格信息分为设备市场价格信息和设备租赁市场价格信息两部分。相对而言，前者对于工程计价更为重要

D. 工程造价指数包括各种单项价格指数、设备工器具价格指数、建筑安装工程造价指数、建设项目或单项工程造价指数

5.【单选】在人工价格信息中，按照建筑工程的不同划分标准为对象，反映的人工价格信息是（　　）。

A. 建筑工程实物工程量人工价格信息

B. 建筑工种人工成本信息

C. 建筑工程实物工程量人工成本信息

D. 建筑工种人工价格信息

6.【单选】工程计价信息需要区分为水利、电力、铁道、公路等不同工程，这体现了工程计价信息的（　　）特点。

A. 多样性　　B. 专业性　　C. 区域性　　D. 动态性

考点 2 工程造价指标的编制及使用【了解】

1.【单选】下列关于工程造价指标的描述中，正确的是（　　）。

A. 按照工程构成的不同，建设工程造价指标可以分为建设投资指标和单项、单位工程造价指标

B. 按照用途不同，建设工程造价指标分为工程经济指标、工程量指标及消耗量指标三类

C. 工程造价指标测算，合同价应采用工程竣工日期

D. 数据统计法是当建设工程造价数据的样本数量达不到数据采集最少样本数量时使用的方法

2.【多选】当采用数据统计法编制工程造价指标时，需从序列两端各去掉5%的边缘项目的指

标有（　　）。

A. 工程量指标　　B. 工料消耗量指标

C. 工程经济指标　　D. 工料价格指标

E. 材料价格指标

3.【单选】建设工程造价数据样本数量达到采集最少样本数量要求时，建设工程造价指标采用（　　）测算。

A. 典型工程法　　B. 数据统计法

C. 比例分析法　　D. 汇总计算法

4.【多选】下列关于建设工程造价指标的编制和使用的说法，正确的有（　　）。

A. 工程造价指标的测算结果是对已完或在建工程进行造价分析，判断数据合理性的重要依据

B. 工程造价指标是作为反映同类工程造价变化规律的基础资料

C. 工程造价指标测算可以采用预测的数据

D. 数据统计法计算建设工程工料价格指标，应采用算数平均法

E. 当需要采用下一层级造价指标汇总计算上一层级造价指标时，应采用汇总计算法

考点 3　工程造价指数及其编制【了解】

1.【单选】当采用单项工程造价指数加权汇总编制成建设工程造价综合指数时，通常选择的权重指标为（　　）。

A. 建设规模　　B. 消耗量　　C. 投资额　　D. 工程量

2.【单选】关于工程造价指数的说法正确的是（　　）。

A. 工程造价指数反映了报告期与基期相比的价格变动趋势

B. 工料机市场价格为基期价格与报告期价格之比

C. 单位工程价格指数$=\sum$（同期各分部工程价格指数$\times\dfrac{\text{各分部工程费用}}{\text{单位工程费用}}$）

D. 建设工程造价综合指数$=\dfrac{\text{报告期建设工程造价综合指标}}{\text{基期建设工程造价综合指标}}$

考点 4　工程计价信息的动态管理【了解】

1.【单选】工程计价信息应针对不同层次管理者的要求进行适当加工，针对不同管理层提供不同要求和浓缩程度的信息，满足不同项目参与方高效信息交换的需要，这体现了造价计价信息的（　　）原则。

A. 标准化原则　　B. 有效性原则

C. 定量化原则　　D. 高效处理原则

考点 5　BIM 技术在建设各阶段的应用【了解】

1.【多选】以下各项中，属于 BIM 在工程竣工阶段中应用的有（　　）。

A. 工程量自动计算、统计分析，形成准确的工程量清单

B. 提供了施工计划与造价控制的所有数据

C. 提高结算资料的完备性和规范性

D. 提高结算效率

E. 设计模型的多专业一致性检查

第三章

建设项目决策和设计阶段工程造价的预测

（建议学习时间：1周）

学习计划（第4周）：

Day 1

Day 2

Day 3

Day 4

Day 5

Day 6

Day 7

扫码即听
本章导学

第三章　建设项目决策和设计阶段工程造价的预测

第一节　投资估算的编制

知识脉络

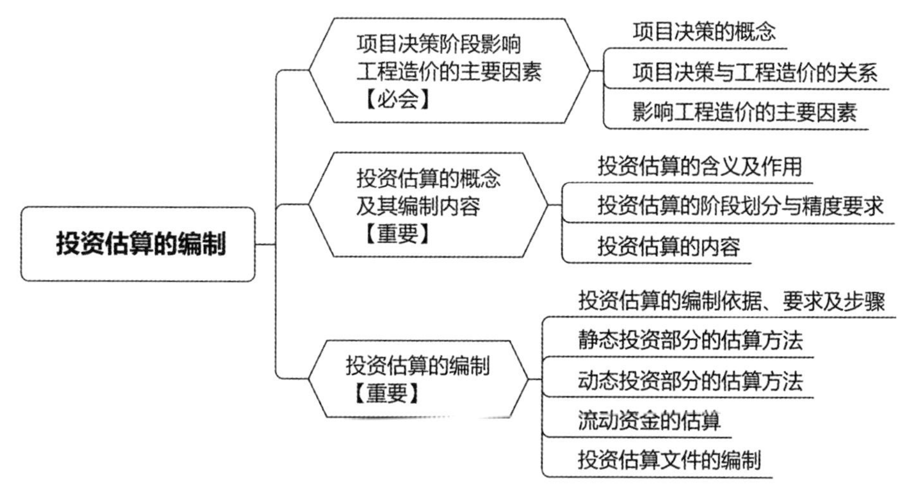

考点 1　项目决策阶段影响工程造价的主要因素【必会】

1.【单选】关于项目决策和工程造价的关系，下列说法正确的是（　　）。

A. 工程造价的正确性是项目决策合理性的前提

B. 项目决策的内容是决定工程造价的基础

C. 投资估算的深度影响项目决策的精确度

D. 投资决策阶段对工程造价的影响程度不大

2.【单选】对于技术密集型建设项目，选择建设地区应遵循的原则是（　　）。

A. 选择在大中型发达城市　　B. 靠近原料产地

C. 靠近产地消费地　　D. 靠近电能源地

3.【多选】在选择建设地点（厂址）时，应尽量满足的需要有（　　）。

A. 节约土地，尽量少占耕地，降低土地补偿费用

B. 建设地点（厂址）的地下水位应与地下建筑物的基准面持平

C. 尽量选择人口相对稀疏的地区，减少拆迁移民数量

D. 尽量选择在工程地址、水文地质较好的地段

E. 厂区地形要求平坦，避免山地

4.【多选】确定项目建设规模需要考虑的政策因素有（　　）。

A. 国家经济发展规划　　B. 产业政策

C. 生产协作条件　　D. 地区经济发展规划

E. 技术经济政策

5. 【单选】关于生产技术方案的选择，下列说法正确的是（　　）。
A. 应结合市场需要确定建设规模
B. 拟采用的生产方法应与采用的原材料相适应
C. 工艺流程宜具有刚性安排
D. 应选择最先进的生产方法

6. 【单选】确定项目建设规模时，应考虑的首要因素是（　　）。
A. 市场因素　　B. 生产技术因素
C. 管理技术因素　　D. 环境因素

7. 【单选】进行厂址选择时的费用分析中，下列属于项目投资费用比较的内容是（　　）。
A. 动力供应费用　　B. 给水、排水、污水处理费用
C. 产品运出费用　　D. 生活设施费

8. 【多选】在确定项目建设规模时，通常采用的比选方法包括（　　）。
A. 最小成本法　　B. 盈亏平衡产量分析法
C. 政府或行业规定　　D. 生产能力平衡法
E. 最大收益法

9. 【单选】建设项目规模的合理选择关系到项目的成败，影响项目规模合理化的制约因素主要包括（　　）。
A. 资金因素、技术因素、环境因素　　B. 资金因素、技术因素、市场因素
C. 市场因素、技术因素、环境因素　　D. 市场因素、环境因素、资金因素

10. 【单选】关于建设规模，下列说法正确的是（　　）。
A. 确定项目生产规模的前提是项目的资金情况
B. 建设规模越大，产生的效益越高
C. 资金市场条件对建设规模的选择起着制约作用
D. 国家不对行业的建设规模设定规模界限

11. 【单选】在进行建设地区选择时，下列项目中，应尽可能靠近原料产地的是（　　）。
A. 铝厂项目　　B. 矿产品初步加工项目
C. 电石厂项目　　D. 技术密集型建设项目

12. 【单选】评定技术方案最基本的标准是（　　）。
A. 先进适用　　B. 安全可靠
C. 经济合理　　D. 技术成熟

13. 【单选】项目建设地区选择应遵循的基本原则之一是（　　）。
A. 靠近原材料和燃料地原则　　B. 靠近基础设施便利地区原则
C. 节约土地原则　　D. 工业项目集中布局原则

考点 2　投资估算的概念及其编制内容【重要】

1. 【单选】我国可行性研究阶段投资估算误差率控制在±（　　）%以内。
A. 5　　B. 10　　C. 15　　D. 20

2. 【单选】在国外项目投资估算中，有初步的工艺流程图、主要生产设备的生产能力及项目建设的地理位置等条件，可套用相近规模厂的单位生产能力建设费用来估算拟建项目所需的投资额。以上投资估算方法适用于（　　）阶段。
A. 项目的投资设想　　B. 项目的投资机会研究
C. 项目的初步可行性研究　　D. 项目的详细可行性研究

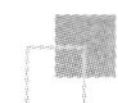

3.【单选】关于项目投资估算的作用，下列说法正确的是（　　）。
A. 项目建议书阶段的投资估算是确定建设投资最高限额的依据
B. 可行性研究阶段的投资估算是项目投资决策的重要依据，不得突破
C. 投资估算不能作为制订建设贷款计划的依据
D. 投资估算是核算建设项目固定资产投资需要额的重要依据

4.【单选】投资机会及项目建议书阶段，是初步决策的阶段，投资估算的误差率在（　　）以内。
A. ±10%　　B. ±20%
C. ±30%　　D. ±40%

5.【单选】关于我国项目前期阶段投资估算的精度要求，下列说法正确的是（　　）。
A. 项目建议书阶段，允许误差大于±30%
B. 投资设想阶段，要求误差控制在±30%以内
C. 预可行性研究阶段，要求误差控制在±20%以内
D. 可行性研究阶段，要求误差控制在±15%以内

6.【单选】在投资估算分析内容中，属于工程投资比例分析的是（　　）。
A. 分析工器具购置费用占建设总投资的比例
B. 分析引进设备费用占全部设备费用的比例
C. 分析工程建设其他费用占建设总投资的比例
D. 分析装饰工程占总投资的比例

7.【单选】下列不属于投资估算分析内容的是（　　）。
A. 工程投资比例分析
B. 分析影响投资的主要因素
C. 分析建设总投资各组成部分的大小
D. 与类似工程项目的比较

考点 3　投资估算的编制【重要】

1.【单选】关于建设项目投资估算的编制，下列说法错误的是（　　）。
A. 全面反映建设项目建设前期和建设期的全部投资
B. 应做到费用构成齐全，并适当降低估算标准，节省投资
C. 遵循口径一致的原则
D. 应对影响造价变动的因素进行敏感性分析

2.【单选】某地拟于 2021 年新建一年产 60 万吨产品的生产线，该地区 2019 年建成的年产 50 万吨相同产品的生产线的建设投资额为 5000 万元，假定 2019 年至 2021 年该地区工程造价年均递增 5%，则该生产线的建设投资为（　　）万元。
A. 6000　　B. 6300
C. 6600　　D. 6615

3.【单选】某地 2021 年拟建年产 30 万吨化工产品项目。依据调查，某生产相同产品的已建成项目，年产量为 10 万吨，建设投资为 12000 万元。若生产能力指数为 0.9，综合调整系数为 1.15，则该拟建项目的建设投资为（　　）万元。
A. 28047　　B. 36578
C. 37093　　D. 37260

4.【单选】投资估算的编制方法中，以拟建项目的主体工程费为基数，以其他工程费与主体工

程费的百分比为系数，估算拟建项目静态投资的方法是（　　）。

A. 单位生产能力估算法　　B. 生产能力指数法

C. 系数估算法　　D. 比例估算法

5.【单选】投资估算有多种方法，下列算式中，属于系数估算法的是（　　）。

A. $I=\frac{1}{K}\sum_{i=1}^{n}(Q_iP_i)$　　B. $C=E\cdot(1+\sum K_i)\cdot K_c$

C. $C_2=\left(\frac{C_1}{Q_1}\right)Q_2f$　　D. $C_2=C_1\left(\frac{Q_2}{Q_1}\right)^x\cdot f$

6.【单选】下列有关静态投资部分估算方法的描述，正确的是（　　）。

A. 在条件允许时，可行性研究阶段可采用生产能力指数法编制估算

B. 在条件允许时，项目建议书阶段可采用指标估算法编制估算

C. 在条件允许时，可行性研究阶段可采用系数估算法编制估算

D. 在条件允许时，可行性研究阶段可采用比例估算法编制估算

7.【单选】以下关于生产能力指数法的表述，正确的是（　　）。

A. 若已建类似项目规模与拟建项目规模的比值为2～50，且拟建项目生产规模的扩大仅靠增大设备规模来达到时，则x的取值约为0.8～0.9

B. 在总承包工程报价时经常被承包商采用

C. 生产能力指数法是将项目的建设投资与其生产能力的关系视为简单的线性关系

D. 使用此方法一般要求拟建项目与已建类似项目生产能力比值在20倍内效果较好

8.【单选】根据已知的同类建设项目主要设备购置费占整个建设项目的投资比例，先逐项估算出拟建项目主要设备购置费，再按比例估算拟建项目的静态投资，这种估算方法是（　　）。

A. 设备系数法　　B. 主体专业系数法

C. 朗格系数法　　D. 比例估算法

9.【单选】世界银行贷款项目的投资估算常采用朗格系数法推算建设项目的静态投资，该方法的计算基数是（　　）。

A. 主体工程费　　B. 设备购置费

C. 其他工程费　　D. 安装工程费

10.【单选】建设项目投资估算可根据主体专业设计的阶段和深度采用混合法，下列方法中两两混合后属于混合法的是（　　）。

A. 生产能力指数法与系数估算法　　B. 系数估算法与比例估算法

C. 单位生产能力估算法与比例估算法　　D. 系数估算法与单位生产能力估算法

11.【单选】应用分项详细估算法估算项目流动资金时，流动资产的正确构成是（　　）。

A. 应付账款＋预付账款＋存货＋年其他费用

B. 应付账款＋应收账款＋存货＋现金

C. 应收账款＋存货＋预收账款＋现金

D. 预付账款＋现金＋应收账款＋存货

12.【多选】下列费用中，项目投产时将直接形成固定资产的费用有（　　）。

A. 建设单位管理费　　B. 研究试验费

C. 生产准备费　　D. 工程保险费

E. 临时设施费

13. 【多选】估算建设投资后需编制建设投资估算表，为后期的融资决策提供依据。按概算法分类，建设投资可分为（　　）。

A. 工程费用　　B. 工程建设其他费用

C. 固定资产费用　　D. 无形资产费用

E. 预备费

第二节　设计概算的编制

知识脉络

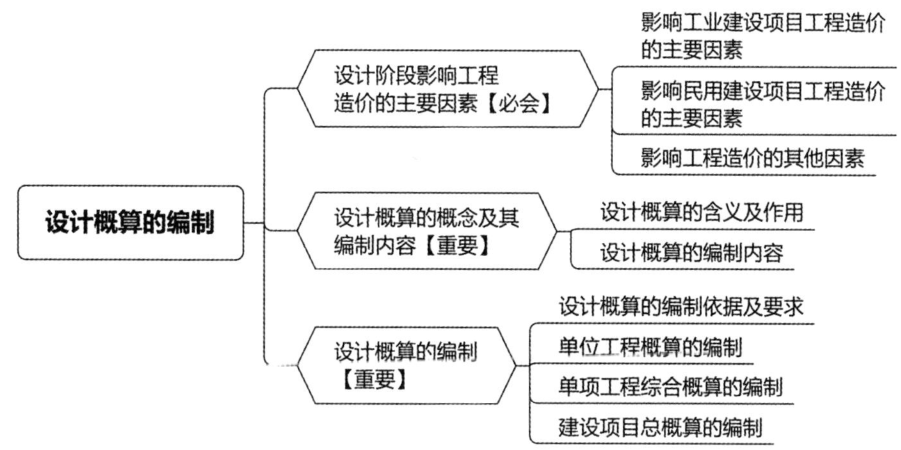

考点 1　设计阶段影响工程造价的主要因素【必会】

1. 【单选】下列建筑设计影响工程造价的选项中，属于影响工业建筑但一般不影响民用建筑的因素是（　　）。

A. 建筑物平面形状　　B. 项目利益相关者

C. 柱网布置　　D. 风险因素

2. 【单选】关于多层民用住宅工程造价与其影响因素的关系，下列说法正确的是（　　）。

A. 层数增加，单位造价降低　　B. 层高增加，单位造价降低

C. 建筑物周长系数越低，造价越低　　D. 宽度增加，单位造价上升

3. 【单选】工业项目总平面设计中，影响工程造价的主要因素包括（　　）。

A. 现场条件、占地面积、功能分区、运输方式

B. 现场条件、产品方案、运输方式、柱网布置

C. 占地面积、功能分区、空间组合、建筑材料

D. 功能分区、空间组合、设备选型、厂址方案

4. 【单选】工业建筑设计评价中，建筑物周长与建筑面积比 K 按从小到大顺序排列正确的是（　　）。

A. 正方形→矩形→T 形→L 形　　B. 矩形→正方形→T 形→L 形

C. T 形→L 形→正方形→矩形　　D. L 形→T 形→矩形→正方形

5. **【单选】**关于建筑设计因素对工业项目工程造价的影响，下列说法正确的是（　　）。
A. 建筑周长系数越高，建筑工程造价越低
B. 多跨厂房跨度不变，中跨数目越多越经济
C. 大中型工业厂房一般选用砌体结构，以降低造价
D. 多跨厂房跨度不变，中跨数目越多，单位面积造价越高

6. **【多选】**总平面设计中，影响工程造价的主要因素不包括（　　）。
A. 现场条件　　B. 占地面积
C. 工艺设计　　D. 功能分区
E. 柱网布置

7. **【单选】**关于建筑设计对民用住宅项目工程造价的影响，下列说法正确的是（　　）。
A. 加大住宅宽度，不利于降低单方造价
B. 降低住宅层高，有利于降低单方造价
C. 结构面积系数越大，越有利于降低单方造价
D. 结构面积系数与房间户型组成有关，与房屋长度、宽度无关

8. **【多选】**关于工程设计对造价的影响，下列说法中正确的有（　　）。
A. 周长与建筑面积比越大，单位造价越高　　B. 流通空间的减少，可相应地降低造价
C. 层数越多，则单位造价越低　　D. 房屋长度越大，则单位造价越低
E. 结构面积系数越小，设计方案越经济

9. **【单选】**在住宅小区规划设计中，其核心问题是（　　）。
A. 小区环境优美　　B. 经济适用
C. 提高土地利用率　　D. 户型设计

10. **【多选】**住宅小区建设规划中影响工程造价的主要因素有（　　）。
A. 占地面积　　B. 建筑群体的布置形式
C. 建筑物平面形状　　D. 住宅的层高和净高
E. 住宅的层数

11. **【单选】**下列关于影响工业建设项目工程造价的主要因素中，表述错误的是（　　）。
A. 总平面设计主要是指总图运输设计
B. 在满足建设项目基本使用功能的基础上，应尽可能节约用地
C. 合理的功能分区既可以使建筑物的各项功能充分发挥，又可以使总平面布置紧凑、安全
D. 合理的运输方式要综合考虑建设项目生产工艺流程和功能区的要求以及建设场地等具体情况

12. **【单选】**工艺设计阶段影响工程造价的主要因素不包括（　　）。
A. 工艺流程　　B. 主要设备选型
C. 主要原材料、燃料供应情况　　D. 功能分区

13. **【单选】**按照建设程序，建设项目的工艺流程在（　　）确定。
A. 决策阶段　　B. 项目建议书阶段
C. 可行性研究阶段　　D. 投资估算阶段

14. **【多选】**关于建筑设计对工业项目造价的影响，下列说法正确的有（　　）。
A. 在进行建筑设计时，设计单位应首先考虑的因素是施工条件
B. 在同样建筑面积下，建筑周长系数相同
C. 建筑物在满足建筑物使用功能的前提下，增加建筑周长系数

D. 在满足建筑物使用要求的前提下，应将流通空间减少到最小

E. 在建筑面积不变的情况下，建筑层高的增加会引起各项费用的增加

15. 【多选】关于建筑设计对工业项目造价的影响，下列说法错误的有（　　）。

A. 建筑物越高，电梯及楼梯的造价将有提高的趋势，建筑物的维修费用也将增加，但是采暖费用有可能下降

B. 增加一个楼层不影响建筑物的结构形式，单位建筑面积的造价不可能会降低

C. 室内外高差不会影响建筑物的工程造价

D. 建筑物尺寸的增加，一般会引起单位面积造价的降低

E. 五层以下的建筑物一般选用砌体结构

16. 【单选】关于建筑设计对民用住宅项目工程造价的影响，下列说法正确的是（　　）。

A. 在满足住宅功能和质量前提下，适当减少住宅宽度

B. 增加住宅层高可以降低单位建筑面积造价

C. 结构面积越小，有效面积就越小

D. 在民用建筑中，在一定幅度内，住宅层数的增加具有降低造价的优点

考点 2　设计概算的概念及其编制内容【重要】

1. 【单选】在建设项目各段的工程造价中，一经批准将作为控制建设项目投资最高限额的是（　　）。

A. 投资估算　　B. 设计概算

C. 施工图预算　　D. 竣工结算

2. 【单选】单位工程概算按其工作性质可分为单位建筑概算和单位设备及安装工程概算两类，下列属于单位设备及安装工程概算的是（　　）。

A. 通风空调工程概算　　B. 工具、器具及生产家具购置费概算

C. 电气照明工程概算　　D. 弱电工程概算

3. 【单选】当建设项目为一个单项工程时，其设计概算应采用的编制形式是（　　）。

A. 单位工程概算、单项工程综合概算和建设项目总概算两级

B. 单位工程概算和单项工程综合概算两级

C. 单项工程综合概算和建设项目总概算两级

D. 单位工程概算和建设项目总概算两级

4. 【多选】某建设项目由厂房、办公楼、宿舍等单项工程组成，则单项工程综合概算中的内容有（　　）。

A. 机械设备及安装工程概算　　B. 电气设备及安装工程概算

C. 工程建设其他费用概算　　D. 特殊构筑物工程概算

E. 流动资金概算

5. 【单选】按照国家有关规定，作为年度固定资产投资计划、计划投资总额及构成数额的编制和确定依据是（　　）。

A. 经批准的投资估算　　B. 经批准的设计概算

C. 经批准的施工图预算　　D. 经批准的工程决算

6. 【单选】关于设计概算的含义和作用，下列表述正确的是（　　）。

A. 静态投资作为项目筹措、供应和控制资金使用的限额

B. 设计概算的编制内容包括静态投资和动态投资两个部分

C. 设计概算是工程造价在设计阶段的表现形式，同样具备价格属性

D. 设计概算不应作为签订贷款合同的依据

7. 【单选】有关设计概算的调整，下列表述正确的是（　　）。

A. 政府投资项目的设计概算经批准后，不得调整

B. 调整概算应向项目主管部门提出申请

C. 一个工程只允许调整一次概算

D. 概算调整幅度不得超过原批复概算的10%

8. 【多选】下列对设计概算的作用内容的理解中，正确的有（　　）。

A. 没有批准的初步设计文件及其概算，建设工程就不能列入年度固定资产投资计划

B. 总承包合同可以超过设计总概算的投资额

C. 施工图预算不得突破设计概算，如确需突破总概算时，应按规定程序报批

D. 设计概算是编制最高投标限价（招标控制价）的依据

E. 设计概算是从技术角度衡量设计方案技术合理性的重要依据

9. 【单选】与建设项目总投资相比，建设项目总概算在内容构成上的主要区别是包括了（　　）。

A. 建设期利息

B. 工程建设其他费用

C. 设备及工器具购置费

D. 生产或经营性项目铺底流动资金

考点 3 设计概算的编制【重要】

1. 【单选】当初步设计深度有详细的设备清单时，最能精确地编制设备安装工程费概算的方法是（　　）。

A. 预算单价法　　　　B. 扩大单价法

C. 设备价值百分比法　　　　D. 综合吨位指标法

2. 【多选】建筑工程概算的编制方法主要有（　　）。

A. 设备价值百分比法　　　　B. 概算定额法

C. 综合吨位指标法　　　　D. 概算指标法

E. 类似工程预算法

3. 【单选】关于建设项目总概算的编制，下列说法正确的是（　　）。

A. 项目总概算应按照建设单位规定的统一表格进行编制

B. 对工程建设其他费的各组成项目分别列项计算

C. 主要建筑安装材料汇总表只需列出建设项目的钢筋、水泥等主要材料各自的总消耗量

D. 总概算编制说明应装订于总概算文件最后

4. 【单选】某拟建工程初步设计已达到必要的深度，能够据此计算出扩大分项工程的工程量，则能较为准确地编制拟建工程概算的方法是（　　）。

A. 概算指标法　　　　B. 类似工程预算法

C. 概算定额法　　　　D. 综合吨位指标法

5. 【单选】采用概算定额法编制设计概算的过程中，确定各分部分项工程费时使用的单价内容应包括（　　）。

A. 人工费、材料费、施工机具使用费、管理费和利润

B. 人工费、材料费、施工机具使用费、管理费、利润、规费和税金

C. 人工费、材料费、施工机具使用费、管理费、利润和风险费

D. 人工费、材料费和施工机具使用费

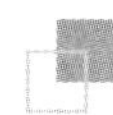

6. 【单选】当拟建工程初步设计与已完工程或在建工程的设计相类似而又没有可用的概算指标时，可以采用（　　）编制设计概算。

A. 类似工程预算法　　B. 概算定额法

C. 扩大单价法　　D. 概算单价法

7. 【单选】用概算定额法编制设计概算时，在“列出单位工程中分部分项工程项目名称并计算工程量”步骤之后紧接着完成的工作是（　　）。

A. 计算措施项目费　　B. 确定各分部分项工程费

C. 编写概算编制说明　　D. 计算汇总单位工程概算造价

8. 【单选】当采用概算定额法编制设计概算，定额单价采用全费用综合单价时，单位工程概算造价的汇总通常表现为（　　）。

A. 单位工程概算造价＝分部分项工程费＋措施项目费＋其他项目费＋规费＋税金

B. 单位工程概算造价＝分部分项工程费＋措施项目费＋其他项目费＋规费

C. 单位工程概算造价＝分部分项工程费＋措施项目费＋其他项目费

D. 单位工程概算造价＝分部分项工程费＋措施项目费

9. 【单选】对于价格波动较大的非标准设备和引进设备的安装工程概算，适合采用的安装工程概算编制方法是（　　）。

A. 预算单价法　　B. 设备价值百分比法

C. 扩大单价法　　D. 综合吨位指标法

10. 【单选】对于价格波动不大的定型产品和通用设备产品，适合采用的安装工程概算编制方法是（　　）。

A. 预算单价法　　B. 综合吨位指标法

C. 扩大单价法　　D. 设备价值百分比法

11. 【多选】直接套用概算指标编制单位建筑工程设计概算时，拟建工程应符合的条件包括（　　）。

A. 建设地点与概算指标中的工程建设地点相同

B. 工程特征与概算指标中的工程特征基本相同

C. 建筑面积与概算指标中的工程建筑面积相差不大

D. 建造时间与概算指标中的工程建造时间相近

E. 物价水平与概算指标中的工程物价水平基本相同

12. 【单选】利用概算指标法编制拟建工程概算，已知概算指标和拟建工程中每 $100m^2$ 建筑面积中外墙面的工程量均为 $60m^2$。两者相比仅外墙面做法不同，概算指标为贴磁砖，预算单价为 100 元/m^2；拟建工程为干挂石材，预算单价为 320 元/m^2。概算指标土建工程人、材、机单价为 2500 元/m^2，措施费为 180 元/m^2，则该拟建工程土建工程人、材、机单价为（　　）元/m^2。

A. 2632　　B. 2248　　C. 2428　　D. 2812

13. 【单选】利用概算指标法编制拟建工程概算，已知概算指标中每 $100m^2$ 建筑面积中分摊的人工消耗量为 500 工日。拟建工程与概算指标相比，仅楼地面做法不同，概算指标为瓷砖地面，拟建工程为花岗岩地面。查预算定额得到铺瓷砖和花岗岩地面的人工消耗量分别为 37 工日/$100m^2$ 和 24 工日/$100m^2$。拟建工程楼地面面积占建筑面积的 65%，则对概算指标修正后的人工消耗量为（　　）工日/$100m^2$。

A. 316.55　　B. 491.55

C. 508.45　　D. 845.00

14. 【单选】下列关于建设项目总概算的编制，说法正确的是（　　）。

A. 建设管理费按照建筑安装工程费用乘以费率计算

B. 建设项目总概算包括单项工程综合概算、工程建设其他费用、建设期利息、预备费和流动资金

C. 主要建筑安装材料汇总表要针对每一个单项工程列出钢筋、型钢、水泥、木材等主要建筑安装材料的消耗量

D. 设计总概算文件由各单项工程综合概算书、工程建设其他费用概算表、主要建筑材料汇总表组成

第三节　施工图预算的编制

知识脉络

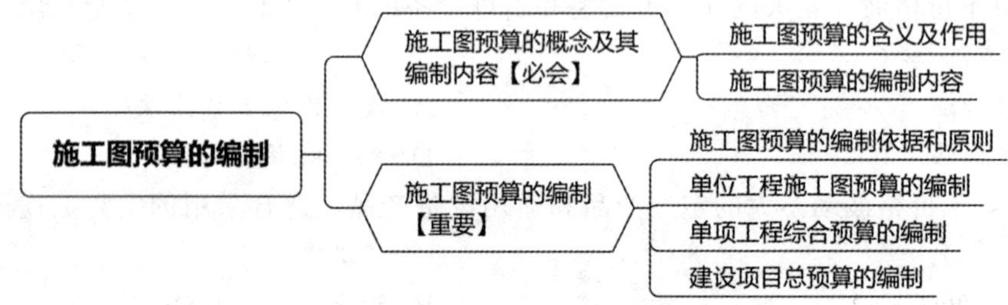

考点 1　施工图预算的概念及其编制内容【必会】

1. 【单选】关于建设费工程预算，符合组合与分解层次关系的是（　　）。

A. 单位工程预算、单位工程综合预算、类似工程预算

B. 单位工程预算、类似工程预算、建设项目总预算

C. 单位工程预算、单项工程综合预算、建设项目总预算

D. 单位工程综合预算、类似工程预算、建设项目总预算

2. 【单选】关于施工图预算文件的组成，下列说法错误的是（　　）。

A. 当建设项目有多个单项工程时，应采用三级预算编制形式

B. 三级预算编制形式的施工图预算文件包括综合预算表、单位工程预算表和附件等

C. 当建设项目仅有一个单项工程时，应采用二级预算编制形式

D. 二级预算编制形式的施工图预算文件包括综合预算表和单位工程预算表两个主要报表

3. 【单选】关于施工图预算的作用，下列说法正确的是（　　）。

A. 施工图预算可以作为业主拨付工程进度款的基础

B. 施工图预算是工程造价管理部门制定最高投标限价的依据

C. 施工图预算是业主方控制工程成本的依据

D. 施工图预算是施工单位安排建筑资金计划的依据

4. 【单选】施工图预算的二级预算编制形式是指（　　）。

A. 编制人编制、审核人审核

B. 建筑安装工程预算、设备工器具购置费预算

C. 单位工程预算、建设项目总预算

D. 单项工程综合预算、建设项目总预算

5. 【多选】关于施工图预算文件的组成，下列说法正确的是（　　）。

A. 当建设项目有多个单项工程时，应采用三级预算编制形式

B. 三级预算编制形式的施工图预算文件包括封面、签署页及目录、编制说明、总预算表、综合预算表、单位工程预算表、附件等内容

C. 当建设项目仅有一个单项工程时，应采用二级预算编制形式

D. 二级预算编制形式的施工图预算文件包括建设项目总预算和单位工程预算表两个主要报表

E. 二级预算编制形式由建设项目总预算和单项工程预算组成

6. 【单选】关于施工图预算的含义，下列说法正确的是（　　）。

A. 是设计阶段对工程建设所需资金的粗略计算

B. 其成果文件一般不属于设计文件的组成部分

C. 可以由施工企业根据企业定额考虑自身实力计算

D. 其价格性质为预期，不具备市场性质

7. 【单选】关于各级施工图预算的构成内容，下列说法正确的是（　　）。

A. 建设项目总预算反映施工图设计阶段建设项目的预算总投资

B. 建设项目总预算由该项目的各个单项工程综合预算费用相加而成

C. 单项工程综合预算由单项工程的建筑工程费和设备及工器具购置费组成

D. 单位工程预算由单位建筑工程预算和单位安装工程预算费用组成

8. 【单选】建设工程预算编制中的总预算由（　　）组成。

A. 综合预算和工程建设其他费、预备费

B. 预备费、建设期利息及铺底流动资金

C. 综合预算和工程建设其他费、铺底流动资金

D. 综合预算和工程建设其他费、预备费、建设期利息及铺底流动资金

考点 2　施工图预算的编制【重要】

1. 【单选】在用实物量法编制施工图预算时，套用消耗量定额最终计算汇总得到（　　）的各类人工、材料、施工机具台班数量。

A. 单位工程　　　　B. 单项工程

C. 分部工程　　　　D. 分项工程

2. 【单选】采用实物量法编制施工图预算时，在按人工、材料、机械台班的市场价计算人、材、机费用之后，下一步骤是（　　）。

A. 进行工料分析　　　　B. 计算其他各项费用

C. 计算工程量　　　　D. 编写编制说明

3. 【单选】采用工料单价法编制施工图预算时，下列做法正确的是（　　）。

A. 若分项工程主要材料品种与预算单价规定材料不一致，需要按实际使用材料价格换算预算单价

B. 因施工工艺条件与预算单价的不一致而致工人、机械的数量增加，只调价不调量

C. 因施工工艺条件与预算单价的不一致而致工人、机械的数量减少，既调价也调量

D. 对于定额项目计价中未包括的主材费用，应按造价管理机构发布的造价信息价补充进定额基价

4. 【单选】定额单价法和实物量法是编制施工图预算的两种方法，关于这两种方法的编制步骤和特点，下列说法正确的是（　　）。

A. 定额单价法在计算得到分项工程工程量后，先套用定额，再进行工料分析

B. 实物量法在计算得到分项工程工程量后，先套用消耗量定额，再进行工料分析

C. 工料单价法反映市场价格水平

D. 实物量法编制速度快，但调价计算烦琐

5. 【单选】工料单价法编制施工图预算的工作有：①计算主材费；②套用定额预算单价；③计算直接费；④划分工程项目和计算工程量；⑤进行工料分析。下列工作排序正确的是（　　）。

A. ④②⑤①③　　B. ④⑤①②③

C. ②④⑤①③　　D. ④②③⑤①

6. 【单选】在工料单价法施工图预算编制过程中，编制工料分析表的结果是（　　）。

A. 得出单位工程人工、材料的消耗数量

B. 得出单位工程人工、材料、机械的消耗数量

C. 得出分项工程人工、材料的消耗数量

D. 得出分项工程人工、材料、机械的消耗数量

7. 【单选】在用工料单价法编制施工图预算时，计算主材费并调整直接费时，主材费的计算依据是（　　）。

A. 材料预算价格　　B. 材料信息价格

C. 当时当地的市场价格　　D. 造价机构公布的材料价格

学习笔记

第四章

建设项目发承包阶段合同价款的约定

（建议学习时间：**1**周）

学习计划（第5周）：

Day 1

Day 2

Day 3

Day 4

Day 5

Day 6

Day 7

扫码即听
本章导学

第四章　建设项目发承包阶段合同价款的约定

第一节　招标工程量清单与最高投标限价的编制

知识脉络

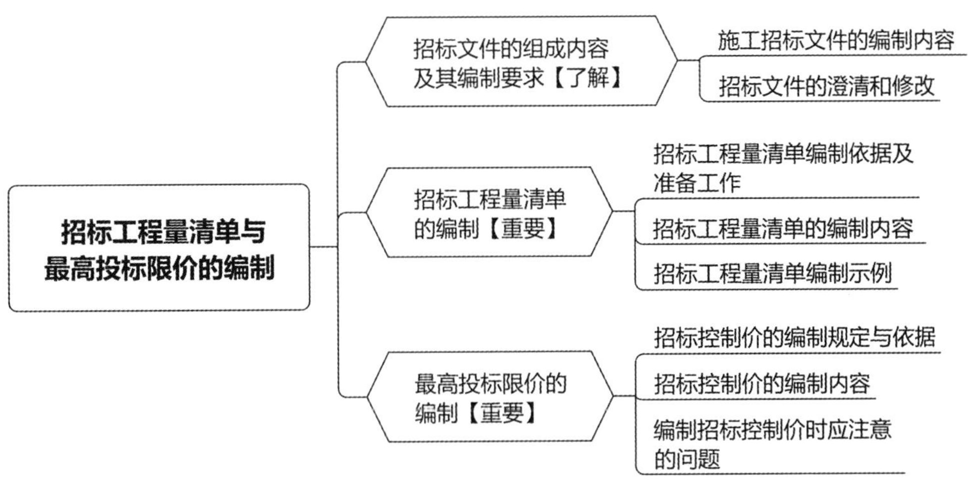

考点 1　招标文件的组成内容及其编制要求【了解】

1. **【单选】**建设工程项目签约合同价的确定取决于发承包方式，对于直接发包的项目，如按初步设计概算投资包干的，应以（　　）为签约合同价。

A. 经审批的概算投资中与承包内容相应部分的投资（扣除相应的不可预见费）

B. 经审批的概算投资中与承包内容相应部分的投资（包括相应的不可预见费）

C. 审查后的总概算或综合预算

D. 中标时确定的金额

2. **【多选】**关于施工招标文件，下列说法中正确的有（　　）。

A. 招标文件应包括拟签合同的主要条款

B. 当进行资格预审时，招标文件中应包括投标邀请书

C. 自招标文件开始发出之日起至投标截止之日最短不得少于 15 天

D. 招标文件不得说明评标委员会的组建方法

E. 招标文件应明确评标方法

3. **【单选】**关于招标文件的澄清，下列说法中错误的是（　　）。

A. 投标人应以信函、电报等可以有形地表现所载内容的形式向招标人提出疑问

B. 招标文件的澄清应发给所有投标人并指明澄清问题的来源

C. 澄清发出的时间距投标截止日不足 15 天的应推迟投标截止时间

D. 投标人收到澄清的确认时间可以是相对时间，也可以是绝对时间

4.【单选】关于招标文件的编制，下列说法中错误的是（　　）。

A. 当未进行资格预审时，招标文件应包括招标公告

B. 应规定重新招标和不再招标的条件

C. 最高投标限价应在招标时（或在招标文件中）一并公布

D. 投标人须知前附表与投标人须知正文内容有抵触的，以投标人须知前附表为准

5.【单选】下列招标文件的各项内容中，不属于投标人须知的是（　　）。

A. 评标办法　　B. 合同条款及格式

C. 投标报价编制的要求　　D. 投标文件格式

6.【单选】在公开招标过程中，当进行资格预审时，施工招标文件中可用来代替资格预审通过通知书的是（　　）。

A. 投标邀请书　　B. 招标公告

C. 投标人须知　　D. 投标文件格式

7.【单选】下列有关招标文件澄清的表述，正确的是（　　）。

A. 招标文件的澄清可以书面或口头形式发给所有购买招标文件的投标人

B. 如果澄清发出的时间距投标截止时间不足 15 天，相应推迟投标截止时间

C. 招标文件的澄清需指明澄清问题的来源

D. 投标人收到澄清后的确认时间应采用相对时间

8.【多选】关于招标文件的编制，下列说法中错误的有（　　）。

A. 当未进行资格预审时，招标文件应包括投标邀请书

B. 应规定重新招标和不再招标的条件

C. 投标人须知无需与招标文件的其他章节衔接

D. 投标人须知前附表与投标人须知正文内容有抵触的，以投标人须知前附表为准

E. 投标须知应说明拟采用的定标方式，中标通知书的发出时间

9.【单选】根据《标准施工招标文件》（2007 年版），关于“分包和偏离问题处理”的内容应包括在（　　）之中。

A. 招标公告　　B. 投标人须知

C. 评标办法　　D. 合同条款与格式

10.【单选】采用电子招标投标在线提交投标文件的，最短不少于（　　）日。

A. 7　　B. 10

C. 15　　D. 20

11.【多选】关于施工招标文件的编制，下列说法中错误的有（　　）。

A. 招标文件的澄清或修改应在投标截止时间 14 天前发出

B. 招标文件的澄清应不指明所澄清问题的来源

C. 投标人收到澄清后的确认时间一般采用一个相对的时间

D. 招标文件应包括评标委员会名单

E. 采用电子招标投标在线提交投标文件的，投标准备时间最短不少于 10 日

考点 2　招标工程量清单的编制【重要】

1.【单选】下列内容中，属于招标工程量清单编制依据的是（　　）。

A. 分部分项工程量清单　　B. 拟定的招标文件

C. 最高投标限价　　D. 潜在招标人的潜质及能力

2. **【单选】**招标工程量清单应根据常规施工方案编制，拟定常规施工方案时（　　）。
A. 应对主要项目进行估算，如土石方、混凝土
B. 施工总方案需考虑重大问题及关键工艺的施工步骤
C. 不需计算人、材、机资源需要量
D. 不必考虑节假日与气候对工期的影响

3. **【多选】**关于工程量清单中的项目特征描述，下列表述正确的有（　　）。
A. 应符合工程量计算规范附录的规定
B. 应能满足确定综合单价的需要
C. 不能直接采用“详见××图集”的方式
D. 可以采用文字描述和“详见××图号”的方式
E. 应结合拟建工程的实际

4. **【单选】**关于工程量清单“实体净量”“量价分离”和“风险分担”的编制原则，下列说法正确的是（　　）。
A. 招标人对已标价工程量清单中各分部分项工程量的准确性和完整性负责
B. 招标人对已标价工程量清单中措施项目工程量的准确性和完整性负责
C. 投标人对已标价工程量清单中各分部分项工程量的准确性和完整性负责
D. 投标人对已标价工程量清单中措施项目工程量的准确性和完整性负责

5. **【多选】**关于招标工程量清单的编制，下列说法正确的有（　　）。
A. 若采用标准图集能够全部满足项目特征描述的要求，项目特征描述可直接采用“详见××图集”的方式
B. 措施项目清单的编制需考虑工程本身、水文、气象、环境、安全等多种因素
C. 以“项”为计量单位的专业工程暂估价一般应包括管理费、规费、利润、税金等
D. 工程量清单总说明应对工程概况、工程招标及分包范围、工程质量要求等进行描述
E. 工程量清单编制依据包括设计文件、招标文件、施工现场情况、常规施工方案等

6. **【单选】**拟定施工总方案是编制招标工程量清单的一项准备工作，下列选项中，属于拟定施工总方案范畴的是（　　）。
A. 对关键工艺的原则性规定　　B. 拟定施工步骤和施工顺序
C. 估算整体工程量　　D. 编制施工进度计划

7. **【单选】**在进行招标工程量清单编制的准备工作时，初步研究阶段应完成的工作包括（　　）。
A. 现场踏勘　　B. 确定需要设定的暂估价
C. 拟定常规施工组织设计　　D. 拟定施工总方案

8. **【多选】**拟定常规施工组织设计时，合理确定施工顺序应考虑的因素包括（　　）。
A. 各分部分项工程之间的关系　　B. 施工方法和施工机械的要求
C. 施工顺序对投资的影响　　D. 当地的气候条件和水文要求
E. 施工顺序对工期的影响

9. **【单选】**在招标工程量清单编制的准备工作中，拟定常规施工组织设计的主要目的是（　　）。
A. 为暂估价的确定提供依据
B. 便于确定工程量清单中的措施项目
C. 充分了解施工现场情况及工程特点
D. 熟悉有关的技术标准、施工规范或规则等

10. 【多选】为编制招标工程量清单，在拟定常规的施工组织设计时，正确的做法有（　　）。
A. 根据概算指标和类似工程估算整体工程量时，仅对主要项目加以估算
B. 拟定施工总方案时需要考虑施工步骤
C. 在满足工期要求的前提下，施工进度计划应尽量推后以降低风险
D. 在计算工、料、机资源需要量时，不必考虑节假日、气候的影响
E. 施工总方案主要包括施工方法、施工机械设备的选择、科学的施工组织、合理的施工进度、现场的平面布置及各种技术措施

11. 【多选】关于招标工程量清单中分部分项工程量清单的编制，下列说法错误的有（　　）。
A. 所列项目应该是施工过程中以其本身构成工程实体的分项工程或可以精确计量的措施分项项目
B. 拟建施工图纸有体现，但专业工程量计算规范附录中没有相对应项目的，则必须编制这些分项工程的补充项目
C. 补充项目的工程量计算规则，应符合“计算规则要具有可计算性”且“计算结果要具有唯一性”的原则
D. 采用标准图集的分项工程，其特征描述应直接采用“详见××图集”方式
E. 项目特征描述的内容应按附录中的规定，结合拟建工程的实际，满足综合单价的需要

12. 【多选】关于招标工程量清单中其他项目清单的编制，下列说法中正确的有（　　）。
A. 投标人情况、发包人对工程管理要求对其内容会有直接影响
B. 暂列金额可以只列总额，但不同专业预留的暂列金额应分别列项
C. 专业工程暂估价应包括利润、规费和税金
D. 计日工的暂定数量可以由投标人填写
E. 在确定暂列金额时应根据施工图纸的深度、暂估价设定的水平、合同价款约定调整的因素以及工程实际情况合理确定

13. 【多选】在编制招标工程量清单过程中，分部分项工程量清单工程量的计算应依据的计算原则及方法包括（　　）。
A. 计算口径一致
B. 按工程量计算规则计算
C. 按图纸计算
D. 根据工程内容和定额项目计算
E. 按一定顺序计算

14. 【多选】下列关于招标工程量清单的描述，错误的有（　　）。
A. 招标工程量清单是招标文件的组成部分，可以由招标人委托的工程造价咨询人编制
B. 招标人对工程量清单中各分部分项工程工程量的准确性和完整性负责
C. 由于措施项目投标人可自行选择，因此招标人无需对措施项目工程量的准确性和完整性负责
D. 招标工程量清单编制前也要进行现场踏勘
E. 招标工程量清单编制时需进行先进施工组织设计方案的编制，以提高施工水平

15. 【多选】编制工程量清单前，需事先拟定施工总方案，其主要内容包括（　　）。
A. 施工方法　　B. 施工步骤
C. 施工机械设备的选择　　D. 施工组织
E. 施工进度

16. 【单选】为拟定常规施工组织设计，通常采用的估算整体工程量的依据是（　　）。

A. 概算指标　　B. 估算指标

C. 概算定额　　D. 预算定额

17. 【多选】关于工程量清单中项目特征的描述，下列说法正确的有（　　）。

A. 必须对项目特征进行准确和全面的描述

B. 应能满足确定综合单价的需要

C. 不能直接采用“详见××图集”的方式

D. 若标准图集或施工图纸不能满足项目特征描述要求的部分项目，应用文字描述

E. 应结合拟建工程的实际

18. 【多选】关于工程量清单编制总说明的内容，下列说法错误的有（　　）。

A. 建设规模是指工程投资总额

B. 工程特征是指结构类型及主要施工方案

C. 施工要求一般是指建设项目中对单项工程的施工顺序等的要求

D. 施工现场实际情况是指自然地理条件

E. 工程质量的要求是指招标人要求拟建工程的质量应达到合格或优良标准

19. 【单选】关于招标工程量清单中分部分项工程量清单的编制，下列说法错误的是（　　）。

A. 招标人只负责项目编码、项目名称、计量单位和工程量四项内容的填写

B. 同一招标工程的项目编码不得有重复

C. 清单所列项目应是在单位工程施工过程中以其本身构成该工程实体的分项工程

D. 当清单计价规范附录中有两个计量单位时，应结合实际情况选择其中一个

考点 3　最高投标限价的编制【重要】

1. 【单选】关于最高投标限价及其编制，下列说法正确的是（　　）。

A. 招标人不得拒绝高于最高投标限价的投标报价

B. 当重新公布最高投标限价时，原投标截止期不变

C. 经复核认为最高投标限价误差大于±3%时，投标人应责成招标人改正

D. 投标人经复核认为最高投标限价未按规定编制的，应在最高投标限价公布5日内提出投诉

2. 【多选】关于招标工程量清单与最高投标限价，下列说法正确的有（　　）。

A. 专业工程暂估价应包括除规费、税金以外的管理费和利润等

B. 最高投标限价必须公布其总价而不得公布各组成部分的详细内容

C. 投标报价若超过公布的最高投标限价则其投标应被否决

D. 最高投标限价原则上不得超过批准的设计概算

E. 招标人仅要求对分包的专业工程进行总承包管理和协调时，总承包服务费按专业工程估算的3%～5%计算

3. 【单选】最高投标限价综合单价的组价包括如下工作：①根据政策规定或造价信息确定工料机单价；②根据工程所在地的定额规定计算工程量；③将定额项目的合价除以清单项目的工程量；④根据费率和利率计算出组价定额项目的合价。则正确的工作顺序是（　　）。

A. ①④②③　　B. ①③②④

C. ②①③④　　D. ②①④③

4. 【单选】关于最高投标限价，下列说法中正确的是（　　）。

A. 招标人不得拒绝高于最高投标限价的投标报价

B. 投标人经复核认为招标人公布的招标控制价未按规定进行编制的，应在招标控制价公布后3天内向招标投标监督机构和工程造价管理机构投诉

C. 最高投标限价超过批准概算的10%时，应报原概算审批部门审核

D. 经复查的最高投标限价与原最高投标限价误差大于±3%时，应责成招标人改正

5. 【单选】关于标底与最高投标限价的编制，下列说法中正确的是（　　）。

A. 招标人不得自行决定是否编制标底

B. 招标人不得规定最低投标限价

C. 编制标底时必须同时设有最高投标限价

D. 招标人不编制标底时应规定最低投标限价

6. 【单选】关于最高投标限价及其编制的说法，正确的是（　　）。

A. 综合单价中应不考虑投标人承担的风险费用

B. 招标人供应材料的，总承包服务费应按材料价值的1.5%计算

C. 措施项目应按招标文件中提供的措施项目清单确定

D. 暂列金额一般以分部分项工程费的5%～10%为参考

7. 【多选】下列属于采用最高投标限价招标可能出现的问题有（　　）。

A. 若最高限价大大高于市场平均价时，可能诱导投标人串标围标

B. 容易出现中标后偷工减料、以牺牲工程质量来降低工程成本的情况

C. 评标时，招标人对投标人的报价没有参考依据和评判标准

D. 失去招标的公平公正性，容易诱发违法违规问题

E. 若公布的最高限价远远低于市场平均价，就会影响招标效率

8. 【多选】下列关于编制最高投标限价必须遵循规定的描述，正确的有（　　）。

A. 工程造价咨询人不得同时接受招标人和投标人对同一工程的最高投标限价和投标报价的编制

B. 最高投标限价应在招标文件中公布，并可根据招标人的需要选择是否公布各单位工程的分部分项工程费、措施项目费、其他项目费、规费和税金

C. 国有资金投资的工程最高投标限价原则上不能超过批准的设计概算

D. 当最高投标限价复查结论与原公布的最高投标限价误差大于±3%时，应宣布招标失败，并重新组织招标

E. 工程造价管理机构受理对最高投标限价的投诉后，应立即对最高投标限价进行复查，组织投诉人、被投诉人或其委托的最高投标限价编制人等单位人员对投诉问题逐一核对

9. 【单选】根据《招标投标法实施条例》的规定，下列关于投标限价的表述中错误的是（　　）。

A. 招标人可以自行决定是否编制标底

B. 一个招标项目只能有一个标底

C. 招标人设有最高投标限价的，应当在招标文件中明确最高投标限价或者其计算方法

D. 招标人可以规定最低投标限价

10. 【单选】最高投标限价中的暂列金额，通常应以（　　）为计算基数。

A. 分部分项工程费与可计量措施项目费

B. 分部分项工程费与措施项目费

C. 分部分项工程费、措施项目费和其他项目费

D. 分部分项工程费

11. 【多选】关于工程施工项目最高投标限价编制的注意事项，下列说法正确的有（　　）。

A. 未采用工程造价管理机关发布的工程造价信息时，应予以说明

B. 施工机械设备的选型应本着经济实用、平均有效的原则确定
C. 暂估价中的材料单价应通过市场调查确定
D. 不可竞争措施项目费应按国家有关规定计算
E. 竞争性措施项目费应依据经专家论证确认的施工组织设计或施工方案确定

12. **【单选】**下列关于其他项目清单的说法，正确的是（　　）。
A. 暂列金额是指招标人暂定并包括在合同中的一笔款项，预留时把各专业的暂列金额合计列一项即可
B. 由于计日工是为解决现场发生的零星工作的计价而设立，只要填报单价，估不估暂定数量实际操作结果完全一样
C. 其他项目清单的具体内容可根据实际情况补充
D. 暂列金额一般按合同约定价款的10%～15%确定

13. **【单选】**在编制招标控制价的其他项目费时，若招标人要求对分包的专业工程进行总承包管理和协调，则其他项目费的计算标准是（　　）。
A. 分部分项工程费的1.5%　　B. 分部分项工程费的3%～5%
C. 分包的专业工程估算造价的1.5%　　D. 分包的专业工程估算造价的3%～5%

14. **【多选】**下列关于招标工程量清单和招标控制价的说法中，不正确的有（　　）。
A. 招标控制价必须由招标人编制
B. 招标控制价只需公布总价
C. 投标人不得对招标控制价提出异议
D. 招标人应将招标控制价及有关资料报送相关行业管理部门工程造价管理机构备查
E. 招标人对已标价工程量清单中各分部分项工程量和措施项目工程量的准确性和完整性负责

15. **【单选】**编制招标控制价时，下列关于综合单价的确定方法，错误的是（　　）。
A. 工程量清单综合单价=∑（定额项目合价）/工程量清单项目工程量，不考虑未计价材料费
B. 工程设备、材料价格的市场风险，考虑一定率值的风险费用，纳入到综合单价中
C. 税金、规费等法律、法规、规章和政策变化风险和人工单价等风险费用，不应纳入综合单价中
D. 综合单价应包括暂估价中的材料和工程设备暂估价

16. **【多选】**关于招标控制价的编制，下列说法中正确的有（　　）。
A. 规费和税金必须按照国家或省级、行业建设主管部门的规定计算
B. 招标控制价中的暂估价中的材料单价，应参考市场价格估算
C. 招标人仅要求对分包的专业工程进行总承包管理和协调时，按分包的专业工程估算造价的1.5%计算
D. 招标控制价中的总承包服务费，当招标人自行供应材料的，按招标人供应材料价值的1.5%计算
E. 暂列金额一般可以分部分项工程费的10%～15%为参考

17. **【多选】**关于招标控制价的编制，下列说法中正确的有（　　）。
A. 工程造价咨询人不得同时接受招标人和投标人对同一工程的招标控制价和投标报价的编制
B. 招标控制价如果超过批准的概算，则应重新编制
C. 投标人的投标报价高于招标控制价±3%的，其投标应予以拒绝
D. 招标人要求对分包的专业工程进行总承包管理和协调，并同时要求提供配合服务时，按分包的专业工程估算造价的3%～5%计算

E. 安全文明施工费应当按照有关规定标准计价，不得作为竞争性费用

18.【单选】在编制招标控制价过程中，进行综合单价组价时，暂估单价的材料费应计入（　　）。

A. 定额项目合价　　B. 未计价材料

C. 价差　　D. 定额材料单价

19.【单选】在招标控制价的编制过程中，计日工中的材料单价的计算方法应优先选择（　　）。

A. 参考市场价格计算　　B. 按市场调查确定的单价计算

C. 工程造价信息中的材料单价　　D. 按向生产厂商询价所获单价计算

第二节　投标报价的编制

知识脉络

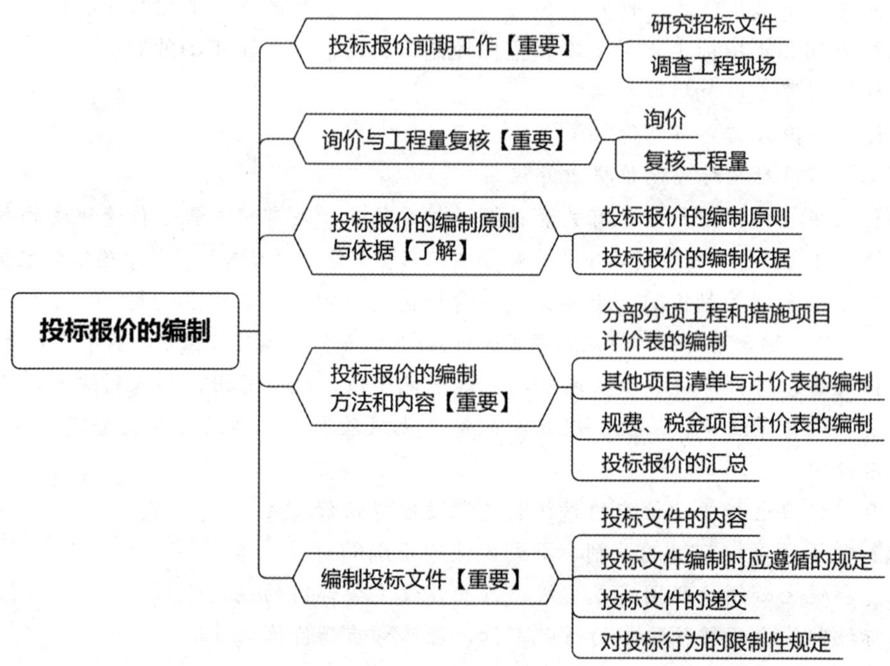

考点1　投标报价前期工作【重要】

1.【单选】施工投标报价的主要工作有：①复核工程量；②研究招标文件；③确定基础标价；④编制投标文件。下列选项中，正确的工作流程是（　　）。

A. ①②③④　　B. ②③①④

C. ①②④③　　D. ②①③④

2.【单选】投标人在投标前期研究招标文件时，对合同形式进行分析的主要内容是（　　）。

A. 承包商任务　　B. 承包方式

C. 付款办法　　D. 合同价款调整

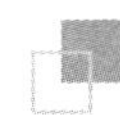

3.【多选】在施工投标的前期工作阶段，通常需要对招标文件进行研究，主要内容包括（　　）。

A. 投标人须知　　B. 合同条件

C. 技术规范　　D. 图纸

E. 投标邀请书

4.【单选】在施工投标前期工作中，编制投标人须知的重点在于（　　）。

A. 制订施工组织设计　　B. 确定投标保证金的金额

C. 掌握投标书的编制和递交情况　　D. 防止投标被否决

5.【单选】在投标报价前期工作中，需要调查工程现场，下列选项中，属于施工条件调查的是（　　）。

A. 各种构件的供应能力和价格　　B. 现场附近的生活设施

C. 现场的三通一平情况　　D. 现场附近的治安情况

6.【单选】在施工投标前期工作中，需要研究招标文件，其中属于合同分析内容的是（　　）。

A. 资金来源　　B. 投标保证金

C. 计价方式　　D. 评标方法

7.【单选】在投标报价前期工作中，需要调查工程现场，下列选项中，属于其他条件调查的是（　　）。

A. 工程现场通信线路的连接和铺设　　B. 当地煤气的供应能力

C. 现场的三通一平情况　　D. 商品混凝土的供应能力和价格

8.【单选】在投标报价前期工作中，需要研究招标文件，在合同分析中，属于合同条款分析的是（　　）。

A. 合同监理方式　　B. 合同承包方式

C. 合同计价方式　　D. 合同付款方式

考点 2　询价与工程量复核【重要】

1.【单选】投标人为使报价具有竞争力，下列有关生产要素询价的做法中，正确的是（　　）。

A. 在通过资格预审前进行询价　　B. 尽量向咨询公司进行询价

C. 不论何时何地尽量使用自有机械　　D. 劳务市场招募零散工有利于管理

2.【单选】投标报价时有关复核工程量的表述，正确的是（　　）。

A. 工程量清单中工程量的遗漏或错误，是否向招标人提出修改意见取决于工程内容

B. 通过工程量计算复核还能准确地确定订货及采购物资的报价

C. 投标人发现工程量清单中的数量有误，可以对工程量清单进行修改

D. 工程量计算复核还能准确地确定订货及采购物资的数量，防止由于超量或少购等带来的浪费

3.【单选】有关投标报价时生产要素询价的表述，正确的是（　　）。

A. 在外地施工需要的机械设备，有时在当地租赁或采购可能更为有利

B. 劳务分包的询价一般价格低廉，但有时素质达不到要求

C. 询价人员应在施工方案确定前，发出材料询价单

D. 劳务市场招募零散劳动力的询价一般费用较高，但素质较可靠

4.【单选】在施工投标过程中，经工程量复核发现工程量清单有误，则投标人可以（　　）。

A. 直接修改工程量清单中的工程量

B. 根据自己拟定的施工组织设计对措施项目内容作出修正

C. 采用不平衡报价策略，对可能增加的工程量把单价适当调低

D. 向招标人提出，由招标人统一修改并把修改情况通知所有投标人

5. 【单选】在各种询价渠道中，询价资料比较可靠，但需要支付一定费用的询价方式是（　　）。

A. 向咨询公司询价　　B. 通过互联网查询

C. 直接与生产厂商联系　　D. 向了解经营该项目的销售商询价

6. 【单选】相较于劳务分包，承包人选用劳务市场招募零散劳动力，具有（　　）的特点。

A. 价格低，管理强度低　　B. 价格高，管理强度低

C. 价格低，管理强度高　　D. 价格高，管理强度高

7. 【多选】投标报价的分包询价，投标人应注意的问题有（　　）。

A. 分包标函是否完整　　B. 分包工程单价所包含的内容

C. 分包人是否自备专用施工机具　　D. 分包人可信赖程度

E. 分包人的施工进度

8. 【单选】关于投标报价的说法，正确的是（　　）。

A. 询价通常可向生产厂商、销售商、咨询公司以及招标人询问

B. 投标人可以利用工程量清单的错、漏、多项，运用投标技巧，提高报价质量

C. 复核工程量清单中的工程量，对于有明显错误的可以修改清单工程量

D. 只要投标人的标价明显低于其他投标报价，评标委员会就可作为废标处理

9. 【多选】复核工程量是投标人编制投标报价前的一项重要工作，下列关于复核工程量的说法，错误的有（　　）。

A. 可以决定报价裕度

B. 对于工程量清单存在的错误，可以直接修改

C. 应复核全部清单工程量，根据工程量的大小采取合适的施工方法

D. 正确划分分部分项工程项目，与“清单计价规范”保持一致

E. 确定订货及采购物资的数量，防止由于超量或少购带来的浪费

考点 3　投标报价的编制原则与依据【了解】

1. 【单选】下列不属于投标报价的编制原则的是（　　）。

A. 投标报价由投标人自主确定

B. 投标报价可以低于工程成本

C. 投标人必须按招标工程量清单填报价格

D. 投标人的投标报价高于招标控制价的应予废标

2. 【单选】下列不属于投标报价的编制依据的是（　　）。

A. 施工组织设计

B. 招标工程量清单

C. 建设工程设计文件及相关资料

D. 与建设项目相关的标准、规范等技术资料

考点 4　投标报价的编制方法和内容【重要】

1. 【单选】当分部分项工程内容简单，由单一计价子项计价，且《建设工程工程量清单计价规范》与所使用计价定额中的工程量计算规则相同时，综合单价的确定只需用相应计价定额子目中的人、材、机费做基数（　　）即可。

A. 计算工程内容的工程数量　　B. 计算工程内容的清单单位含量

C. 计算措施项目的费用　　D. 计算管理费、利润和风险费用

2. 【单选】对于其他项目中的计日工，投标人正确的报价方式是（　　）。
   A. 按政策规定标准估算报价
   B. 按招标文件提供的金额报价
   C. 自主报价
   D. 待签证时报价

3. 【单选】在编制投标报价时，确定分部分项工程综合单价的注意事项描述中，错误的是（　　）。
   A. 招投标过程中，当招标文件中分部分项工程量清单特征描述与设计图纸不符时，投标人应以特征为准，确定投标报价的综合单价
   B. 施工中施工图纸或设计变更与工程量清单特征描述不一致时，应按实际施工的项目特征重新确定单价
   C. 综合单价应包括承包人承担的5%以内的材料价格风险，10%以内的工程设备、施工机具使用费风险
   D. 为表明分部分项工程量综合单价的合理性，投标人应对其进行单价分析，以作为评标时的判断依据

4. 【单选】确定投标报价中的综合单价时，确定计算基础主要是指（　　）。
   A. 确定每一清单项目的工作内容
   B. 确定每一清单项目的清单单位含量
   C. 确定每一清单项目的人工、材料、机械费
   D. 确定消耗量指标和生产要素单价

5. 【单选】下列关于投标报价的编制方法与内容的说法中，错误的是（　　）。
   A. 措施项目的内容应依据招标人提供的措施项目清单和投标人投标时拟定的施工组织设计或施工方案确定
   B. 措施项目费不能由投标人自主确定
   C. 投标总价与各部分合计金额应一致，不能进行投标总价的优惠
   D. 投标人对投标报价的任何优惠均应反映在相应的清单项目的综合单价中

6. 【单选】关于工程量清单方式招标工程合同价格风险及风险分担，下列说法正确的是（　　）。
   A. 当出现的风险内容及幅度在招标文件规定的范围内时，综合单价不变
   B. 市场价格波动导致施工机具使用费发生变化时，承包人只承担5%以内的价格风险
   C. 对于法律、法规导致工程税金、规费、人工费发生变化时，发承包双方共同承担
   D. 承包人管理费的风险一般由发承包双方共同承担

7. 【多选】关于已标价工程量清单中其他项目清单的编制，下列说法正确的有（　　）。
   A. 应投标人的特殊要求而发生的与拟建工程有关的其他费用项目和相应数量的清单
   B. 暂列金额按招标文件提供的金额报价
   C. 专业工程暂估价应包括规费和利润
   D. 工程建设标准的高低、发包人对工程管理要求对其内容会有直接影响
   E. 计日工应按照招标人提供的其他项目清单列出的项目和估算的数量，自主确定各项综合单价并计算费用

8. 【单选】投标人投标报价中关于暂列金额编制原则的说法，正确的是（　　）。
   A. 按照其他项目清单中列出的金额填写，不得变动
   B. 根据施工组织进行修改
   C. 列入措施费
   D. 列入管理费

9. **【单选】** 根据《建设工程工程量清单计价规范》(GB 50500—2013)，关于投标文件总价措施项目计价表的编制，下列说法正确的是（　　）。
A. 总价措施项目计价表应包含规费和建筑业增值税
B. 不能精确计量的措施项目应编制总价措施项目计价表
C. 总价措施项目的内容确定与招标人拟定的措施项目清单无关
D. 总价措施项目的内容确定与投标人投标时拟定的施工组织设计无关

10. **【多选】** 关于总价措施项目清单与计价表的编制，下列说法正确的有（　　）。
A. 总价措施项目费由投标人自主确定，但安全文明施工费不得作为竞争性费用
B. 暂列金额依据招标工程量清单总说明，结合项目管理规划自主填报
C. 暂估价依据询价情况填报
D. 投标人对投标报价的任何优惠均应反映在相应的清单项目的综合单价中
E. 计日工按照招标人提供的措施项目清单列出的项目单价填报

考点 5　编制投标文件【重要】

1. **【单选】** 下列情形中，不能视为投标人串通投标的是（　　）。
A. 投标人 A 与 B 的项目经理为同一人
B. 投标人 C 与 D 的投标文件相互错装
C. 投标人 E 与 F 在同一时刻提前递交投标文件
D. 投标人 G 与 H 作为暗标的技术标由同一人编制

2. **【多选】** 关于联合体投标，下列说法正确的有（　　）。
A. 联合体各方应当指定牵头人
B. 联合体各方签订共同投标协议后不得再以自己的名义在同一项目单独投标
C. 联合体投标应当向招标人提交由所有联合体成员法定代表人签署的授权书
D. 同一专业的单位组成联合体，资质等级就低不就高
E. 提交投标保证金必须由牵头人实施

3. **【多选】** 关于投标文件的编制与递交，下列说法中正确的有（　　）。
A. 投标函附录在满足招标文件实质性要求的基础上，可以提出比招标文件要求更能吸引招标人的承诺
B. 当投标文件的正本与副本不一致时，以正本为准
C. 允许递交备选投标方案时，所有投标人的备选方案应同等对待
D. 在要求提交投标文件的截止时间后送达的投标文件为无效的投标文件
E. 境内投标人以现金形式提交的投标保证金应当出自投标人的基本账户

4. **【单选】** 下列情形中，属于投标人互相串通投标的是（　　）。
A. 不同投标人的投标报价呈现有规律性差异
B. 不同投标人的投标文件由同一单位或个人编制
C. 不同投标人委托了同一单位或个人办理某项投标事宜
D. 投标人之间约定中标人

5. **【单选】** 关于投标保证金，下列说法中正确的是（　　）。
A. 投标保证金的数额不得少于投标总价的 2%
B. 投标人应当在签订合同后的 30 日内退还未中标人的投标保证金
C. 投标人拒绝延长投标有效期的，投标人无权收回其投标保证金
D. 投标保证金的有效期与投标有效期相同

6.【单选】关于联合体投标的说法，正确的是（　　）。

A. 联合体各方签订共同投标协议后，可以以自己名义单独投标

B. 由同一专业的单位组成的联合体，按照资质等级较高的单位确定资质等级

C. 通过资格预审的联合体，各方组成结构、职责及财务能力等条件不得改变

D. 联合体中牵头人提交的投标保证金对其他成员不具有约束力

7.【多选】下列各项中，属于投标文件中应当包含的内容有（　　）。

A. 施工组织设计　　B. 已标价工程量清单

C. 项目概况　　D. 投标人须知

E. 拟分包项目情况表

8.【单选】关于投标有效期，下列描述正确的是（　　）。

A. 投标保证金有效期应当超出投标有效期 30 天

B. 投标人同意延长投标有效期的，应相应延长其投标保证金的有效期，但由此引起的费用增加由招标人承担

C. 投标人拒绝延长投标有效期的，其投标失效，同时投标人无权收回其投标保证金

D. 若投标人在规定的投标有效期内撤销或修改其投标文件，投标保证金将不予返还

9.【多选】关于投标文件的编制与递交，下列说法中正确的有（　　）。

A. 投标函附录中可以提出比招标文件要求更能吸引招标人的承诺

B. 当投标文件的正本与副本不一致时，以副本为准

C. 允许递交备选投标方案时，所有投标人的备选方案应同等对待

D. 在要求提交投标文件的截止时间后送达的投标文件为无效的投标文件

E. 境内投标人以现金形式提交的投标保证金应当出自投标人的基本账户

10.【多选】关于投标保证金及投标有效期，下列说法正确的有（　　）。

A. 投标人在投标有效期内撤销投标文件，投标保证金予以返还

B. 一般项目投标有效期为 60～90 天

C. 中标人在收到中标通知书后，无正当理由拒签合同协议书或未按招标文件规定提交履约担保，投标保证金不予返还

D. 投标人在投标截止日前修改投标文件的，投标保证金不予返还

E. 联合体投标的，投标保证金只能由牵头人提交

11.【多选】关于联合体投标的规定，下列说法中正确的有（　　）。

A. 联合体各方签订共同投标协议后，可以再以自己名义单独投标

B. 资格预审后联合体增减、更换成员的，其投标无效

C. 联合体各方应按招标文件提供的格式签订联合体协议书，明确联合体牵头人和各方权利

D. 以联合体中牵头人名义提交的投标保证金，对联合体各成员具有约束力

E. 单位组成的联合体，按照资质等级较高的单位确定资质等级

12.【单选】根据我国现行施工招标投标管理规定，投标有效期的确定一般应考虑的因素不包括（　　）。

A. 投标报价需要的时间　　B. 组织评标需要的时间

C. 确定中标人需要的时间　　D. 签订合同需要的时间

13.【单选】投标文件应当对招标文件作出实质性响应的内容不包括（　　）。

A. 报价　　B. 工期

C. 投标有效期　　D. 质量要求

14.【多选】投标人在递交投标文件后，其投标保证金按规定应予退还的情形有（　　）。

A. 投标人在投标有效期内撤销投标文件的

B. 投标人拒绝延长投标有效期的

C. 投标人在投标截止日前修改投标文件的

D. 中标后无故拒签合同协议书的

E. 中标后未按招标文件规定提交履约担保的

第三节　中标价及合同价款的约定

知识脉络

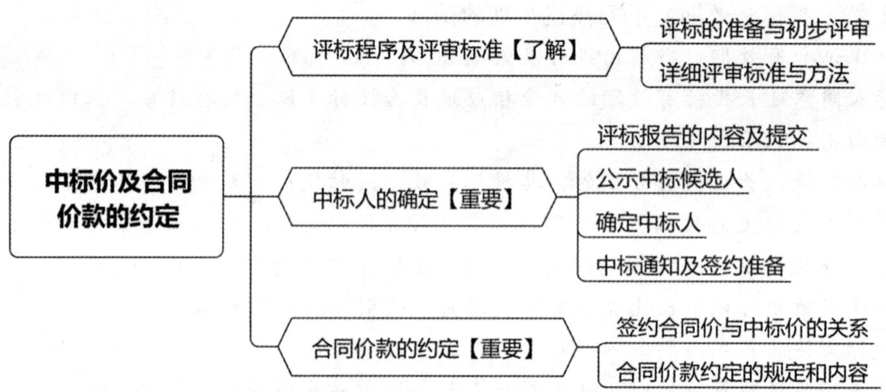

考点 1　评标程序及评审标准【了解】

1.【单选】招标工程未进行资格预审，评标委员会按规定对投标人安全生产许可证的有效性进行的评审，属于（　　）。

A. 形式评审

B. 资格评审

C. 响应性评审

D. 商务评审

2.【单选】采用经评审的最低投标价法评标时，下列说法中正确的是（　　）。

A. 经评审的最低投标价法通常采用百分制

B. 具有通用技术的招标项目不宜采用经评审的最低投标价法

C. 当出现经评审的投标价相等且报价也相等时，中标人由招标监理机构确定

D. 采用经评审的最低投标价法工作结束时，应拟定“价格比较一览表”提交招标人

3.【单选】关于经评审的最低投标价法的适用范围，下列说法中正确的是（　　）。

A. 适用于资格后审而不适用于资格预审的项目

B. 适用于依法必须招标的项目而不适用于一般项目

C. 适用于具有通用技术性能标准或招标人对其技术、性能没有特殊要求的项目

D. 适用于凡不宜采用综合评估法评审的项目

4.【单选】工程施工项目评标时，下列做法符合有关规定的是（　　）。

A. 当评标委员会发现某投标人的施工方案的表述存在含义不明确之处时，则要求该投标人作出书面澄清

B. 当评标委员会发现因某个单价金额小数点明显错误时，对该单价进行修正后继续评标

C. 当投标人发现其投标文件对同一问题前后表述不一致时，向评标委员会提出澄清，评标委员会应予以接受

D. 当投标人不接受评标委员会按规定原则对其投标报价的算术错误所作修正时，评标委员会仍可修正结果评审

5. 【单选】某高速公路项目招标采用经评审的最低投标价法评标，招标文件规定对同时投多个标段的评标修正率为5%。现有投标人甲同时投标A、B标段，其报价依次为7300万元、6000万元，若甲在A标段已被确定为中标，则其在B标段的评标价是（　　）万元。

A. 5748　　B. 5700　　C. 6200　　D. 5252

6. 【单选】根据《建设工程造价咨询规范》（GB/T 51095—2015）规定，清标的时间选择是在（　　）。

A. 开标前　　B. 开标后且评标前

C. 与评标同时进行　　D. 评标后公示中标候选人时

7. 【多选】下列属于评标委员会经初步评审后应当否决其投标的情形有（　　）。

A. 投标联合体没有提交共同投标协议

B. 总价金额与依据单价计算出的结果不一致

C. 投标文件未经投标单位盖章和单位负责人签字

D. 投标文件中的大写金额与小写金额不一致

E. 投标文件没有对招标文件的实质性要求和条件做出响应

8. 【多选】下列施工评标及相关工作事宜中，属于清标工作内容的有（　　）。

A. 分部分项工程项目清单的完整性和合理性分析

B. 其他项目清单完整性和合理性分析

C. 暂列金额、计日工正确性复核

D. 不平衡报价分析

E. 对招标文件的实质性响应

9. 【多选】下列关于建设工程施工评标的说法，正确的有（　　）。

A. 评标委员会按照公平、公正、公开的原则评标

B. 评标委员会可以接受投标人主动提出澄清

C. 评标委员会可以要求投标人澄清投标文件疑问直至满足评标委员会的要求

D. 评标委员会有权直接确定中标人

E. 投标报价有算术错误的，评标委员会对投标报价进行修正

10. 【多选】下列各项内容属于初步评审中施工组织设计和项目管理机构评审标准的有（　　）。

A. 工程质量应符合招标文件的有关要求

B. 质量管理体系与措施符合有关标准

C. 投标保证金应符合招标文件的有关要求

D. 投标有效期应符合招标文件的有关要求

E. 工程进度计划与措施符合有关标准

11. 【单选】招标工程未进行资格预审，评标委员会按规定对投标人营业执照的有效性进行的评审属于（　　）。

A. 形式评审　　B. 资格评审

C. 响应性评审　　D. 商务评审

12. 【多选】在评标过程中，评标委员会可以要求投标人对投标文件有关文件作出必要澄清、说明和补正的情形包括（　　）。

A. 投标文件没有联合体共同投标协议　　B. 对同类问题表述不一致

C. 投标文件中有含义不明确的内容
D. 有明显的文字和计算错误
E. 投标人主动提出的澄清说明

13. 【单选】当采用经评审的最低投标价法时，根据《标准施工招标文件》的规定，主要的量化因素是（　）。
A. 一定条件的优惠
B. 工期提前的效益对报价的修正
C. 付款条件
D. 同时投多个标段的评标修正

14. 【多选】关于综合评估法评标的说法，正确的有（　　）。
A. 综合评估法通常采用百分制
B. 具有通用技术的招标项目宜采用综合评估法
C. 综合评分相等时，以投标报价低的优先；投标报价也相等的，优先条件由招标人事先在招标文件中确定
D. 采用综合评估法工作结束时，应拟定"综合评估比较表"提交招标人
E. 综合评分相等时，由招标人自行确定

考点 2 中标人的确定【重要】

1. 【多选】关于履约担保，下列说法中正确的有（　　）。
A. 履约担保可以用现金、支票、汇票、银行保函形式，但不能单独用履约担保书
B. 履约保证金不得超过中标合同金额的10%
C. 中标人不按期提交履约担保的，视为废标
D. 招标人要求中标人提供履约担保的，招标人应同时向中标人提供工程款支付担保
E. 履约保证金的有效期需保持至工程接收证书颁发之时

2. 【多选】关于履约担保的递交，下列表述中正确的有（　　）。
A. 履约担保有现金、支票、汇票、履约担保书和银行保函等形式
B. 中标人不能按要求提交履约保证金的，视为放弃中标，投标保证金予以返还
C. 招标人要求中标人提供履约保证金或其他形式履约担保的，招标人应当同时向中标人提供工程款支付担保
D. 中标后的承包人应保证其履约保证金在发包人颁发的工程接收证书前一直有效
E. 履约保证金不得超过中标合同金额的10%

3. 【多选】评标委员会所编制的评标报告的主要内容不包括（　　）。
A. 评标委员会成员名单
B. 评标报告的撰写人
C. 中标人名单
D. 否决投标情况说明
E. 开标记录

4. 【多选】下列有关建设项目施工招标、评标、定标的表述中，错误的有（　　）。
A. 若有评标委员会成员拒绝在评标报告上签字同意的，评标报告无效
B. 使用国家融资的项目，招标人不得授权评标委员会直接确定中标人
C. 招标人和中标人只需按照中标人的投标文件订立书面合同
D. 招标人应当自确定中标人之日起15日内，向有关部门提交招投标情况的书面报告
E. 并非所有招标项目都必须公示中标候选人

5. 【多选】下列关于公示中标候选人的说法，正确的有（　　）。
A. 招标人应当自收到评标报告之日起5日内公示中标候选人
B. 公示期不少于3日
C. 不但公示中标候选人的排名，还要公示投标人的各评分要素的得分情况

D. 对有业绩信誉条件的项目，在投标报名或开标时提供的作为资格条件或业绩信誉情况，应一并公示

E. 评标结果只能在交易场所公示

6. 【多选】依法必须招标项目的中标候选人公示应当载明的内容有（　　）。

A. 中标候选人按照招标文件要求承诺的项目负责人姓名及相关证书名称和编号

B. 中标候选人按照招标文件要求承诺的总监理工程师姓名及相关证书名称和编号

C. 提出异议的渠道和方式

D. 中标候选人响应招标文件要求的资格能力条件

E. 中标候选人排序、名称、投标报价、质量

7. 【多选】关于履约担保，下列说法中正确的有（　　）。

A. 履约担保可以用现金、支票、汇票、履约担保书和银行保函形式

B. 履约保证金不得超过中标合同金额的 2%

C. 履约保证金有效期自开工之日起至合同约定的中标人主要义务履行完毕止

D. 招标人要求中标人提供履约担保的，招标人应同时向中标人提供工程款支付担保

E. 发包人在工程接收证书颁发后 28 天内把履约保证金退还给承包人

8. 【单选】招标人收到评标报告之日起 3 日内应公示中标候选人，投标人或者其他利害关系人对依法必须进行招标的项目的评标结果有异议的，应当向（　　）提出。

A. 评标委员会　　B. 招标行政监督部门

C. 招标人　　D. 工程造价管理部门

9. 【单选】投标人或者其他利害关系人对依法必须进行招标的项目的评标结果有异议的，应当在中标候选人公示期间提出。招标人在做出答复前，正确的处理方式是（　　）。

A. 宣布招标失效，重新招标　　B. 暂停招投标活动

C. 继续招投标活动　　D. 向招投标管理部门反映

考点 3　合同价款的约定【重要】

1. 【单选】下列关于合同价款的约定，正确的是（　　）。

A. 中标人无正当理由拒签合同的，招标人取消其中标资格，其投标保证金予以退还

B. 招标人与中标人签订合同后 5 个工作日内，应当向中标人和未中标的投标人退还投标保证金及银行同期存款利息

C. 签约合同价就是投标报价

D. 招标人无正当理由拒签合同的，招标人向中标人退还投标保证金；给中标人造成损失的，还应当赔偿损失

2. 【单选】合同约定不得违背招投标文件中关于工期、造价、质量等方面的实质性内容，招标文件与中标人投标文件不一致的地方，以（　　）为准。

A. 招标文件

B. 投标文件

C. 双方协商后的协议

D. 工程造价咨询机构确定的内容

3. 【单选】招标人和中标人应当在投标有效期内并在自中标通知书发出之日起（　　）日内，按照招标文件和中标人的投标文件订立书面合同。

A. 20　　B. 30

C. 15　　D. 5

4. 【单选】根据《建设工程工程量清单计价规范》(GB 50500—2013),不属于发承包双方在合同条款中约定的事项为( )。
   A. 预付工程款的数额、支付时间及抵扣方式
   B. 安全文明施工措施的支付计划、使用要求
   C. 投标保证金的递交数额、支付方式及返还时间
   D. 工程竣工结算价款的编制与核对、支付及时间
5. 【单选】根据《建筑工程施工发包与承包计价管理办法》(住建部第16号令),下列合同类型选择正确的是( )。
   A. 建设规模较小、技术难度较低的建设工程,发承包双方可以采用成本加酬金合同
   B. 实行工程量清单计价的建筑工程,鼓励发承包双方采用总价方式确定合同价款
   C. 紧急抢险、救灾以及施工技术特别复杂的建设工程,发承包双方可以单价合同确定合同价款
   D. 建设规模较小、技术难度较低、工期较短的建设工程,发承包双方可以采用总价方式确定合同价款

第四节 工程总承包及国际工程合同价款的约定

知识脉络

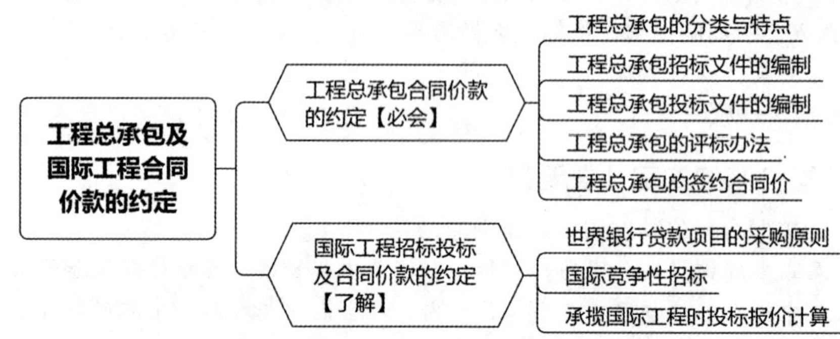

考点 1 工程总承包合同价款的约定【必会】

1. 【单选】管理者不直接与承包人签订合同,但受业主委托监督承包人履行合同的工程总承包方式属于( )。
   A. EPC总承包　　B. 交钥匙总承包
   C. 设计—采购总承包　　D. 工程项目管理总承包
2. 【单选】工程总承包项目通常比较复杂,其投标有效期一般为( )天。
   A. 60　　B. 90
   C. 120　　D. 150
3. 【单选】总承包企业按照合同约定,承担工程项目的设计、采购、施工、试运行服务等工作,并对承包工程的质量、安全、工期、造价全面负责。该类总承包合同的类型是( )。
   A. 设计采购施工(EPC)总承包　　B. 交钥匙总承包
   C. 设计—施工总承包　　D. 工程项目管理总承包

4. **【多选】** 工程总承包的主要特点包括（ ）。

A. 合同结构复杂
B. 承包商利润高
C. 承包商积极性高
D. 项目整体效果好
E. 企业综合实力强

5. **【多选】** 下列各项内容中，属于工程总承包招标文件编制内容的有（ ）。

A. 投标人须知
B. 图纸
C. 发包人要求
D. 工程量清单
E. 发包人提供的资料

6. **【多选】** 下列各项内容中，属于工程总承包投标文件编制内容的有（ ）。

A. 承包人建议书
B. 已标价工程量清单
C. 项目管理机构
D. 价格清单
E. 拟分包项目情况表

7. **【单选】** 下列关于工程总承包项目投标报价构成中的标高金构成，说法正确的是（ ）。

A. 标高金由管理费、利润和风险费组成
B. 标高金由间接费、利润和风险费组成
C. 标高金由规费、税金、利润和风险费组成
D. 标高金由公司本部费用、管理费、利润和风险费组成

8. **【多选】** 下列属于综合评估法下的初步评审标准内容的有（ ）。

A. 形式评审标准
B. 资格评审标准
C. 响应性评审标准
D. 承包人建议书评分标准
E. 承包人实施方案评分标准

9. **【多选】** 下列关于工程总承包合同价格的描述中，正确的有（ ）。

A. 签约合同价即为合同价格
B. 合同价格指签定合同时合同协议书中写明的，包括了暂列金额、暂估价的合同总金额
C. 合同价格不包括在履行合同过程中按合同约定进行的变更和调整
D. 合同价格指实际应支付给承包人的最终工程款
E. 合同价格包括承包人依据法律规定或合同约定应支付的规费和税金

10. **【单选】** 根据《标准设计施工总承包招标文件》的规定，经评审的最低投标价法的详细评审标准，应考虑的量化因素主要是（ ）。

A. 工期提前
B. 质量提高
C. 付款条件
D. 多标段投标

11. **【多选】** 根据《标准设计施工总承包招标文件》（2012 年版），发包人要求中的错误（B）条款，无论承包人发现与否，发包人要求中（ ）的错误导致承包人增加的费用和（或）延误的工期，由发包人承担，并向承包人支付合理利润。

A. 引用的原始数据和资料
B. 对工程或其任何部分的功能要求
C. 对工程的工艺安排或要求
D. 发包人对工程项目管理有关规定
E. 承包人无法核实的数据资料

考点 2 国际工程招标投标及合同价款的约定【了解】

1. **【单选】** 关于世界银行贷款项目的投标资格审查，下列说法中正确的是（ ）。

A. 凡采购大而复杂的工程宜采用资格定审
B. 资格预审有利于缩小投标人的范围

C. 资格预审的标准应严于资格定审

D. 资格定审的标准应严于资格预审

2. 【多选】在国际竞争性招标中，开标时应当众读出的内容包括（　　）。

A. 投标人

B. 投标报价

C. 标段名称

D. 替代方案

E. 质量目标

3. 【单选】世界银行贷款项目招标中，招标文件需要得到世界银行的（　　）才能公开发售。

A. 批准后

B. 通知后

C. 授权后

D. “无意见”表示后

4. 【多选】关于国际工程招标，下列说法中错误的有（　　）。

A. 总采购公告送交世行的时间不迟于招标文件发售之前 45 天

B. 开标时若标书未附投标保证金则拒绝开启

C. 开标时允许投标人提问但不允许录音

D. 采用“两个信封制度”的，技术上不符合要求的标书则第二个信封不再开启

E. 国际工程招标中规定投标准备时间不得少于 90 天

5. 【单选】在国际竞争性招标中，评标的主要步骤是（　　）。

A. 审标、评标、资格定审

B. 资格定审、开标、审标

C. 开标、评标、资格定审

D. 开标、审标、评标

6. 【单选】国际竞争性招标投标过程中，先将各投标人提交的标书就一些技术性、程序性的问题加以澄清并初步筛选，属于（　　）。

A. 清标

B. 审标

C. 评标

D. 定标

7. 【单选】下列关于承揽国际工程时投标报价的标价组成，正确的是（　　）。

A. 直接费用、间接费用、利润和风险费用

B. 直接费用、间接费用、利润和建设期上升成本

C. 直接费用、间接费用、应急费和建设期上升成本

D. 直接费用、间接费用、利润和税金

8. 【多选】下列关于承揽国际工程时投标报价计算的表述，正确的有（　　）。

A. 工资预涨费按国内现行工资规定计算，工期较短的工程可不考虑

B. 工期较长时，材料单价应考虑材料预涨费

C. 施工机械台班单价不包含大修理费，但包括日常的修理费

D. 上级单位管理费一般按工程直接费的 5%～10%计取

E. 盈余就是利润，一般毛利定在 5%～10%

9. 【多选】按照世界银行有关规定进行的国际竞争性招标，在中标人确定后还应进行合同谈判。下列不属于合同谈判的内容的有（　　）。

A. 合同价格的优惠

B. 合同双方的权利和义务

C. 技术规格上某些重大的差别

D. 投标人承担技术规格书中没有规定的额外任务

E. 工程预付款的多少及支付条件

10. **【单选】**下列关于承揽国际工程时投标报价计算的表述，错误的是（　　）。

A. 人工工日单价应是考虑工效的综合人工工日单价

B. 保险费按当地工人保险费标准计算

C. 施工机械台班单价不包含大修理费，但包括日常的修理费

D. 分包费列入直接费中，应适当加入对分包商的管理费

学习笔记

第五章

建设项目施工阶段合同价款的调整和结算

（建议学习时间：1周）

学习计划（第6周）：

Day 1

Day 2

Day 3

Day 4

Day 5

Day 6

Day 7

扫码即听
本章导学

第五章　建设项目施工阶段合同价款的调整和结算

第一节　合同价款调整

知识脉络

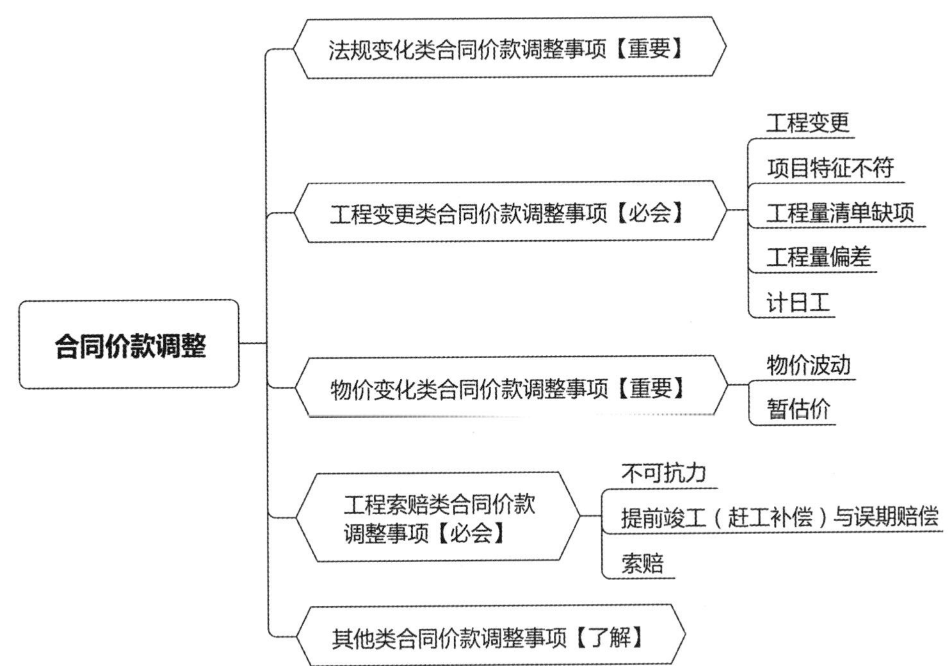

考点 1　法规变化类合同价款调整事项【重要】

1. 【单选】为了合理划分发承包双方的合同风险，施工合同中应当约定一个基准日，对于实行招标的建设工程，一般以（　　）前的第 28 天作为基准日。

A. 投标截止时间　　B. 招标截止日

C. 中标通知书发出　　D. 合同签订

2. 【单选】对于实行招标的建设工程，因法律、法规、政策变化引起合同价款调整的，调价基准日期一般为（　　）。

A. 施工合同签订前的第 28 天　　B. 提交投标文件截止时间前的第 28 天

C. 施工合同签订前的第 56 天　　D. 提交投标文件截止时间前的第 56 天

3. 【单选】由于承包人原因导致的工期延误，在工程延误期间国家的法律、行政法规和相关政策发生变化引起工程造价变化的，处理原则是（　　）。

A. 造成合同价款增加的，合同价款予以调整

B. 造成合同价款增加的，合同价款是否可以调整由双方协商决定

C. 造成合同价款增加的，合同价款不予调整

D. 造成合同价款减少的，合同价款不予调整

4. 【多选】下列发承包双方在约定调整合同价款的事项中，属于工程索赔类的有（　　）。

A. 工程量清单缺项
B. 不可抗力
C. 物价波动
D. 提前竣工
E. 工程量偏差

5. 【单选】有关法律法规政策变化引起的价款调整，下列表述中正确的是（　　）。

A. 发包人应当承担基准日之前发生的、作为一个有经验的承包人在招标投标阶段不可能合理预见的风险

B. 如果有关价格（如人工、材料和工程设备等价格）的变化已经包含在物价波动事件的调价公式中，则不再考虑法律法规政策变化引起的价款调整

C. 对于不实行招标的建设工程，一般以建设工程开工前的第 28 天作为基准日

D. 由于承包人的原因导致的工期延误，在工程延误期间国家的法律、行政法规和相关政策发生变化引起工程造价变化的，造成合同价款增加的，合同价款可以调整

考点 2 工程变更类合同价款调整事项【必会】

1. 【单选】关于招标工程量清单缺项、漏项的处理，下列说法中正确的是（　　）。

A. 工程量清单缺项、漏项及计算错误带来的风险由发承包双方共同承担

B. 分部分项工程量清单漏项造成新增工程量的，应按变更事件的有关方法调整合同价款

C. 分部分项工程量清单缺项引起措施项目发生变化的，应按与分部分项工程相同的方法

D. 招标工程量清单中措施工程项目缺项，招标人在投标时未予以填报的，合同实施期间不予增加

2. 【单选】施工合同履行期间，关于计日工费用的处理，下列说法中正确的是（　　）。

A. 已招标价工程量清单中无某项计日工单价时，应按工程变更有关规定商定计日工单价

B. 承包人通知发包人以计日方式实施的零星工作，双方应按计日工方式予以结算

C. 现场签证的计日工数量与招标工程量清单中所列不同时，应按工程变更有关规定进行价款调整

D. 施工各期间发生的计日工费用应在竣工结算时一并支付

3. 【单选】根据规定，因工程量偏差引起的可以调整总价措施项目费的前提是（　　）。

A. 合同工程量偏差超过 15%

B. 合同工程量偏差超过 15%，且引起措施项目相应变化

C. 措施项目工程量超过 10%

D. 措施项目工程量超过 10%，且引起施工方案发生变化

4. 【单选】关于工程变更的说法中，正确的是（　　）。

A. 除了受自然条件的影响外，一般不得发生变更

B. 尽管变更的起因有多种，但必须坚持一事一变更

C. 如果出现了必须变更的情况，则应抢在变更指令发出前尽快落实变更

D. 若承包人不能全面落实变更指令，则扩大的损失应当由承包人承担

5. 【单选】施工合同履行期间，应予计算的实际工程量与招标工程量清单列出的工程量出现偏差超过 15%时，如果合同中没有约定合同价款调整方法或约定不明的，以下调整原则正确的是（　　）。

A. 当工程量减少 15%以上时，减少后剩余部分的工程量的综合单价应予调低

B. 当工程量增加 15%以上时，其增加部分的工程量的综合单价应予调高

C. 如该措施项目是按系数或单一总价方式计价，工程量增加的，措施项目费调增；工程量减少的，措施项目费调减

D. 当工程量偏差超过15%以上时，应予计算的实际工程量的综合单价应予调低

6. **【多选】**下列关于工程变更的说法，正确的有（　　）。

A. 监理人要求承包人改变已批准的施工工艺或顺序属于变更

B. 发包人通过变更取消某项工作从而转由他人实施

C. 监理人要求承包人为完成工程需要追加的额外工作属于变更

D. 承包人不能全面落实变更指令而扩大的损失由发包人承担

E. 工程变更指令发布后，应当迅速落实指令，全面修改相关的各种文件

7. **【单选】**关于变更引起的分部分项工程费价格调整原则，下列描述中正确的是（　　）。

A. 已标价工程量清单中有适用于变更工程项目的，可在合理范围内参照适用子目的单价或总价调整

B. 已标价工程量清单中没有适用、但有类似于变更工程项目的，采用该项目的单价

C. 已标价工程量清单中没有适用也没有类似于变更工程项目的，由发包人根据变更工程资料、计量规则和计价办法、信息价格提出变更工程项目的单价或总价，报承包人确认后调整

D. 工程变更引起措施项目发生变化的，承包人提出调整措施项目费的，应事先将拟实施的方案提交发包人确认

8. **【单选】**某实行招标的工程，施工过程中发生工程变更，引起分部分项工程项目发生变化，已标价工程量清单中没有适用也没有类似于变更工程的项目，已知该工程的中标价为5030万元，招标控制价为5100万元，则承包人报价浮动率为（　　）。

A. 1.37%　　　　B. 1.39%

C. 1.37　　　　D. 1.39

9. **【单选】**在工程变更引起的措施项目费调整中，若承包人未事先将拟实施的方案提交给发包人确认，则视为（　　）。

A. 承包人放弃调整措施项目费的权利　　　　B. 相应的措施项目费调整已经成立

C. 按常规施工方案所引起的措施项目调整　　　　D. 计算时无需考虑承包人报价浮动率

10. **【单选】**工程变更引起措施项目发生变化，承包人提出调整措施项目费的，下列调整方法正确的是（　　）。

A. 安全文明施工费按照实际发生变化的措施项目调整，但应考虑承包人报价浮动因素

B. 采用单价计算的措施项目费，按照实际发生的措施项目按分部分项工程费的调整方法确定单价

C. 按总价（或系数）计算的措施项目费，除安全文明施工费外，按照实际发生变化的措施项目调整，不考虑承包人报价浮动因素

D. 按总价（或系数）计算的措施项目费，包括安全文明施工费，按照实际发生变化的措施项目调整，但应考虑承包人报价浮动因素

11. **【单选】**如果发包人提出的工程变更，因非承包人原因删减了合同中的某项原定工作或工程，致使承包人发生的费用或（和）得到的收益不能被包括在其他已支付或应支付的项目中，也未被包含在任何替代的工作或工程中，则承包人有权提出并得到（　　）补偿。

A. 费用　　　　B. 利润

C. 费用＋利润　　　　D. 工期＋费用＋利润

12. **【多选】**招标工程量清单是招标文件的重要组成部分，以下有关其缺项、漏项引起的价款调整说法正确的有（　　）。

A. 招标工程量清单是否准确和完整，其责任应当由提供工程量清单的发包人负责

B. 作为投标人的承包人，投标时未检查出招标工程量清单的缺项、漏项，承担连带责任

C. 分部分项工程出现缺项、漏项，造成新增工程清单项目的，应按照工程变更事件中关于分部分项工程费的调整方法，调整合同价款

D. 分部分项工程出现缺项、漏项，引起措施项目发生变化的，按照工程变更事件中关于措施项目费的调整方法，在承包人提交的实施方案被发包人批准后，调整合同价款

E. 招标工程量清单中措施工程项目缺项，投标人在投标时未予以填报的，合同实施期间不予增加

13. **【单选】**下列关于工程量偏差引起合同价款调整的说法，正确的是（　　）。

A. 实际工程量超过招标工程量清单的15%时，应相应调低综合单价，调高措施项目费

B. 实际工程量比招标工程量清单减少15%以上时，应相应调高综合单价

C. 实际工程量比招标工程量清单减少15%以上，且引起措施项目变化，若措施项目按系数计价，相应调低措施项目费

D. 实际工程量比招标工程量清单增加10%，且引起措施项目变化，若措施项目按系数计价，相应调高措施项目费

14. **【单选】**某混凝土工程招标清单工程量为200m^3，综合单价为300元/m^3。在施工过程中，由于工程变更导致实际完成工程量为150m^3。合同约定当实际工程量减少超过15%时可调整单价，调价系数为1.1。该混凝土工程的实际工程费用应为（　　）万元。

A. 4.80　　　　B. 4.89

C. 4.95　　　　D. 6.00

15. **【单选】**某工程项目的清单工程量为1500m^3，因变更实际完成的工程量为1800m^3；该项目的招标控制价为380元/m^3，投标报价为450元/m^3，则其结算工程款应为（　　）元。

A. 840000　　　　B. 809025

C. 856000　　　　D. 855500

16. **【单选】**某分项工程招标工程量清单数量为3600m^2，施工中由于设计变更调减为3000m^2，该项目招标控制价综合单价为500元/m^2，投标报价为400元/m^2。合同约定实际工程量与招标工程量偏差超过±15%时，综合单价以招标控制价为基础调整。若承包人报价浮动率为10%，则该分项工程费结算价为（　　）万元。

A. 120.00　　　　B. 114.75

C. 168.00　　　　D. 207.00

17. **【多选】**施工合同履行期间，关于计日工费用的处理，下列说法中正确的有（　　）。

A. 已标价工程量清单中无某项计日工单价时，应按工程变更有关规定商定计日工单价

B. 发包人通知承包人以计日工方式实施的零星工作，承包人应予执行

C. 现场签证的计日工数量与招标工程量清单中所列不同时，应按招标工程量清单中的数量结算

D. 施工各期间发生的计日工费用应列在进度款支付中

E. 计日工表的费用项目包括人工费、材料费、施工机具使用费、企业管理费、利润和规费

考点 3　物价变化类合同价款调整事项【重要】

1. 【单选】某工程施工合同约定采用价格指数法调整合同价款，各项费用权重及价格如下表所示，已知该工程 9 月份完成的工程合同价款为 3000 万元，则 9 月份合同价款调整金额为（　　）万元。

权重系数	人工	钢材	定值
	0.25	0.15	0.60
基准日价格	100 元/工日	4000 元/t	—
9 月份价格	110 元/工日	4200 元/t	—

A. 22.50　　B. 61.46
C. 75.00　　D. 97.50

2. 【多选】关于施工期间合同暂估价的调整，下列做法中正确的有（　　）。
A. 不属于依法必须招标的材料，应直接按承包人自主采购的价格调整暂估价
B. 属于依法必须招标的工程设备，以中标价取代暂估价
C. 属于依法必须招标的专业工程，承包人不参加投标的，应由承包人作为招标人，组织招标的费用一般由发包人另行支付
D. 属于依法必须招标的专业工程，承包人参加投标的，应由发包人作为招标人，同等条件下优先选择承包人中标
E. 不属于依法必须招标的专业工程，应按工程变更事件的合同价款调整方法确定专业工程价款

3. 【单选】由于发包人原因导致工期延误的，对于计划进度日期后续施工的工程，在使用价格调整公式时，现行价格指数应采用（　　）。
A. 计划进度日期的价格指数
B. 实际进度日期的价格指数
C. 计划进度日期价格指数和实际进度日期价格指数中较低者
D. 计划进度日期价格指数和实际进度日期价格指数中较高者

4. 【单选】由于承包人的原因使工程未在约定的时间内竣工的，对原约定竣工日期后继续施工的工程进行价格调整时，涉及原约定竣工日期价格指数与实际竣工日期价格指数，则调整价格差额计算应采用（　　）。
A. 原约定日期的价格指数
B. 实际竣工日期的价格指数
C. 原约定日期的价格指数与实际竣工日期的价格指数的平均值
D. 原约定日期的价格指数与实际竣工日期的价格指数中较低的一个

5. 【多选】采用造价信息调整价格差额，以下表述中正确的有（　　）。
A. 如果承包人投标报价中材料单价低于基准单价，材料单价涨幅以基准单价为基础计算
B. 人工单价发生变化，发承包双方应按照实际的市场人工单价调整合同价款
C. 如果承包人投标报价中材料单价高于基准单价，材料单价跌幅以基准单价为基础计算
D. 造价信息调整价格差额的方法适用于公路、水坝等工程
E. 施工机械台班单价变化超过建设主管部门规定的范围时，按照其规定调整合同价款

6. 【单选】由于发包人的原因使工程未在约定的时间内竣工的，对原约定竣工日期后继续施工的工程进行价格调整时，涉及原约定竣工日期价格指数与实际竣工日期价格指数，则调整

价格差额计算应采用（　　）。

A. 原约定日期的价格指数

B. 实际竣工日期的价格指数

C. 原约定日期的价格指数与实际竣工日期的价格指数的平均值

D. 原约定日期的价格指数与实际竣工日期的价格指数中较高的一个

7. **【单选】**因物价波动引起的价格调整，可采用价格指数法，在确定可调因子的现行价格指数时，所选择的基准日期是指（　　）。

A. 竣工决算前 42 天　　B. 竣工结算前 42 天

C. 竣工验收前 42 天　　D. 付款证书相关周期最后一天的前 42 天

8. **【单选】**施工合同中约定，承包人承担的钢筋价格风险幅度为±5%，超出部分依据《建设工程工程量清单计价规范》（GB 50500—2013）规定的造价信息法调差。已知承包人投标价格、基准期发布价格分别为 2400 元/t、2200 元/t，2019 年 7 月造价信息发布价为 2600 元/t。则 7 月钢筋的实际结算价格应为（　　）元/t。

A. 2280　　B. 2690

C. 2480　　D. 2380

9. **【单选】**某工程合同价为 100 万元，合同约定采用调值公式进行动态结算，其中固定要素比重为 0.2，调价要素分为 A、B、C 三类，分别占调值部分的 0.25、0.45、0.3，结算时价格指数分别增长了 20%、15%、25%，则该工程实际结算金额为（　　）万元。

A. 120.00　　B. 119.25

C. 139.25　　D. 115.40

10. **【单选】**某项目合同约定采用调值公式法进行结算，合同价为 50 万元，并约定合同价的 70%为可调部分。可调部分中，人工占 45%，材料占 45%，其余占 10%。结算时，仅人工费价格指数增长了 10%，而其他未发生变化，则该工程项目应结算的工程价款为（　　）万元。

A. 51.01　　B. 51.58　　C. 52.25　　D. 52.75

11. **【多选】**下列关于采用造价信息调整价格差额的表述，正确的有（　　）。

A. 采用造价信息调整价格差额的方法主要适用于使用的材料品种少、用量大的公路、水坝工程

B. 人工价格发生变化，发承包双方按造价管理部门发布的人工成本文件调整合同价款

C. 报价中材料单价低于基准单价，材料单价上涨以基准单价为基础，超过合同约定风险值以上部分据实调整

D. 承包人未经发包人核对自行采购材料，再报发包人调整合同价款的，发包人不同意不予调整

E. 承包人应在采购材料前将采购数量和新的材料单价报发包人核对，发包人收到承包人报送的确认资料后 5 个工作日内不答复，视为认可

12. **【多选】**关于施工合同履行过程中暂估价的确定，下列说法中正确的有（　　）。

A. 不属于依法必须招标的材料，以承包人自行采购的价格取代暂估价

B. 属于依法必须招标的暂估价设备，由发承包双方以招标方式选择供应商，以中标价取代暂估价

C. 不属于依法必须招标的暂估价专业工程，不应按工程变更确定价款，而应另行签订补充协议确定工程价款

D. 属于依法必须招标的暂估价专业工程，承包人不得参加投标

E. 不属于依法必须招标的专业工程，应按工程变更事件的合同价款调整方法确定专业工程价款

13. **【单选】**对于依法必须招标的项目，给定暂估价的专业工程应由发承包双方依法组织招标选择专业分包人，若承包人不参加投标，应由承包人作为招标人，与组织招标工作有关的费用应当（　　）。

A. 由中标的专业承包人支付

B. 由发包人支付

C. 由发包人与中标的专业承包人按约定比例分摊

D. 被认为已经包括在承包人的签约合同价中

14. **【多选】**关于依法必须招标的给定暂估价的专业工程招标，下列说法中，错误的有（　　）。

A. 承包人不参加投标的，应由承包人作为招标人

B. 承包人组织招标工作的有关费用应另行计算

C. 承包人参加投标的，应由发包人负责招标

D. 发包人组织招标工作的有关费用应从签约合同价中扣回

E. 承包人参加投标的，同等条件下应优先中标

考点 4　工程索赔类合同价款调整事项【必会】

1. **【单选】**某工程合同价格为 5000 万元，计划工期是 200 天，施工期间因非承包人原因导致工期延误 10 天，若同期该公司承揽的所有工程合同总价为 2.5 亿元，计划总部管理费为 1250 万元，则承包人可以索赔的总部管理费为（　　）万元。

A. 7.5　　B. 10.0

C. 12.5　　D. 15.0

2. **【单选】**工程在施工合同履行期间发生共同延误，正确的处理方式是（　　）。

A. 按照延误时间的长短，由责任方共同分担延误带来的损失

B. 发包人是初始延误者，承包人可得到工期和费用补偿，但得不到利润补偿

C. 承包人是初始延误者，承包人只能得到工期补偿，但得不到费用补偿

D. 客观原因造成的初始延误，承包人可得到工期补偿，但很难得到费用补偿

3. **【多选】**根据《标准施工招标文件》的规定，承包人只能获得“工期＋费用”补偿的事件有（　　）。

A. 基准日后法律的变化

B. 施工中发现文物、古迹

C. 发包人提供的材料、工程设备不合格

D. 施工中遇到不利物质条件

E. 迟延提供施工场地

4. **【多选】**下列事件的发生，已经或将造成工期延误，则按照《标准施工招标文件》中相关合同条件，可以获得工期补偿的有（　　）。

A. 监理人发出错误指令

B. 监理人对已覆盖的隐蔽工程要求重新检查且检查结果不合格

C. 承包人的设备故障

D. 发包人提供的工程设备不合格

E. 异常恶劣的气候条件

5.【单选】某施工现场有塔吊 1 台，由施工企业租得，台班单价 5000 元/台班，租赁费为 2000 元/台班，人工工资为 80 元/工日，窝工补贴 25 元/工日，以人工费和机械费合计为计算基础的综合费率为 30%。在施工过程中发生了如下事件：监理人对已经覆盖的隐藏工程要求重新检查且检查结果合格，配合用工 10 工日，塔吊 1 台班，为此，施工企业可向业主索赔的费用为（　　）元。

A. 2250　　B. 2925

C. 5800　　D. 7540

6.【单选】关于共同延误的处理原则，下列说法中正确的是（　　）。

A. 初始延误者负主要责任，并发延误者负次要责任

B. 初始延误者属发包人原因的，承包人可得工期补偿，但无经济补偿

C. 初始延误者属客观原因的，承包人可得工期补偿，但很难得到费用补偿

D. 初始延误者属发包人原因的，承包人可获得工期和费用补偿，但无利润补偿

7.【多选】下列索赔事件引起的费用索赔中，可以获得利润补偿的有（　　）。

A. 施工中发现文物　　B. 迟延提供施工场地

C. 承包人提前竣工　　D. 迟延提供图纸

E. 基准日后法律的变化

8.【单选】因不可抗力造成的损失，应由承包人承担的情形是（　　）。

A. 因工程损害导致第三方财产损失　　B. 运至施工场地用于施工的材料的损害

C. 承包人的停工损失　　D. 工程所需清理费用

9.【多选】根据《标准施工招标文件》中的合同条款，关于合理补偿承包人索赔的说法，正确的有（　　）。

A. 承包人遇到不利物质条件可进行利润索赔

B. 因不可抗力造成的工期延误只能进行工期索赔

C. 异常恶劣天气导致的停工通常可以进行工期索赔

D. 发包人原因引起的暂停施工只能进行费用索赔

E. 提前向承包商提供材料，承包商只能索赔费用

10.【单选】根据我国现行合同条件，关于索赔计算的说法中，正确的是（　　）。

A. 人工费索赔包括新增加工作内容的人工费，不包括停工损失费

B. 承包人提前竣工时，可以补偿承包人利润

C. 工程延期时，保函手续费不应增加

D. 发包人未按约定时间付款的，应按合同中的约定或中国人民银行发布的同期同类贷款利率支付迟延付款的利息

11.【单选】某施工合同在履行过程中，先后在不同时间发生了如下事件：因业主对隐蔽工程复检而导致某关键工作停工 2 天，隐蔽工程复检合格；因异常恶劣天气导致工程全面停工 3 天；因季节大雨导致工程全面停工 4 天。则承包人可索赔的工期为（　　）天。

A. 2　　B. 3　　C. 5　　D. 9

12.【单选】发包人应当依据相关工程的工期定额合理计算工期，当压缩的工期天数超过定额工期的（　　）时，应在招标文件中明示增加赶工费用。

A. 10%　　B. 15%　　C. 20%　　D. 25%

13.【单选】根据我国现行合同条件，关于工程索赔的说法中，正确的是（　　）。

A. 监理人未能及时发出指令不能视为发包人违约

B. 因政策法令的变化不能提出索赔

C. 机械停工按照机械台班单价计算索赔

D. 监理人指令承包商加速施工，有时也会产生索赔

14. 【多选】按索赔事件的性质分类，工程索赔的种类有（ ）。

A. 工程变更索赔　　B. 合同被迫终止索赔

C. 总承包人与分包人之间的索赔　　D. 工期索赔

E. 不可预见因素索赔

15. 【多选】下列各项事件中，属于人工费索赔内容的有（ ）。

A. 法定人工费增长

B. 由于完成合同之外的额外工作所花费的人工费

C. 因非承包商原因导致工效降低所增加的人工费

D. 超过法定工作时间加班劳动

E. 高温、高寒地区施工增加的人工费

16. 【单选】下列各项事件中，不属于材料费索赔的内容是（ ）。

A. 由于承包商管理不善，造成材料损坏失效

B. 由于索赔事件的发生造成材料实际用量超过计划用量而增加的材料费

C. 由于发包人原因导致工程延期期间的材料价格上涨

D. 由于发包人原因导致工程延期期间的超期储存费用

17. 【单选】一般来说，发承包双方应当在合同中约定提前竣工奖励的最高限额，通常是（ ）。

A. 合同价款的3%　　B. 合同价款的5%

C. 合同价款的2%　　D. 合同价款的10%

18. 【多选】根据我国现行合同条件，关于索赔的说法错误的有（ ）。

A. 在专用条款中约定的工程所在地地方性法规可以作为索赔的依据

B. 发包人要求承包人提前竣工时，可以补偿承包人利润

C. 发包人原因导致工程延期时，可以索赔保函手续费

D. 对于非强制性标准，不能作为索赔的依据

E. 国家制定的法律是最关键和最主要的依据

19. 【多选】承包人向发包人索赔成立的前提条件有（ ）。

A. 按合同规定程序和时间提交了索赔报告

B. 按合同规定程序和时间提交了索赔意向通知

C. 索赔事件已造成了承包人直接经济损失

D. 索赔原因按合同约定不属于承包人的行为责任

E. 索赔前需进行现场保护

20. 【单选】有关工期索赔时应注意的问题，下列表述中正确的是（ ）。

A. 可原谅的延期对非关键路线工作的影响时间较长，超过了该工作可用于自由支配的时间，应给予相应的工期顺延

B. 可原谅的延期通常都应给予相应的费用补偿

C. 因承包人原因造成的工作延误是处于施工进度计划关键线路上的施工内容，应给予相应的工期顺延

D. 非关键线路上工作内容的滞后，不会影响到竣工日期

21. 【单选】关于索赔费用的描述，下列说法中正确的是（　　）。
A. 计算停工损失中人工费时，通常采取人工单价乘以折算系数计算
B. 保函手续费通常是在加速施工情况下发生
C. 管理费主要指公司管理费
D. 因窝工引起的施工机械使用费索赔统一按照机械折旧费计算

22. 【单选】在工程索赔费用计算中，分包费用是指（　　）。
A. 分包人对发包人的索赔款项　　B. 总承包人对分包人的索赔款项
C. 分包人对总承包人的索赔款项　　D. 发包人对分包人的索赔款项

23. 【单选】工期索赔的计算方法不包括（　　）。
A. 直接法　　B. 比例计算法
C. 网络图分析法　　D. 总费用法

24. 【单选】某工程项目总价值 2000 万元，合同工期 18 个月，现承包人因建设条件发生变化需增加额外工程费用 200 万元，则承包方可提出工期索赔（　　）个月。
A. 1.8　　B. 0.9　　C. 1.2　　D. 3.6

25. 【单选】某施工现场自有施工机械一台，当发生索赔事件时，该机械台班单价、折旧费分别按 900 元/台班、400 元/台班计；人工工资、窝工补贴分别按 100 元/工日、50 元/工日计；以人工费与机械费之和为基数的综合费率为 30%。在施工过程中，发生如下事件：①出现异常恶劣天气导致工程停工 2 天，人员窝工 20 个工日；②因恶劣天气导致工程修复用工 10 个工日、主导机械 1 个台班；③场外大面积停电，停工 1 天，人工窝工 5 个工日。为此承包人可向发包人索赔的费用为（　　）元。
A. 1820　　B. 3120
C. 2820　　D. 3470

26. 【单选】某工程进度计划网络图上有两条独立的线路：A→B→C→E 和 A→C→D→E。后者为关键线路，工作 B 的总时差为 5 天，自由时差为 10 天，发承包双方已签订施工合同，合同履行过程中，因业主原因使工作 B 延误 4 天，因施工方案原因使工作 D 延误 8 天，则承包方就上述事件可向业主提出的工期索赔总天数为（　　）天。
A. 0　　B. 24
C. 14　　D. 4

27. 【单选】下列不能作为承包人向发包人提出工期索赔依据的是（　　）。
A. 影响工期的干扰事件　　B. 合同双方认可的详细进度计划
C. 施工日志、气象资料　　D. 一方签字确认的施工总进度规划

28. 【多选】索赔费用的计算方法主要有（　　）。
A. 实际费用法　　B. 总费用法
C. 修正的总费用法　　D. 利率法
E. 估算法

29. 【单选】对于利息的索赔，下列说法中错误的是（　　）。
A. 利息的索赔包括发包人拖延支付工程款利息
B. 利息的索赔包括发包人迟延退还工程质量保证金的利息
C. 利息的索赔包括发包人错误扣款的利息
D. 利息的索赔不包括承包人垫资施工的垫资利息

30. 【单选】在费用索赔计算中，适合采用合同百分比法、行业平均水平法、原始估价法或历

史数据法计算的费用是（　　）。

A. 现场管理费　　B. 总部管理费　　C. 利润　　D. 保函手续费

考点 5　其他类合同价款调整事项【了解】

1. 【单选】在现场签证的过程中，现场签证表中的对签证金额的复核由（　　）完成。

A. 监理工程师　　B. 造价工程师

C. 承包人代表　　D. 发包人代表

2. 【多选】关于施工过程中的现场签证，下列说法中错误的有（　　）。

A. 发包人应按照现场签证内容计算价款，在竣工结算时一并支付

B. 没有计日工单价的现场签证，按承包商提出的价格计算并支付

C. 因发包人口头指令实施的现场签证事项，其发生的费用应由发包人承担

D. 经发包人授权的工程造价咨询人，可与承包人作现场签证

E. 合同工程发生现场签证事项，未经发包人签证确认，承包人便擅自实施相关工作的，除非征得发包人书面同意，否则发生的费用由承包人承担

3. 【多选】下列关于现场签证的说法，正确的有（　　）。

A. 施工中遇到不利物质条件，承包商可提出现场签证

B. 施工中遇到法律法规变化，承包商可提出现场签证

C. 承包商被要求完成合同以外的零星项目，可提出现场签证

D. 施工中合同工程内容与发包人要求不一致时，承包商可提出现场签证

E. 承包人应按照现场签证内容计算价款，报送发包人确认后，作为增加合同价款，竣工结算时支付

第二节　工程合同价款支付与结算

知识脉络

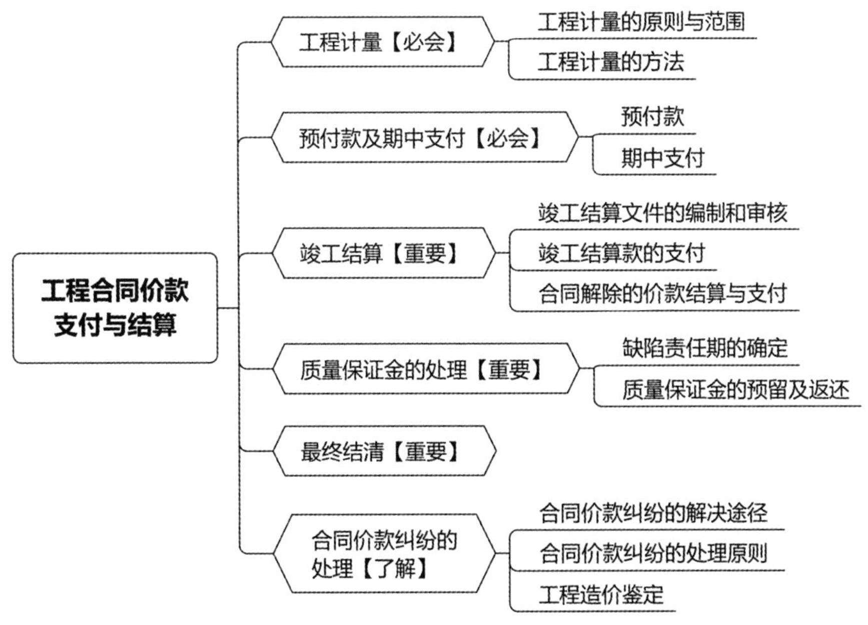

考点 1 工程计量【必会】

1. 【单选】施工合同履行期间，下列不属于工程计量范围的是（　　）。

A. 工程变更修订的工程量清单内容

B. 合同文件中规定的各种费用支付项目

C. 暂列金额中的专业工程

D. 擅自超出施工图纸施工的工程

2. 【单选】关于工程计量的原则，下列说法正确的是（　　）。

A. 按照合同文件中规定的工程量予以计量

B. 不符合合同文件要求的工程不予计量

C. 单价合同工程量必须按现行定额规定的工程量计算规则计量

D. 总价合同项目的工程量是予以计量的最终工程量

3. 【单选】除按照工程变更规定引起的工程量增减外，采用经审定批准的施工图纸及其预算方式发包形成的总价合同，承包人用于结算的最终工程量应该是（　　）。

A. 按照现行国家计量规范规定的工程量计算规则计算得到的工程量

B. 承包人完成合同工程应予计量的工程量

C. 招标工程量清单中列示的工程量

D. 总价合同各项目的工程量

4. 【多选】关于工程计量的原则，下列说法正确的有（　　）。

A. 按照合同文件中规定的工程量予以确认

B. 不符合合同文件要求的工程不予计量

C. 单价合同工程量必须按现行定额规定的工程量计算规则计量

D. 总价合同项目的工程量是予以计量的最终工程量

E. 因承包人原因造成的超出合同工程范围施工或返工的工程量，发包人不予计量

5. 【多选】工程量必须按照相关工程现行国家计量规范规定的工程量计算规则计算，以下说法正确的有（　　）。

A. 不符合合同文件要求的工程不予计量

B. 单价合同、总价合同、成本加酬金合同适用一样的计量方法

C. 成本加酬金合同按照总价合同的计量规定进行计算

D. 单价合同若发现招标工程量清单中出现缺项、工程量偏差等，应按合同中估计的工程量计算

E. 因承包人原因造成的超出合同工程范围施工或返工的工程量，发包人不予计量

6. 【多选】下列文件和资料中，可作为建设工程工程量计量依据的有（　　）。

A. 工程变更令及其修订的工程量清单

B. 造价管理机构发布的价格信息

C. 质量合格证书

D. 各种预付款支付凭证

E. 合同图纸

考点 2 预付款及期中支付【必会】

1. 【单选】下列关于预付款担保的说法中，正确的是（　　）。

A. 预付款担保应在施工合同签订后，预付款支付前提供

B. 预付款担保必须采用银行保函的形式

C. 发包人应在预付款扣完后立即将预付款保函退还承包人

D. 在预付款全部扣回之前，预付款保函应始终保持有效，且担保金额始终保持不变

2. **【单选】**关于施工合同履行期间的期中支付，下列说法中正确的是（　　）。

A. 双方对工程计量结果的争议，不影响发包人对已完成工程的期中支付

B. 对已签发支付证书中的计算错误，发包人不得再予修正

C. 进度款支付申请中应包括累计已完成的合同价款

D. 本周期实际支付的合同额为本期完成的合同价款合计

3. **【单选】**某工程合同总价为5000万元，合同工期为180天，材料费占合同总价的60%，材料储备定额天数为25天，材料供应在途天数为5天，用公式计算法计算该工程的预付款为（　　）万元。

A. 417　　B. 500

C. 694　　D. 833

4. **【单选】**在用起扣点计算法扣回预付款时，起扣点计算公式为 $T=P-M/N$，则式中 N 是指（　　）。

A. 工程预付款总额　　B. 工程合同总额

C. 主要材料及构件所占比重　　D. 累计完成工程金额

5. **【单选】**已知计算工程预付款起扣点的公式为 $T=P-M/N$，其中 M 的含义是（　　）。

A. 工程预付款总额

B. 承包工程价款总额

C. 主要材料及构件所占比重

D. 开始扣回预付款时累计完成工作量

6. **【单选】**下列关于工程预付款起扣点的说法，正确的是（　　）。

A. 未施工工程尚需的主要材料及构件的价值相当于工程预付款数额

B. 已施工工程尚需的主要材料及构件的价值相当于工程预付款数额

C. 未施工工程尚需工程款相当于预付款数额

D. 已施工工程尚需工程款相当于预付款数额

7. **【多选】**关于预付款担保，下列说法中错误的有（　　）。

A. 预付款担保是承包人与发包人签订合同后领取预付款之前，由发包人提供的担保

B. 承包人还清全部预付款后，发包人应退还预付款担保

C. 预付款担保的主要作用在于保证承包人能够按合同规定进行施工，偿还发包人已支付的全部预付金额

D. 如果承包人中途毁约，中止工程，使发包人不能在规定期限内从应付工程款中扣除全部预付款，则发包人作为保函的受益人有权凭预付款担保向银行索赔该保函的担保金额作为补偿

E. 预付款担保的主要形式是保证担保

8. **【单选】**发包人应当开始支付不低于当年施工进度计划的安全文明施工费总额60%的期限是工程开工后的（　　）天内。

A. 7　　B. 14

C. 21　　D. 28

9. **【单选】**承包人可根据确定的工程计量结果向发包人提出支付工程进度款申请，进度款的支

付比例最高限额为期中结算价款总额的（　　）。

A. 70%　　B. 80%

C. 90%　　D. 100%

10. 【单选】根据《建设工程价款结算暂行办法》的规定，若工程合同金额为3500万元（含暂列金额500万元），则预付款金额最低为（　　）万元。

A. 150　　B. 300

C. 350　　D. 400

11. 【单选】关于施工合同工程预付款，下列说法中正确的是（　　）。

A. 承包人预付款的担保金额通常低于发包人的预付款

B. 采用起扣点计算法抵扣预付款对发包人比较不利

C. 预付款的担保金额不会随着预付款的扣回而减少

D. 预付款的担保一直有效

12. 【单选】下列关于安全文明施工费预付的说法，正确的是（　　）。

A. 发包人应在开工前的28天内预付安全文明施工费

B. 安全文明施工费的预付额度不低于安全文明施工费总额的60%

C. 其余部分的安全文明施工费按照同期安排的原则进行分解，与进度款一起支付

D. 发包人在付款期满后7天内仍未支付的，发生安全事故时应承担连带责任

13. 【单选】关于施工合同履行期间的期中支付，下列说法中错误的是（　　）。

A. 双方对工程计量结果有争议，发包人应对无争议部分的工程计量结果向承包人出具进度款支付证书

B. 对已签发支付证书中的计算错误，发包人有权予以修正，承包人无权提出修正

C. 进度款支付申请中应包括累计已完成的合同价款

D. 本周期实际支付的合同额不一定为本期完成的合同价款合计

14. 【多选】下列属于承包人提交的进度款支付申请内容的有（　　）。

A. 累计已完成的合同价款

B. 累计已实际支付的合同价款

C. 本周期应支付的安全文明施工费

D. 实际应支付的竣工结算款

E. 本周期应支付的预付款

考点3　竣工结算【重要】

1. 【单选】关于办理有质量争议工程的竣工结算，下列说法中错误的是（　　）。

A. 已实际投入使用工程的质量争议按工程保修合同执行，竣工结算按合同约定办理

B. 已竣工未投入使用工程的质量争议按工程保修合同执行，竣工结算按合同约定办理

C. 停工停建工程的质量争议可在执行工程质量监督机构处理决定后办理竣工结算

D. 已竣工未验收并且未实际投入使用，其无质量争议部分的工程，竣工结算按合同约定办理

2. 【多选】关于建设工程竣工结算的办理，下列说法中正确的有（　　）。

A. 竣工结算文件经发承包双方签字确认的，应当作为工程结算的依据

B. 竣工结算文件由发包人组织编制，承包人组织核对

C. 工程造价咨询机构审核结论与申报人竣工结算文件不一致时，以造价咨询机构审核意见为准

D. 合同双方对复核后的竣工结算有异议时，可以就无异议部分的工程办理不完全竣工结算

E. 承包人对工程造价咨询企业的审核意见有异议的，由发承包双方协商解决，协商不成的，按照合同约定的争议解决方式处理

3. 【单选】关于建设工程竣工结算的办理，下列说法中错误的是（　　）。

A. 合同双方对复核后的竣工结算有异议时，可以就无异议部分的工程办理不完全竣工结算

B. 竣工结算文件经发承包双方签字确认的，应当作为工程结算的依据

C. 承包人对工程造价咨询企业的审核意见有异议的，可以向工程造价管理机构申请调解

D. 工程造价咨询机构审核结论与申报人竣工结算文件不一致时，以造价咨询机构审核意见为准

4. 【多选】在采用工程量清单计价的方式下，工程竣工结算的编制内容中有关费用的计算应遵循的原则包括（　　）。

A. 措施项目中的总价项目，应依据合同约定的措施项目和金额计算，不得调整

B. 措施项目中的单价项目，应依据双方确认的工程量和已标价工程量清单中的综合单价计算

C. 规费中的工程排污费应按工程所在地环境保护部门规定标准缴纳后按实列入

D. 计日工的费用应按发包人实际签证确认的事项计算

E. 施工索赔费用应依据发承包双方确认的索赔事项和金额计算

5. 【多选】对于不可抗力引起的合同解除，承包人可以提出金额支付申请的有（　　）。

A. 发包人应向承包人收回的价款

B. 已实施或部分实施的措施项目应付价款

C. 承包人为合同工程合理订购且已交付的材料和工程设备货款

D. 承包人撤离现场的合理费用

E. 承包人为完成合同工程而预期开支的任何合理费用

6. 【单选】按照规定，发包人委托工程造价咨询机构核对竣工结算的，结论与承包人不一致时，应（　　）。

A. 以工程造价咨询机构的结论为准

B. 以承包人竣工结算文件为准

C. 提交给承包人复核

D. 按照合同约定的争议解决方式处理

7. 【单选】下列有关工程竣工结算的编制和审核的表述中，正确的是（　　）。

A. 单价措施项目应依据招标工程量清单的工程量与已标价工程量清单的综合单价计算

B. 计日工应按承包人提交的签证单的事项计算

C. 暂列金额应减去工程价款调整金额计算，如有余额归承包人

D. 发承包双方在合同工程实施过程中已经确认的工程计量结果和合同价款，在竣工结算办理中应直接进入结算

8. 【多选】下列关于竣工结算计价原则的表述，正确的有（　　）。

A. 措施项目发生调整的，应依据合同约定的项目，按双方确认调整的金额计算

B. 计日工按发包人实际签证确认的事项计算

C. 暂列金额应减去工程价款调整金额计算，如有余额归承包人

D. 施工索赔费用按承包人提交的索赔报告计算

E. 竣工结算的编制依据包括发承包双方实施过程中已确认的工程量及其结算的合同价款

9. **【多选】**工程竣工结算编制的主要依据包括（　　）。

A. 计价规范　　　　B. 工程合同

C. 投标文件　　　　D. 工程预付款

E. 建设工程设计文件

10. **【多选】**根据《建设工程工程量清单计价规范》（GB 50500—2013），关于工程竣工结算的计价原则，下列说法错误的有（　　）。

A. 计日工按发包人实际签证确认的事项计算

B. 总承包服务费依据合同约定金额计算，不得调整

C. 暂列金额应减去工程价款调整金额计算，余额归发包人

D. 规费和税金应按国家或省级、行业建设主管部门的规定计算

E. 总价措施项目应依据合同约定的项目和金额计算，不得调整

11. **【单选】**关于工程量清单计价方式下竣工结算的编制原则，下列说法正确的是（　　）。

A. 措施项目费按双方确认的工程量乘以已标价工程量清单的综合单价计算

B. 总承包服务费按已标价工程量清单的金额计算，不应调整

C. 暂列金额应减去工程价款调整的金额计算，余额归承包人

D. 工程实施过程中发承包双方已经确认的工程计量结果和合同价款，应直接进入结算

E. 现场签证费用应依据发承包双方签证资料确认的金额计算

12. **【单选】**关于工程量清单计价方式下竣工结算的编制原则，下列说法正确的是（　　）。

A. 分部分项工程和措施项目中的单价项目应依据双方确认的工程量和价进行计算

B. 措施项目中的总价项目应依据合同约定的项目和金额计算

C. 安全文明施工费根据合同中发承包双方的约定计算

D. 工程实施过程中发包人已经确认的工程计量结果和合同价款，应直接进入结算

13. **【单选】**关于建设工程竣工结算审核，下列说法中正确的是（　　）。

A. 国有企业投资的建设工程，不应委托工程造价咨询机构审核

B. 国有资金投资的建设工程，应当委托工程造价咨询机构审核

C. 承包人不同意造价咨询机构的结算审核结论时，造价咨询机构不得出具审核报告

D. 工程造价咨询机构的核对结论与承包人竣工结算文件不一致的，以造价咨询机构核对结论为准

14. **【多选】**工程造价咨询机构的审核通常包括（　　）。

A. 准备阶段　　　　B. 审核阶段

C. 审定阶段　　　　D. 核定阶段

E. 确认阶段

15. **【多选】**接受委托的工程造价咨询机构从事竣工结算审核工作通常包括准备阶段、审核阶段、审定阶段三个阶段。下列属于审核阶段工作内容的有（　　）。

A. 召开审核会议，澄清问题

B. 完成初步审核报告

C. 进行计量、计价审核与确定工作

D. 形成竣工结算审核成果文件

E. 对审核依据资料的缺陷向委托方提出书面意见及要求

16. **【单选】**在委托咨询合同没有约定的情况下，竣工结算审核应采用（　　）。

A. 全面审核法　　　　B. 重点审核法

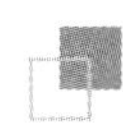

C. 抽样审核法　　　　D. 类比审核法

17. 【单选】下列各项中，属于竣工结算款支付申请的内容的是（　　）。

A. 本周期合计完成的合同价款

B. 应扣留的质量保证金

C. 本周期合计应扣减的金额

D. 本周期实际应支付的合同价款

18. 【单选】发包人未按照规定的程序支付竣工结算款的，承包人正确的做法是（　　）。

A. 将该工程自主拍卖

B. 将该工程折价出售

C. 将该工程抵押贷款

D. 催告发包人支付，并索要延迟付款利息

考点 4 质量保证金的处理【重要】

1. 【多选】关于质量保证金及缺陷责任期的说法，正确的有（　　）。

A. 质量保证金总预留比例不得高于签约合同价的5%

B. 自承包人提交竣（交）工验收报告之日起算

C. 缺陷责任期最长不超过3年

D. 由于发包人原因导致工程无法按规定期限进行竣工验收的，在承包人提交竣（交）工验收报告90天后，自动进入缺陷责任期

E. 采用工程质量保证担保的，发包人不得再预留质量保证金

2. 【单选】社会投资项目采用预留保证金方式的，通常质量保证金的管理方式为（　　）。

A. 预留在财政部门

B. 预留在发包方

C. 发承包双方可以约定将保证金交由金融机构托管

D. 移交给使用单位管理

3. 【单选】关于缺陷责任期及责任期内的工程维修及费用承担，下列说法中错误的是（　　）。

A. 不可抗力造成的缺陷，承包人负责维修，从质量保证金中扣除费用

B. 承包人造成的缺陷，承包人负责维修，并承担鉴定及维修费

C. 发承包双方对缺陷责任有争议的，按质量鉴定机构的鉴定结论，由责任方承担维修费和鉴定费

D. 承包人维修并承担相应费用后，不免除对工程的损失赔偿责任

4. 【多选】下列关于质量保证金返还的说法，正确的有（　　）。

A. 缺陷责任期内，承包人认真履行合同约定的责任，到期后，承包人向发包人申请返还质量保证金

B. 发包人应当在核实后28日内将质量保证金返还给承包人

C. 发包人应当在核实后14日内将质量保证金返还给承包人

D. 无异议，逾期支付质量保证金的，从逾期之日起，按照同期银行贷款利率计付利息，并承担违约责任

E. 发包人在接到承包人返还质量保证金申请后14日内不予答复，经催告后14日内仍不予答复，视同认可承包人的返还保证金申请

考点 5 最终结清【重要】

1.【单选】关于最终结清，下列说法中正确的是（　　）。

A. 最终结清是在工程保修期满后对剩余质量保证金的最终结清

B. 最终结清支付证书一经签发，承包人对合同内享有的索赔权立即自行终止

C. 质量保证金不足以抵减发包人工程缺陷修复费用的，应按合同约定的争议解决方式处理

D. 最终结清付款涉及政府投资资金的，应按国库集中支付相关规定和专用合同条款约定办理

2.【单选】发承包人进行最终结清活动的时间通常是（　　）。

A. 接收证书颁发后

B. 竣工验收合格后

C. 合同约定的缺陷责任期终止后

D. 试运行结束后

3.【单选】承包人依据合同享有的索赔权利的终止情形是（　　）。

A. 承包人未按时间规定提出索赔申请

B. 当期进度款支付后

C. 竣工结算款支付后

D. 接受最终支付证书时

4.【单选】发包人收到承包人提交的最终结清申请单，并在规定时间内予以核实后，向承包人签发（　　）。

A. 工程接收证书

B. 竣工结算支付证书

C. 缺陷责任期终止证书

D. 最终支付证书

考点 6 合同价款纠纷的处理【了解】

1.【单选】某工程施工合同对于工程款付款时间约定不明，工程尚未交付，工程价款也未结算，现承包人起诉，发包人工程欠款利息应从（　　）之日计付。

A. 工程计划交付

B. 提交竣工结算文件

C. 当事人起诉

D. 监理工程师暂定付款

2.【单选】关于垫资施工合同价款纠纷处理，下列说法正确的是（　　）。

A. 合同约定垫资利率高于中国人民银行发布的同期同类贷款利率的，按合同约定返还垫资利息

B. 当事人对垫资没有约定的，按照工程欠款处理

C. 当事人对垫资利息没有约定的，按中国人民银行发布的同期同类贷款利率计算利息

D. 垫资达到合同综合一定比例以上时为无效合同

3.【多选】关于合同价款纠纷的处理，下列说法中正确的有（　　）。

A. 借用有资质的建筑施工企业名义与他人签订建设工程施工合同的行为无效

B. 当事人对垫资利息有约定且约定的利息高于同期同类贷款利率的，应予支持

C. 当事人对建筑工程的计价标准或计价方法有约定的，按约定结算工程价款

D. 对于阴阳合同，其价款结算应以备案的中标合同作为依据

E. 建设工程未交付，工程价款也未结算的，则工程欠款的计息日为当事人的起诉之日

4.【单选】根据最高人民法院《关于审理建设工程施工合同纠纷案件适用法律问题的解释》的规定，下列不予支持的诉讼请求是（　　）。

A. 垫资工程款利息没有约定的情况下，承包人请求支付利息

B. 施工合同无效，但工程竣工验收合格，承包人请求参照合同约定支付工程价款

C. 施工合同无效，已完工程质量合格，承包人请求参照合同约定支付工程价款

D. 施工合同无效，已完工程质量不合格，但修复后工程验收合格，发包人请求承包人承担修复费用

5.【多选】根据最高人民法院《关于审理建设工程施工合同纠纷案件适用法律问题的解释》的规定，施工合同无效的情况包括（　　）。

A. 发包人要求承包人垫资施工

B. 承包人非法转包

C. 承包人违法分包

D. 没有资质的实际施工人借用有资质的建筑施工企业名义签订施工合同

E. 另行订立的施工合同与经过备案的中标合同实质性内容不一致

6.【多选】采用双方约定争议调解人方式解决合同价款纠纷，其程序正确的有（　　）。

A. 发承包双方可以在合同签订后共同约定争议调解人

B. 发生争议，由承包人将该争议以书面形式提交调解人，并将副本抄送发包人

C. 调解人收到调解委托后 28 天内提出调解书

D. 发承包双方接受调解书的，经双方签字后作为合同的补充文件

E. 若发承包任一方对调解书有异议，应在收到调解书 14 天内向另一方发出异议通知

7.【单选】在鉴定过程中，对鉴定项目或鉴定项目中部分内容，当事人相互协商一致达成的书面妥协性意见应纳入（　　）。

A. 确定性意见　　B. 部分确定性意见

C. 推断性意见　　D. 选择性意见

8.【多选】下列关于合同价款纠纷的处理原则，描述正确的有（　　）。

A. 建设工程施工合同无效，承包人对竣工验收合格的工程要求支付价款的，应予以支持

B. 对垫资施工合同，当事人对垫资利息没有约定，承包人请求支付利息的，不予支持

C. 施工合同解除后，已完成的建设工程质量不合格，但修复后经验收合格，承包人请求支付工程价款的，也不予支持

D. 招标人和中标人另行签订的建设工程施工合同约定的工程范围、建设工期、工程质量等实质性内容与中标合同不一致，一方当事人请求按照中标合同确定权利义务的，人民法院应予支持

E. 当事人对欠付工程价款利息按照中国人民银行发布的同期同类贷款利率计算

9.【多选】根据最高人民法院《关于审理建设工程施工合同纠纷案件适用法律问题的解释》的规定，下列关于施工合同价款纠纷的处理，说法正确的有（　　）。

A. 施工合同无效，人民法院可以根据相关法律的规定，收缴当事人已经取得的非法所得

B. 具有劳务作业法定资质的承包人与总承包人、分包人签订的劳务分包合同，当事人以转包建设工程违反法律规定为由请求确认无效的，不予支持

C. 建设工程未经竣工验收，发包人擅自使用后，以使用部分质量不符合约定为由主张权利的，予以支持

D. 因建设工程质量发生争议的，发包人可以以总承包人、分包人和实际施工人为共同被告

提起诉讼

E. 承包人超越资质等级许可的业务范围签订建设工程施工合同，在建设工程竣工前取得相应资质等级，当事人请求按照无效合同处理的，予以支持

10. **【多选】**调解是解决工程合同价款纠纷的一种途径，下列关于调解的说法中，错误的有（　　）。

A. 承包人对调解书有异议时，可以停止施工

B. 发承包双方签字认可的调解书不能作为合同的补充文件

C. 发承包双方可在合同履行期间协议调换或终止合同约定的调解人

D. 调解人的任期在竣工结算经发承包双方确认时终止

E. 调解人已就争议事项向发承包双方提交了调解书，而任一方在收到调解书后 28 天内，均未发出表示异议的通知，则调解书对发承包双方均具有约束力

11. **【单选】**关于工程造价咨询人从事工程造价鉴定工作，下列说法中不正确的是（　　）。

A. 应自行收集鉴定项目同时期、同类型工程的技术经济指标

B. 应指派专业对口、经验丰富的注册造价师承担鉴定工作

C. 鉴定事项涉及复杂、疑难、特殊的技术问题需要较长时间的，经与委托人协商，完成鉴定的时间可以延长，每次延长时间一般不得超过 60 个工作日

D. 对当事人在鉴定过程中达成一致的书面妥协性意见而形成的鉴定结果也可以纳入造价鉴定结论意见或“可确定的部分造价结论意见”

12. **【多选】**根据《建设工程造价鉴定规范》(GB/T 51262—2017)，下列说法正确的有（　　）。

A. 鉴定人必须具有相应专业的注册造价工程师执业资格

B. 对争议标的较大或涉及工程专业较多的鉴定项目，应成立由 2 名及以上鉴定人组成的鉴定项目组

C. 鉴定期限的起算从鉴定人接收委托人按照规定移交证据材料之日次日起算

D. 委托人委托鉴定机构从事工程造价鉴定业务，不受地域范围限制

E. 根据工作需要，可安排非注册造价工程师的专业人员作为辅助人员，参与鉴定的辅助性工作

13. **【单选】**某纠纷项目工程造价金额为 3800 万元，鉴定机构应在确定委托鉴定之日起（　　）个工作日内完成鉴定工作。

A. 40　　B. 60　　C. 80　　D. 100

14. **【单选】**在工程造价鉴定过程中，针对当事人计价争议的鉴定，下列表述中正确的是（　　）。

A. 对人工费调整文件争议，如合同中约定不执行的，鉴定人应提请委托人决定并按其决定进行鉴定

B. 当事人因物价波动要求调整合同价款发生争议的，应按现行国家标准计价规范的相关规定进行鉴定

C. 当事人因材料价格发生争议的，鉴定人应按发包人签批的材料价格鉴定

D. 当事人对鉴定项目开工时间有争议的，应采用发包人批准的开工报告或发出的开工通知的时间为开工时间

15. **【单选】**在工程造价鉴定过程中，应由委托人移交的证据材料是（　　）。

A. 适用于鉴定项目的法律、法规、规章和规范性文件

B. 与鉴定项目同时期、同地区、相同或类似工程的技术经济指标以及各类生产要素价格

C. 与鉴定项目相关的标准规范

D. 证据及《送鉴证据材料目录》

16. **【多选】**关于工程签证争议的鉴定，下列做法错误的有（　　）。

A. 签证明确了人工、材料、机具台班数及价格的，按签证的数量和价格计算

B. 签证只有用工数量没有单价的，其人工单价比照鉴定项目人工单价下浮计算

C. 签证只有材料用量没有价格的，其材料价格按照鉴定项目相应材料价格计算

D. 签证只有总价款而无明细表述的，按总价款计算

E. 签证中零星工程数量与实际完成的数量不一致时，按签证的数量计算

第三节　工程总承包和国际工程合同价款结算

知识脉络

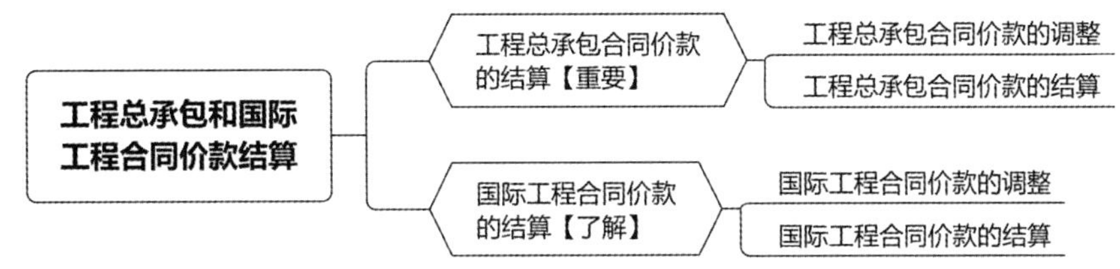

考点 1　工程总承包合同价款的结算【重要】

1. **【多选】**根据《标准设计施工总承包招标文件》（2012 年版）的规定，关于工程总承包合同价款的结算，下列说法正确的有（　　）。

A. 合同价格包括签约合同价以及按照合同约定进行的调整

B. 价格清单列出的任何数量仅为估算的工作量

C. 价格清单列出的工程量应视为承包人实施的实际工作量

D. 合同约定工程的某部分按照实际完成的工程量进行支付的，应按照专用合同条款的约定进行计量和估价，并据此调整合同价格

E. 除专用合同条款另有约定外，承包人应在收到预付款的同时向发包人提交预付款保函，预付款保函的担保金额应与预付款金额相同

2. **【单选】**根据《标准设计施工总承包招标文件》（2012 年版）的规定，下列关于变更的说法，正确的有（　　）。

A. 根据变更产生的原因不同，变更的提出包括“发包人要求”改变的变更、监理人文件内容构成的变更和承包人合理化建议构成的变更

B. 承包人提出的合理化建议降低了合同价格、缩短了工期或者提高了工程经济效益的，发包人可在通用合同条款中约定给予奖励

C. 变更指示可由监理人或发包人发出

D. 监理人应与合同当事人商定或确定变更价格，变更价格应包括合理的利润，无需考虑承包人提出的合理化建议

3. **【单选】**根据《标准设计施工总承包招标文件》（2012 年版）的规定，暂估价（B）条款，适合于签约合同价包括暂估价的，支付方式为（　　）。

A. 按合同约定进行支付，不予调整价差

B. 由发包人和承包人以招标的方式选择供应商或分包人，中标金额与价格清单中所列的暂估价的金额差列入合同价格

C. 由监理人进行估价，经估价的价格与所列的暂估价的金额差以及相应的税金等其他费用列入合同价格

D. 按合同约定进行支付，经监理人确认后的价格差额列入合同价

4. **【单选】**根据《标准设计施工总承包招标文件》（2012 年版）的规定，暂估价（A）条款，发包人在价格单中给定暂估价的专业服务、材料、工程设备和专业工程属于依法必须招标的范围并达到规定的规模标准的，由（　　）以招标的方式选择供应商或分包人。

A. 承包人　　B. 发包人

C. 发包人和承包人　　D. 监理人

5. **【单选】**根据《标准设计施工总承包招标文件》（2012 年版）的规定，工程总承包合同中关于工程进度款的审查和支付的规定，发包人最迟应在监理人收到进度付款申请单后的（　　）天内，将进度款支付给承包人。

A. 14　　B. 28

C. 30　　D. 42

6. **【单选】**根据《标准设计施工总承包招标文件》（2012 年版）的规定，除专用合同条款另有约定外，工程进度款应（　　）。

A. 按进度款支付分解表支付　　B. 按月支付

C. 按形象进度支付　　D. 按里程碑支付

考点 2　国际工程合同价款的结算【了解】

1. **【多选】**根据 2017 版 FIDIC《施工合同条件》，关于工程变更的说法中正确的有（　　）。

A. 不论何种变更，均须由工程师发出变更指令

B. 在明确构成工程变更的情况下，承包商享有工期顺延和调价权利，无需再发出索赔通知

C. 承包商建议的变更是指承包商基于价值工程主动提出建议而形成的变更

D. 对于变更工程重新确定费率或价格，在没有可供参考依据且缺乏合同约定的条件下，利润率按 5%计取

E. 承包商基于价值工程主动提出建议引起的变更经批准后，变更永久工程的设计增加的设计费由发包人承担

2. **【单选】**根据 2017 版 FIDIC《施工合同条件》，工程变更的范围不包括（　　）。

A. 任何工作的删减，但未经双方同意由他人实施的除外

B. 任何部分标高、尺寸、位置变化

C. 因施工需要，施工机械日常检修时间变更

D. 工程质量改变

3. **【多选】**根据 2017 版 FIDIC《施工合同条件》，关于工程变更的说法正确的有（　　）。

A. 在明确构成工程变更的情况下，承包商当然享有工期顺延和调价的权利，无须再依据索赔程序发出索赔通知

B. 承包商基于价值工程主动提出的变更建议，承包商编制此类建议书的费用由业主承担

C. 工程变更包括工程师指示的变更和承包商建议的变更，不论何种变更，都必须由业主发出变更指令

D. 工程师发出变更指令，承包商应当在收到工程师指令的 14 天（或者承包商提请工程师同意的其他期限）内，针对变更工作的实施提交详细资料

E. 工程师征求承包商的建议的变更，如果工程师未批准承包商的建议书，不论其是否提出意见，承包商因提交建议书所产生的费用，有权依据索赔程序要求业主支付

4. **【单选】**根据国际工程合同价款结算的规定，业主扣留的承包商保留金的第二次返还时间是（　　）。

A. 颁发履约证书后

B. 颁发工程接收证书后

C. 提交履约保函后

D. 缺陷通知期满后

5. **【单选】**FIDIC《施工合同条件》规定，如果承包商不能按时收到业主的付款，承包商有权就未付款额收取延误支付期间的融资费。融资费计息方式是（　　）。

A. 按星期计算单利

B. 按星期计算复利

C. 按月计算单利

D. 按月计算复利

6. **【单选】**在 FIDIC 合同条件中，工程师确认用于永久工程的材料和设备符合预支条件，在确定其实际费用后，其中支付证书中应增加该费用的（　　）作为工程材料和预备预支款。

A. 50%　　B. 60%

C. 70%　　D. 80%

7. **【单选】**国际工程合同价款结算中，下列关于预付款的说法中，正确的是（　　）。

A. 工程师应当在收到承包商提交的符合要求的履约保函、预付款保函以及承包商的预付款支付申请后的 10 天内，签发预付款支付证书

B. 预付款应在支付证书中按比例扣减的方式偿还

C. 当期中支付证书中累计总额超过中标合同价（含暂定金额）的 10%时，开始扣减

D. 扣还的货币及比例与支付预付款时不同

8. **【多选】**根据 2017 版 FIDIC《施工合同条件》，关于物价波动引起的价格调整，下列说法正确的有（　　）。

A. 在通用条款中规定了调价公式

B. 调价公式不适用于基于实际费用或现行价格计算价值的工程

C. 调价公式中所列各项费用要素的权重一经约定，合同实施过程中不得调整

D. 调价公式中的固定系数，在合同实施过程中可视情况调整

E. 对于合同中没有约定可以调整的部分，其费用的任何涨落均不给予补偿，并被视为已经包含在中标合同金额内

9. **【多选】**在国际工程承包中，根据 2017 版 FIDIC《施工合同条件》，因工程量变更可以调整合同规定费率或价格的条件包括（　　）。

A. 实际工程量比工程量表中规定的工程量变动大于 10%

B. 该工程量的变更与相对应费率的乘积超过了中标金额的 0.01%

C. 由于工程量的变动直接造成单位工程量费用的变动超过 1%

D. 原工程量全部删减，其替代工程的费用对合同总价无影响

E. 该部分工程量是合同中规定的“固定费率项目”

学习笔记

第六章

建设项目竣工决算和新增资产价值的确定

（建议学习时间：**1**周）

学习计划（第7周）：

Day 1

Day 2

Day 3

Day 4

Day 5

Day 6

Day 7

扫码即听
本章导学

第六章　建设项目竣工决算和新增资产价值的确定

第一节　竣工决算

知识脉络

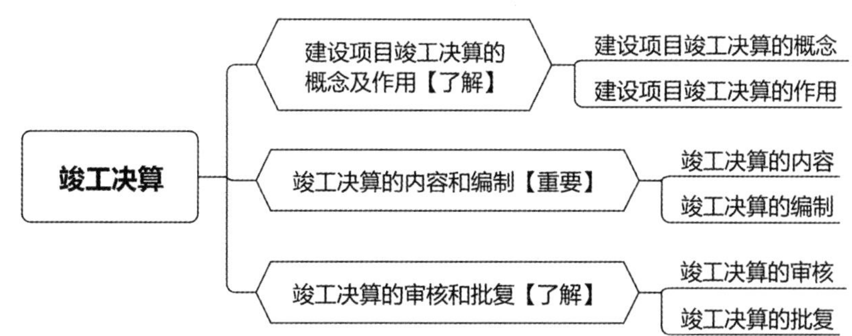

考点 1　建设项目竣工决算的概念及作用【了解】

1. **【多选】** 关于竣工决算，下列说法正确的有（　　）。

A. 建设项目竣工决算应包括从筹集到竣工投产全过程的全部实际费用

B. 竣工财务决算说明书和竣工财务决算报表又称建设项目竣工财务决算

C. 竣工决算是反映建设项目实际造价和投资效果的文件

D. 建设工程竣工决算是办理交付使用资产的依据

E. 竣工决算不体现无形资产和其他资产的价值

考点 2　竣工决算的内容和编制【重要】

1. **【单选】** 建设项目竣工财务决算应编制基本建设项目概况表，下列选项中，应计入基本建设项目概括表“非经营项目转出投资支出”的是（　　）。

A. 水土保持、城市绿化费用　　B. 产权不归属本单位的专用道路建设费

C. 报废工程建设费　　D. 产权归本单位的地下管道建设费

2. **【单选】** 完整的竣工决算包含的内容为（　　）。

A. 竣工财务决算说明书、竣工财务决算报表、工程竣工图、工程竣工造价对比分析

B. 竣工财务决算报表、竣工决算、工程竣工图、工程竣工造价对比分析

C. 竣工财务决算说明书、竣工决算、竣工验收报告、工程竣工造价对比分析

D. 竣工财务决算报表、工程竣工图、工程竣工造价对比分析

3. **【单选】** 竣工决算文件中，真实记录各种地上、地下建筑物、构筑物，特别是基础、地下管线以及设备安装等隐蔽部分的技术文件是（　　）。

A. 总平面图　　B. 竣工图

C. 施工图　　D. 交付使用资产明细表

4. **【多选】** 竣工财务决算说明书主要反映竣工工程建设成果和经验，是对竣工财务决算报表进

行分析和补充说明的文件，其内容主要包括（　　）。

A. 项目概预算执行情况及分析　　B. 尾工工程情况

C. 项目结余资金分配情况　　D. 预备费动用情况

E. 工程竣工造价对比分析

5. **【单选】**用来反映大中型建设项目全部资金来源和资金占用情况的竣工决算报表是（　　）。

A. 建设项目竣工财务决算审批表　　B. 基本建设项目概况表

C. 基本建设项目竣工财务决算表　　D. 基本建设项目交付使用资产总表

6. **【单选】**在基本建设项目竣工财务决算表中，属于资金占用项目的是（　　）。

A. 在建工程　　B. 待冲基建支出

C. 项目资本公积　　D. 企业债券资金

7. **【单选】**建设项目竣工财务决算应编制基本建设项目概况表，下列选项中，应计入基本建设项目概况表“待核销基建支出”的是（　　）。

A. 设备工器具投资支出

B. 产权不归属本单位的专用通信设施建设费

C. 非经营性项目发生的产权不归属于本单位的水土保持、城市绿化费

D. 产权归本单位的送变电站建设费

8. **【单选】**由设计原因造成项目竣工时有重大改变的，由设计单位负责重新绘制，由（　　）加盖“竣工图”标志后，并附以有关记录和说明，即作为竣工图。

A. 承包人　　B. 监理工程师

C. 设计单位　　D. 发包人

9. **【多选】**编制建设项目竣工决算必须满足的条件包括（　　）。

A. 经批准的初步设计所确定的工程内容已完成

B. 单位工程或建设项目竣工结算已完成

C. 收尾工程投资和预留费用不超过规定的比例

D. 施工单位提交了质量保修书

E. 涉及工程质量纠纷的事项已处理完毕

10. **【多选】**根据《基本建设财务规则》（财政部第 81 号令）的规定，构成建设项目建设成本的有（　　）。

A. 待核销基建支出　　B. 建筑安装工程投资支出

C. 设备工器具投资支出　　D. 待摊投资支出

E. 转出投资支出

考点 3　竣工决算的审核和批复【了解】

1. **【单选】**下列关于工程项目竣工决算的说法中，正确的是（　　）。

A. 竣工决算应包括从筹建到竣工验收全过程的实际支出费用

B. 主管部门本级投资额在 2000 万元（不含 2000 万元，按完成投资口径）以上的项目决算由财政部批复

C. 由主管部门批复的项目决算，报财政部备案（批复文件抄送财政部），并按要求向财政部报送半年度和年度汇总报表

D. 批复项目结余资金和审减投资中应上缴中央总金库的资金，在决算批复后 60 日内，由主管部门负责上缴

2. 【单选】关于项目竣工决算的编制、审核与批复，下列说法正确的是（　　）。

A. 基本建设项目完工可投入使用或者试运行合格后，应当在 6 个月内编报竣工财务决算

B. 项目竣工财务决算未经审核前，项目建设单位一般不得撤销，项目负责人及财务主管人员可以调离

C. 决算批复文件涉及需交回财政资金的，应当抄送财政部驻当地财政监察专员办事处

D. 审核项目或单项工程是否已完工，尾工工程超过 10%的项目或单项工程，予以退回

第二节　新增资产价值的确定

知识脉络

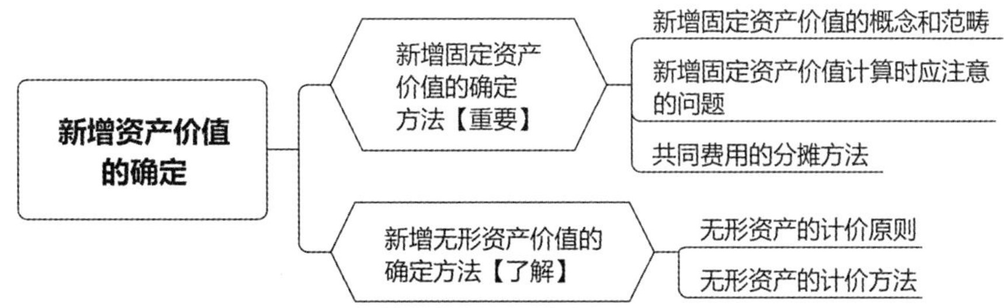

考点 1　新增固定资产价值的确定方法【重要】

1. 【多选】下列各项在新增固定资产价值计算时应计入新增固定资产价值的有（　　）。

A. 在建的附属辅助工程

B. 单项工程中不构成生产系统，但能独立发挥效益的非生产性项目

C. 某项设计的专利权

D. 凡购置达到固定资产标准不需要安装的工具、器具费用

E. 属于新增固定资产价值的其他投资

2. 【多选】关于固定资产价值的确定，下列表述中正确的有（　　）。

A. 新增固定资产价值的计算是以单位工程为对象的

B. 计算新增固定资产价值，应在生产和使用的工程全部交付后进行

C. 建设单位管理费按建筑工程、安装工程、需安装设备价值总额等按比例分摊

D. 生产工艺流程系统设计费按建筑安装工程造价比例分摊

E. 运输设备及其他不需安装的设备不计入分摊的“待摊投资”

3. 【多选】计算新增固定资产价值时需要进行共同费用的分摊。一般情况下，应以建筑工程造价比例进行分摊的费用有（　　）。

A. 土地征用费　　B. 建设管理费

C. 地质勘察费　　D. 生产工艺流程系统设计费

E. 建筑工程设计费

4. 【多选】计算新增固定资产价值时需要进行共同费用的分摊。一般情况下，建设单位管理费的分摊基数应为（　　）之和。

A. 建筑工程费　　B. 安装工程费

C. 工程建设其他费　　D. 需安装设备价值

E. 不需安装设备价值

5. 【单选】下列各项中，应按照安装工程造价比例进行分摊的是（　　）。

A. 土地征用费　　B. 地质勘察费

C. 建设单位管理费　　D. 生产工艺流程系统设计费

6. 【单选】某建设项目由两个单项工程组成，其竣工结算的有关费用如下表所示。已知该项目建设单位管理费、土地征用费、建筑设计费、工艺设计费分别为 100 万元、120 万元、60 万元、40 万元。则单项工程 B 的新增固定资产价值是（　　）万元。

项目名称	建筑工程（万元）	安装工程（万元）	需安装设备（万元）
单项工程 A	3000	—	—
单项工程 B	1000	800	1200

A. 3132.5　　B. 3135

C. 3137.5　　D. 3165

考点 2　新增无形资产价值的确定方法【了解】

1. 【单选】下列选项中，能以实际支出计入无形资产价值的是（　　）。

A. 接受捐赠的无形资产　　B. 自创专利权

C. 自创非专利技术　　D. 自创商标

2. 【多选】下列关于新增无形资产价值确定的表述中，正确的有（　　）。

A. 自创专利权的价值主要包括其研制成本和交易成本

B. 专利权的转让价格按成本估价

C. 自创的非专利技术按自创过程中发生的费用估价计入无形资产账户

D. 自创的商标权一般不作为无形资产入账

E. 划拨土地使用权以其取得费用作价计入无形资产账户

3. 【单选】外购专有技术应由法定评估机构确认后再进行估价，其方法通常采用（　　）。

A. 成本法　　B. 重置成本法

C. 收益法　　D. 剩余价值法

4. 【多选】关于无形资产价值确定的说法中，正确的有（　　）。

A. 无形资产计价入账后，应在其有效使用期内分期摊销

B. 专利权转让价格必须按成本估价

C. 自创专利权的价值为开发过程中的实际支出

D. 自创的非专利技术一般作为无形资产入账

E. 通过行政划拨的土地，其土地使用权作为无形资产核算

学习笔记

真题选编

2套精选真题

（建议学习时间：1周）

学习计划（第8周）：

Day 1

Day 2

Day 3

Day 4

Day 5

Day 6

Day 7

《建设工程计价》真题选编（一）

（考试时间 150 分钟　满分 100 分）

一、单项选择题（共 60 题，每题 1 分。每题的备选项中，只有 1 个最符合题意）

1. 根据我国现行建设项目总投资构成规定，固定资产投资的计算公式为（　　）。

A. 工程费用＋工程建设其他费用＋建设期利息

B. 建设投资＋预备费＋建设期利息

C. 工程费用＋工程建设其他费用＋预备费

D. 工程费用＋工程建设其他费用＋预备费＋建设期利息

码上看解析

2. 某国内设备制造厂生产某台非标准设备的生产制造成本及包装费用为 20 万元，外购配套件费为 3 万元，利润率为 10%，增值税税率为 13%，则生产该台设备的利润为（　　）万元。

A. 2.00

B. 2.25

C. 2.30

D. 2.60

码上看解析

3. 某应纳消费税的进口设备到岸价为 1800 万元，关税税率为 20%，消费税税率为 10%，增值税税率为 16%，则该台设备进口环节增值税额为（　　）万元。

A. 316.80

B. 345.60

C. 380.16

D. 384.00

码上看解析

4. 下列费用中，属于安全文明施工费中临时设施费的是（　　）。

A. 现场配备的医疗保健器材费

B. 塔吊及外用电梯安全防护措施费

C. 临时文化福利用房费

D. 新建项目的场地准备费

码上看解析

5. 根据国外建筑安装工程费的构成规定，工程施工中的周转材料费应包含在（　　）中。

A. 材料费

B. 暂定金额

C. 开办费

D. 其他摊销费

码上看解析

6. 关于工程建设其他费中的市政公用配套设施费及其构成，下列说法正确的是（　　）。

A. 包含在用地与工程准备费中

B. 包括界区内水、电、路、电信等设施建设费

C. 包括界区外绿化、人防等配套设施建设费

D. 包括项目配套建设的产权不归本单位的专用铁路、公路建设费

码上看解析

7. 下列费用中，计入技术服务费中勘察设计费的是（　　）。

码上看解析

A. 设计评审费

B. 技术经济标准使用费

C. 技术革新研究试验费

D. 非标准设备设计文件编制费

8. 下列费用中，属于基本预备费支出范围的是（　　）。

码上看解析

A. 超规超限设备运输增加费

B. 人工、材料、施工机具的价差费

C. 建设期内利率调整增加费

D. 未明确项目的准备金

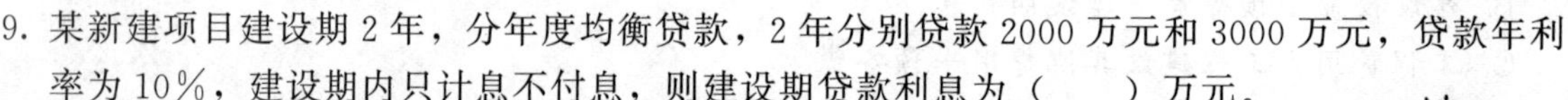

9. 某新建项目建设期2年，分年度均衡贷款，2年分别贷款2000万元和3000万元，贷款年利率为10%，建设期内只计息不付息，则建设期贷款利息为（　　）万元。

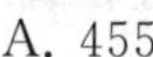
码上看解析

A. 455

B. 460

C. 720

D. 830

10. 关于工程量清单计价，下列计算式正确的是（　　）。

码上看解析

A. 分部分项工程费＝∑分部分项工程量×工料单价

B. 措施项目费＝∑措施项目工程量×措施项目工料单价

C. 其他项目费＝暂列金额＋暂估价＋计日工＋总承包服务费

D. 单项工程费＝分部分项工程费＋措施项目费＋其他项目费＋税金

11. 下列定额中，定额水平反映社会平均先进水平的是（　　）。

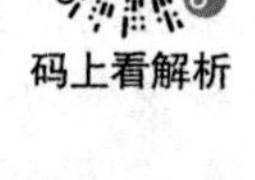
码上看解析

A. 施工定额

B. 预算定额

C. 概算定额

D. 概算指标

12. 关于分部分项工程项目清单中项目编码的编制，下列说法正确的是（　　）。

码上看解析

A. 第二级编码为分部工程顺序码

B. 第五级编码为分项工程项目名称顺序码

C. 同一标段内多个单位工程中项目特征完全相同的分项工程，可采用相同编码

D. 补充项目应采用6位编码

13. 下列费用中，应计入总价措施项目清单与计价表中的是（　　）。

码上看解析

A. 垂直运输费

B. 施工降排水

C. 地上、地下成品保护

D. 大型机械进出场

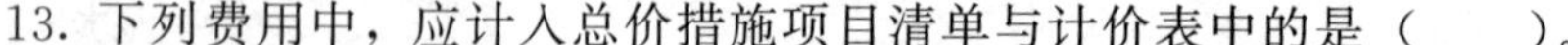

14. 编制工程量清单时，下列费用属于总承包服务费考虑范围的是（　　）。

码上看解析

A. 总包人对专业工程的投标费

B. 承包人自行采购工程设备的保护费

C. 总包人施工现场的管理费

D. 竣工决算文件的编制费

15. 对工人工作时间消耗的分类中，属于必需消耗时间而被计入时间定额的是（　　）。

码上看解析

A. 偶然工作时间

B. 工人休息时间

C. 施工本身造成的停工时间

D. 非施工本身造成的停工时间

16. 干混地面砂浆 DSM20 贴 600mm×600mm 石材楼面，灰缝宽 2mm，石材损耗率 2%，则每 $100m^2$ 石材楼面中石材的消耗量为（　　）块。

码上看解析

A. 281.46

B. 281.57

C. 283.33

D. 283.45

17. 某装载容量为 $15m^3$ 的运输机械，每运输 10km 的一次循环工作中，装车、运输、卸料、空转时间分别为 10min、15min、8min、12min，机械时间利用系数为 0.75，则该机械运输 10km 的台班产量定额为（　　）$10m^3$/台班。

码上看解析

A. 8

B. 10.91

C. 12

D. 16.36

18. 采用“一票制”“两票制”支付方式采购材料的，在进行增值税进项税抵扣时，正确的做法是（　　）。

码上看解析

A. “一票制”下，构成材料价格的所有费用均按货物销售适用的税率进行抵扣

B. “一票制”下，材料原价按货物销售适用税率进行抵扣，运杂费不再进行抵扣

C. “两票制”下，材料原价按货物销售适用税率、运杂费按交通运输适用税率进行抵扣

D. “两票制”下，材料原价按货物销售适用税率，运杂费、运输损耗和采购保管费按交通运输适用税率进行抵扣

19. 已知某施工机械采购原值 5 万元，寿命期内检修次数为 3 次，检修间隔台班 400 台班，机械的残值率为 5%，则该施工机械的台班折旧费为（　　）元/台班。

码上看解析

A. 29.69

B. 31.25

C. 39.58

D. 41.67

20. 关于概算定额，下列说法正确的是（　　）。

码上看解析

A. 不仅包括人工、材料和施工机具台班的数量标准，还包括费用标准

B. 是施工定额的综合与扩大

C. 反映的主要内容、项目划分和综合扩大程度与预算定额类似

D. 定额水平体现平均先进水平

21. 2020 年某水泥厂建设工程的建筑安装工程造价为 7.31 亿元。其中：矿山工程造价为 7800 万元，定额编制期同类项目的矿山工程造价为 6000 万元。该水泥厂建设工程造价综合指数为 1.20，则该矿山工程的造价指数是（　　）。

A. 1.30

B. 0.77

C. 0.92

D. 1.56

码上看解析

22. 关于工程造价指标，下列说法正确的是（　　）。

A. 按照工程构成不同，工程造价指标可划分为人工指标、材料指标、机械台班指标

B. 工程造价指标测算时，部分数据可通过理论推测获得

C. 造价指标可分行业、分专业进行测算，不受区域范围影响

D. 汇总计算法计算工程造价指标时，应采用加权平均方法

码上看解析

23. 确定建设项目建设规模需考虑的首要因素是（　　）。

A. 建设地点

B. 产品需求市场

C. 生产成本

D. 建造方案

码上看解析

24. 关于项目决策与工程造价的关系，下列说法正确的是（　　）。

A. 项目不同决策阶段的投资估算精度要求是一致的

B. 项目决策的内容与工程造价无关

C. 项目决策的正确性不影响设备选型

D. 工程造价的数额影响项目决策的结果

码上看解析

25. 关于投资估算中建设投资估算的构成，下列说法正确的是（　　）。

A. 由工程费用和建设期利息估算构成

B. 由工程费用、预备费和建设期利息估算构成

C. 由建筑安装工程费用、工程建设其他费用和预备费估算构成

D. 由工程费用、工程建设其他费用和预备费估算构成

码上看解析

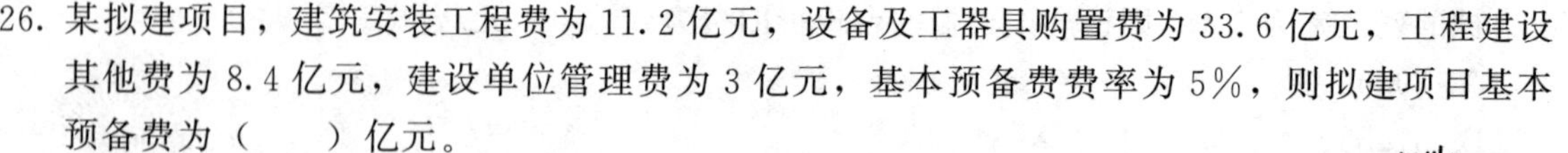
26. 某拟建项目，建筑安装工程费为 11.2 亿元，设备及工器具购置费为 33.6 亿元，工程建设其他费为 8.4 亿元，建设单位管理费为 3 亿元，基本预备费费率为 5%，则拟建项目基本预备费为（　　）亿元。

A. 0.56

B. 2.24

C. 2.66

D. 2.81

码上看解析

27. 对于单层大跨度工业厂房设计，较经济合理的结构类型是（　　）。

A. 木结构

B. 砌体结构

C. 钢结构

D. 钢筋混凝土结构

码上看解析

28. 关于单位工程概算的费用组成，下列表述中正确的是（　　）。

A. 由直接费、企业管理费、利润、规费组成

B. 由直接费、企业管理费、利润、规费、税金组成

C. 由直接费、企业管理费、利润、规费、税金、设备及工器具购置费组成

D. 由直接费、企业管理费、利润、规费、税金、设备及工器具购置费、工程建设其他费组成

码上看解析

29. 采用概算定额法编制设计概算的主要工作步骤有：①套用各子目的综合单价；②搜集基础资料；③计算措施项目费；④编写概算编制说明；⑤汇总单位工程造价；⑥计算工程量。上述工作步骤正确的排序是（　　）。

码上看解析

A. ②⑥①③⑤④

B. ④②⑥①⑤③

C. ②⑥④①③⑤

D. ④⑥②①⑤③

30. 某地新建一座单身宿舍，当地同期类似工程概算指标为 900 元/m^2，该工程基础为混凝土结构，而概算指标对应的基础为毛石混凝土结构，已知该工程与概算指标每 100m^2 建筑面积中分摊的基础工程量均为 15m^2，同期毛石混凝土基础综合单价为 580 元/m^3，混凝土基础综合单价为 640 元/m^3，则经结构差异修正后的概算指标为（　　）元/m^2。

码上看解析

A. 891

B. 909

C. 906

D. 993

31. 施工图预算的三级预算编制形式由（　　）组成。

码上看解析

A. 单位工程预算、单项工程综合预算、建设项目总预算

B. 静态投资、动态投资、流动资金

C. 建筑安装工程费、设备购置费、工程建设其他费

D. 单项工程综合预算、建设期利息、建设项目总预算

32. 关于施工图预算编制时工程建设其他费的计费原则，下列说法正确的是（　　）。

码上看解析

A. 若工程建设其他费已发生，则发生部分按合理发生金额计列

B. 若工程建设其他费已发生，则发生部分按本阶段的计费标准计列

C. 无论工程建设其他费是否发生，均按原批复概算的计费标准计列

D. 无论工程建设其他费是否发生，均按原批复估算的计费标准计列

33. 关于建设工程招标工程量清单的编制，下列说法正确的是（　　）。

码上看解析

A. 总承包服务费应计列在暂列金额项下

B. 分部分项工程项目清单中所列工程应按专业工程量计算规范规定的工程计算规则计算

C. 措施项目清单的编制不用考虑施工技术方案

D. 在专业工程量计算规范中没有列项的分部分项工程不得编制补充项目

34. 关于建设工程施工招标文件，下列说法正确的是（　　）。

码上看解析

A. 工程量清单不是招标文件的组成部分

B. 由招标人编制的招标文件只对投标人具有约束力

C. 招标项目的技术要求可以不在招标文件中描述

D. 招标人可以对已发出的招标文件进行必要的修改

35. 关于建设工程工程量清单的编制，下列说法正确的是（　　）。

A. 招标文件必须由专业咨询机构编制，由招标人发布

B. 材料的品牌档次应在设计文件中体现，在工程量清单编制说明中不再说明

C. 专业工程暂估价中包括企业管理费和利润

D. 税金、规费是政府规定的，在清单编制中可不列项

36. 关于最高投标限价的编制，下列说法正确的是（　　）。

A. 国有企业的建设工程招标可以不编制最高投标限价

B. 招标文件中可以不公开最高投标限价

C. 最高投标限价与标底的本质是相同的

D. 政府投资的建设工程招标时，应设最高投标限价

37. 关于建设工程投标报价的编制，下列说法正确的是（　　）。

A. 可不考虑拟订合同中的工程变更条款

B. 应仔细研究招标文件中给定的工程技术标准

C. 可不考虑施工现场用地情况

D. 不必关注工程所在地气象资料

38. 投标人在进行建设工程投标报价时，下列事项应重点关注的是（　　）。

A. 施工现场市政设施条件

B. 商业经理的业务能力

C. 投标人的组织架构

D. 暂列金额的准确性

39. 建设工程评标过程中遇到下列情形，评标委员会可直接否决投标文件的是（　　）。

A. 投标文件中的大、小写金额不一致

B. 未按施工组织设计方案进行报价

C. 投标联合体没有提交共同投标协议

D. 投标报价中采用了不平衡报价

40. 对于综合评估法中的评标基准价的确定，下列说法正确的是（　　）。

A. 按所有有效投标人中的最低投标价确定

B. 按所有有效投标人的平均投标价确定

C. 按所有有效投标人的平均投标价乘以事先约定的浮动系数确定

D. 按项目特点、行业管理规定自行确定

41. 关于施工总承包建设工程投标文件的内容，下列说法正确的是（　　）。

A. 不包括施工组织设计

B. 提供投标人的法定代表人身份证明或附有法定代表人身份证明的授权委托书

C. 应包括深化设计图纸

D. 不包括拟分包项目情况表

42. EPC 总承包模式中，承包人应承担的工作是（　　）。

A. 设计、采购、施工、试运行

B. 项目决策、设计、施工

C. 项目决策、采购、施工

D. 可行性研究、采购、施工

43. 根据现行《标准设计施工总承包招标文件》，关于“合同价格”和“签约合同价”，下列说法正确的是（　　）。

A. 合同价格是指签约合同价

B. 签约合同价中包括了专业工程暂估价

C. 合同价格不包括按合同约定进行的变更价款

D. 签约合同价一般高于中标价

码上看解析

44. 下列费用中，包含在国际工程投标报价其他费用中的是（　　）。

A. 保函手续费

B. 保险费

C. 代理人佣金

D. 暂定金额

码上看解析

45. 根据现行《建设工程工程量清单计价规范》，对于不实行招标的建设工程，以建设工程施工合同签订前的第（　　）天作为基准日。

A. 28

B. 30

C. 35

D. 42

码上看解析

46. 因工程变更引起措施项目发生变化时，关于合同价款的调整，下列说法正确的是（　　）。

A. 安全文明施工费不予调整

B. 按总价计算的措施项目费的调整，不考虑承包人报价浮动因素

C. 按单价计算的措施项目费的调整，以实际发生变化的措施项目数量为准

D. 招标清单中漏项的措施项目费的调整，以承包人自行拟定的实施方案为准

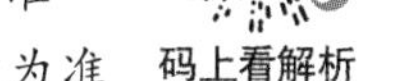

码上看解析

47. 某市政工程施工合同中约定：①基准日为 2020 年 2 月 20 日；②竣工日期为 2020 年 7 月 30 日；③工程价款结算时人工单价、钢材、商品混凝土及施工机具使用费采用价格指数法调验，各项权重系数及价格指数见下表。工程开工后，由于发包人原因导致原计划 7 月施工的工程延误至 8 月实施，2020 年 8 月承包人当月完成清单子目价款 3000 万元，当月按已标价工程量清单价格确认的变更金额为 100 万元，则本工程 2020 年 8 月的价格调整金额为（　　）万元。

	人工	钢材	商品混凝土	施工机具使用费	定值部分
权重系数	0.15	0.10	0.30	0.10	0.35
2020 年 2 月指数	100.0	85.0	113.4	110.0	—
2020 年 7 月指数	105.0	89.0	118.6	113.0	—
2020 年 8 月指数	104.0	88.0	116.7	112.0	—

A. 60.18

B. 62.24

C. 67.46

D. 88.94

码上看解析

48. 某项目施工合同约定，由承包人承担±10%范围内的碎石价格风险，超出部分采用造价信息法调差。已知承包人投标价格、基准期的价格分别为100元/m^3、96元/m^3，2020年7月的造价信息发布价为130元/m^3，则该月碎石的实际结算价格为（　　）元/m^3。

A. 117.0

B. 120.0

C. 124.4

D. 130.0

码上看解析

49. 根据《标准施工招标文件》通用合同条款，下列引起承包人索赔的事件中，可以同时获得工期和费用补偿的是（　　）。

A. 发包人原因造成承包人人员工伤事故

B. 施工中遇到不利物质条件

C. 承包人提前竣工

D. 基准日后法律的变化

码上看解析

50. 施工合同履行期间出现现场签证事件时，现场签证应由（　　）提出。

A. 发包人

B. 监理人

C. 设计人

D. 承包人

码上看解析

51. 发生下列工程事项时，发包人应予计量的是（　　）。

A. 承包人自行增建的临时工程工程量

B. 因监理人抽查不合格返工增加的工程量

C. 承包人修复因不可抗力损坏工程增加的工程量

D. 承包人自检不合格返工增加的工程量

码上看解析

52. 某工程合同总额为20000万元，其中主要材料占比40%，合同中约定的工程预付款项总额为2400万元，则按起扣点计算法计算的预付款起扣点为（　　）万元。

A. 6000

B. 8000

C. 12000

D. 14000

码上看解析

53. 对于国有资金投资的建设工程，受发包人委托对竣工结算文件进行审核的单位是（　　）。

A. 工程造价咨询机构

B. 工程设计单位

C. 工程造价管理机构

D. 工程监理单位

码上看解析

54. 因承包人原因解除合同的，承包人有权要求发包人支付（　　）。

A. 承包人员遣送费

B. 临时工程拆除费

C. 施工设备运离现场费

D. 已完工程措施项目费

码上看解析

55. 承包人按合同接受竣工结算支付证书的，可以认为承包人已无权要求（　　）颁发前发生的工程变更。

A. 合同工程接收证书

B. 质量保证金返还证书

C. 缺陷责任期终止证书

D. 最终支付证书

码上看解析

56. 根据《建设工程造价鉴定规范》，关于鉴定期限的起算，下列说法正确的是（　　）。

A. 从鉴定机构函回复委托人接收委托之日起算

B. 从鉴定机构函回复委托人接收委托之日的次日计算

C. 从鉴定人接收委托人移交证据材料之日起算

D. 从鉴定人接收委托人移交证据材料之日的次日起算

码上看解析

57. 根据现行《标准设计施工总承包招标文件》，选用暂估价（A）条款时，若发包人在价格清单中给定暂估价的材料不属于依法必须招标的，则其价格与暂估价的差额应经确认后计入合同价款，履行该确认职能的应是（　　）。

A. 发包人

B. 监理人

C. 总承包人

D. 材料供应商

码上看解析

58. 根据 2017 版 FIDIC《施工合同条件》，关于国际工程工程变更与合同价款调整，下列说法正确的是（　　）。

A. 合同中任何工作的工程量变化均能调整合同价款

B. 不论何种变更，均须由工程师发出变更指令

C. 在明确构成工程变更的情况下，承包商仍须按程序发出索赔通知

D. 承包商提出的对业主有利的工程变更建议书的编制费用，应由业主承担

码上看解析

59. 根据《基本建设项目建设成本管理规定》，建设项目的建设成本包括（　　）。

A. 为项目配套的专用送变电站投资

B. 非经营性项目转出投资支出

C. 非经营性的农村饮水工程投资

D. 项目建设管理费

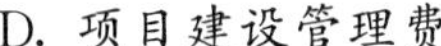

码上看解析

60. 某建设项目由 A、B 两车间组成，其中 A 车间建筑工程费 6000 万元，安装工程费 2000 万元，需安装设备费 2400 万元；B 车间建筑工程费 2000 万元，安装工程费 1000 万元，需安装设备费 1200 万元；该建设项目的土地征用费 2000 万元，则 A 车间应分摊的土地征用费是（　　）万元。

A. 1500.00

B. 1454.55

C. 1424.66

D. 1090.91

码上看解析

二、多项选择题（共20题，每题2分。每题的备选项中，有2个或2个以上符合题意，至少有1个错项。错选，本题不得分；少选，所选的每个选项得0.5分）

61. 关于设备购置费中的设备原价，下列说法正确的有（　　）。

码上看解析

A. 包括随设备同时订购的首套备品备件费
B. 包括施工现场自制设备的制造费
C. 包括达到固定资产标准的办公家具购置费
D. 包括进口设备从来源地到买方边境的运输费
E. 包括设备采购、保管人员的工资费

62. 下列费用中，属于建筑安装工程费用企业管理费的有（　　）。

码上看解析

A. 施工机械保险费
B. 劳动保险费
C. 工伤保险费
D. 财产保险费
E. 工程保险费

63. 下列费用中，应计入工程建设其他费用中用地与工程准备费的有（　　）。

码上看解析

A. 建设场地大型土石方工程费
B. 土地使用费和补偿费
C. 场地准备费
D. 建设单位临时设施费
E. 施工单位平整场地费

64. 根据现行《建设工程工程量清单计价规范》，关于工程量清单的特点和应用，下列说法正确的有（　　）。

码上看解析

A. 分为招标工程量清单和已标价工程量清单
B. 以单位（项）工程为单位编制
C. 是招标文件的组成部分
D. 是载明发包工程内容和数量的清单，不涉及金额
E. 仅用于最高投标限价和投标报价的编制

65. 关于其他项目清单与计价表的编制，下列说法正确的有（　　）。

码上看解析

A. 材料暂估单价进入清单项目综合单价，不汇总到其他项目清单计价表总额
B. 暂列金额归招标人所有，投标人应将其扣除后再做投标报价
C. 专业工程暂估价的费用构成类别应与分部分项工程综合单价的构成保持一致
D. 计日工的名称和数量应由投标人填写
E. 总承包服务费的内容和金额应由投标人填写

66. 关于人工定额消耗量的确定，下列算式正确的有（　　）。

码上看解析

A. 工序作业时间＝基本工作时间×［1＋辅助工作时间占比（%）］
B. 工序作业时间＝基本工作时间＋辅助工作时间＋不可避免中断时间
C. 规范时间＝准备与结束时间＋不可避免中断时间＋休息时间
D. 定额时间＝基本工作时间/［1－辅助工作时间占比（%）］
E. 定额时间＝（基本工作时间＋辅助工作时间）/［1－规范时间占比（%）］

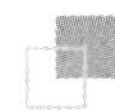

67. 下列材料损耗中，因损耗而产生的费用包含在材料单价中的有（　　）。

码上看解析

A. 场外运输损耗
B. 工地仓储损耗
C. 出工地料库后的搬运损耗
D. 材料加工损耗
E. 材料施工损耗

68. 关于投资估算指标，下列说法正确的有（　　）。

码上看解析

A. 以独立的建设项目、单项工程或单位工程为对象
B. 费用和消耗量指标主要来自概算指标
C. 一般分为建设项目综合指标、单项工程指标和单位工程指标三个层次
D. 单位工程指标一般以单位生产能力投资表示
E. 建设项目综合指标表示的是建设项目的静态投资指标

69. 按照用途的不同，建设工程造价指标可分为（　　）。

码上看解析

A. 工料价格指标
B. 工程经济指标
C. 工程量指标
D. 单位工程造价指标
E. 消耗量指标

70. 在满足建筑物使用要求的前提下，关于设计阶段影响工程造价的因素，下列说法正确的有（　　）。

码上看解析

A. 流通空间越大，工业建筑物越经济
B. 建筑层高越高，工程造价越高
C. 对于单跨厂房，当柱间距不变时，跨度越大单位面积造价越低
D. 对于多跨厂房，当跨度不变时，中跨数目越多单位面积造价越低
E. 住宅层数越多，单位面积造价越低

71. 关于施工图预算的编制，下列说法正确的有（　　）。

码上看解析

A. 施工图总预算应控制在已批准的设计总概算范围内
B. 施工图预算采用的价格水平应与设计概算编制时期的保持一致
C. 只有一个单项工程的建设项目应采用三级预算编制形式
D. 单项工程综合预算由组成该单项工程的各个单位工程预算汇总而成
E. 施工图预算编制时已发生的工程建设其他费按合理发生金额列计

72. 下列费用中，属于招标工程量清单中其他项目清单编制内容的有（　　）。

码上看解析

A. 暂列金额
B. 暂估价
C. 计日工
D. 总承包服务费
E. 措施费

73. 投标人在确定综合单价时需要注意的事项有（　　）。

码上看解析

A. 清单项目特征描述
B. 清单项目的编码顺序
C. 材料暂估价的处理

D. 材料、设备市场价格的变化风险

E. 税金、规费的变化风险

74. 关于招标人与中标人合同的签订，下列说法正确的有（　　）。

A. 双方按照招标文件和投标文件订立书面合同

B. 双方在投标有效期内并在自中标通知书发出之日起30日内签订施工合同

C. 招标人要求中标人按中标下浮3%后签订施工合同

D. 中标人无正当理由拒绝签订合同的，招标人可不退还其投标保证金

E. 招标人在与中标人签订合同后5日内，向所有投标人退还投标保证金

75. 根据《建设工程施工合同（示范文本）》（GF—2017—0201），下列变化应纳入工程变更范围的有（　　）。

A. 改变墙体厚度

B. 工程设备价格上涨

C. 转由他人实施土石方工程

D. 提高地基沉降控制标准

E. 增加排水沟长度

76. 关于承包人原因导致的工期延误期间合同价款的调整，下列说法正确的有（　　）。

码上看解析

A. 国家政策变化引起工程造价增加的应调增合同价款

B. 国家政策变化引起工程造价降低的应调减合同价款

C. 使用价格调整公式调价时，以计划进度日期指数为现行价格指数

D. 使用价格调整公式调价时，以实际进度日期指数为现行价格指数

E. 使用价格调整公式调价时，以计划进度日期与实际进度日期两个价格指数中较低者作为调价指数

77. 发包人未按规定程序支付竣工结算款项的，承包人可以（　　）。

A. 催发包人支付

B. 获得延迟支付利息的权利

C. 直接将工程折价

D. 直接将工程拍卖

E. 就工程拍卖价获得优先受偿权

78. 为保证建设工程仲裁协议有效，合同双方签订的仲裁协议中必须包括的内容有（　　）。

A. 请求仲裁的意思表达

B. 仲裁事项

C. 选定的仲裁员

D. 选定的仲裁委员会

E. 仲裁结果的执行方式

79. 根据现行《标准设计施工总承包招标文件》，工程总承包项目合同中的暂列金额可用于支付签订合同时的（　　）。

码上看解析

A. 不可预见的变更设计费用

B. 不可预见的变更施工费用

C. 已知必然发生，但暂时无法确定价格的专业工程费用

D. 已知必然发生，但暂时无法确定价格的工程设备购置费用

E. 以计日工方式的工程变更费用

80. 根据现行财务制度和企业会计准则，新增固定资产价值的内容包括（　　）。

码上看解析

A. 专有技术

B. 建设单位管理费

C. 土地征用费

D. 银行存款

E. 建筑工程设计费

《建设工程计价》真题选编（二）

（考试时间 150 分钟　满分 100 分）

一、单项选择题（共 60 题，每题 1 分。每题的备选项中，只有 1 个最符合题意）

1. 根据我国现行建设工程总投资及工程造价的构成，下列资金在数额上和工程造价相等的是（　　）。

   A. 固定资产投资＋流动资金

   B. 固定资产投资＋铺底流动资金

   C. 固定资产投资

   D. 建设投资

码上看解析

2. 关于设备原价的说法，正确的是（　　）。

码上看解析

   A. 进口设备的原价是指其到岸价

   B. 国产设备原价应通过直接查询相关交易价格或向生产厂家询价获得

   C. 设备原价通常包含备品备件费在内

   D. 设备原价占设备购置费比重增大，意味资本有机构成的提高

3. 某进口设备人民币货价 400 万元，国际运费折合人民币 30 万元，运输保险费率为 3‰，则该设备应计的运输保险费折合人民币（　　）万元。

   A. 1.200

   B. 1.204

   C. 1.290

   D. 1.294

码上看解析

4. 根据我国现行建筑安装工程费用构成，下列费用中，属于安全文明施工费的是（　　）。

   A. 脚手架费

   B. 临时设施费

   C. 二次搬运费

   D. 非夜间施工照明费

码上看解析

5. 根据国外建筑安装工程费用的构成，施工工人的招雇解雇费用一般计入（　　）。

码上看解析

   A. 直接工程费

   B. 现场管理费

   C. 公司管理费

   D. 开办费

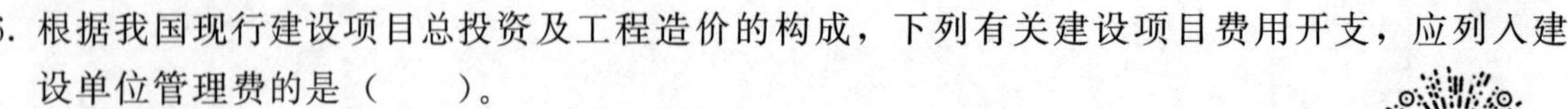

6. 根据我国现行建设项目总投资及工程造价的构成，下列有关建设项目费用开支，应列入建设单位管理费的是（　　）。

   A. 监理费

   B. 竣工验收费

   C. 可行性研究费

   D. 节能评估费

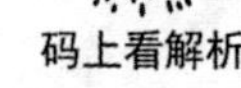

码上看解析

7. 根据我国现行建设项目总投资及工程造价的构成，联合试运转费应包括（　　）。

码上看解析

A. 施工单位参加联合试运转人员的工资

B. 设备安装中的试车费用

C. 试运转中暴露的设备缺陷的处理费

D. 生产人员的提前进厂费

8. 根据我国现行建设项目总投资及工程造价构成，在工程概算阶段考虑的对一般自然灾害处理的费用，应包含在（　　）内。

码上看解析

A. 未明确项目准备金

B. 工程建设不可预见费

C. 暂列金额

D. 不可预见准备金

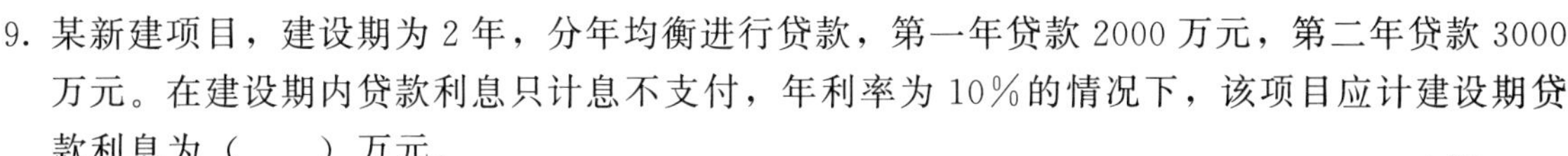

9. 某新建项目，建设期为 2 年，分年均衡进行贷款，第一年贷款 2000 万元，第二年贷款 3000 万元。在建设期内贷款利息只计息不支付，年利率为 10%的情况下，该项目应计建设期贷款利息为（　　）万元。

码上看解析

A. 360.0

B. 460.0

C. 520.0

D. 700.0

10. 关于工程定额的应用，下列说法正确的是（　　）。

码上看解析

A. 施工定额是编制施工图预算的依据

B. 行业统一定额只能在本行业范围内使用

C. 企业定额反映了施工企业的生产消耗标准，宜用于工程计价

D. 工期定额是工程定额的一种类型，但不属于工程计价定额

11. 关于工程量清单计价，下列表达式正确的是（　　）。

码上看解析

A. 分部分项工程费＝∑（分部分项工程量×相应分部分项的工料单价）

B. 措施项目费＝∑（措施项目工程量×相应的工料单价）

C. 其他项目费＝暂列金额＋材料设备暂估价＋计日工＋总承包服务费

D. 单位工程造价＝分部分项工程费＋措施项目费＋其他项目费＋规费＋税金

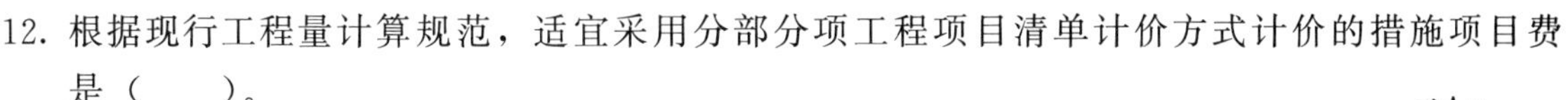

12. 根据现行工程量计算规范，适宜采用分部分项工程项目清单计价方式计价的措施项目费是（　　）。

码上看解析

A. 二次搬运费

B. 超高施工增加费

C. 已完工程及设备保护费

D. 地上、地下设施临时保护费

13. 在工程量清单计价中，下列费用项目应计入总承包服务费的是（　　）。

码上看解析

A. 总承包人的工程分包费

B. 总承包人的管理费

C. 总承包人对发包人自行采购材料的保管费

D. 总承包工程的竣工验收费

14. 在工程量清单计价中，下列关于暂估价的说法，正确的是（　　）。

码上看解析

A. 材料设备暂估价是指用于尚未确定或不可预见的材料、设备采购的费用

B. 纳入分部分项工程项目清单综合单价中的材料暂估价包括暂估单价及数量

C. 专业工程暂估价与分部分项工程综合单价在费用构成方面应保持一致

D. 专业工程暂估价由投标人自主报价

15. 在测定定额所采用的方法中，测时法用于测定（　　）。

A. 循环组成部分的工作时间

B. 准备与结束时间

C. 工人休息时间

D. 非循环工作时间

16. 工作日写实法测定的数据显示，完成 $10m^3$ 某现浇混凝土工程需基本工作时间 8 小时，辅助工作时间占工序作业时间的 8%，准备与结束工作时间、不可避免的中断时间、休息时间、损失时间分别占工作日的 5%、2%、18%、6%。则该混凝土工程的时间定额是（　　）工日/$10m^3$。

A. 1.44

B. 1.45

C. 1.56

D. 1.64

17. 用于混抹灰砂浆贴 200mm×300mm 瓷砖墙面，灰缝宽 5mm，假设瓷砖损耗率为 8%，则 $100m^2$ 瓷砖墙面的瓷砖消耗量为（　　）m^2。

A. 103.6

B. 104.3

C. 108.0

D. 108.7

18. 某工程采用两票制支付方式采购某种材料，已知材料原价和运杂费的含税价格分别为 500 元/t、30 元/t，材料运输损耗率、采购及保管费率分别为 0.5%、3.5%，材料采购和运输的增值税率分别为 13%、9%。则该材料的不含税单价为（　　）元/t。

A. 480.87

B. 481.47

C. 488.88

D. 489.49

19. 下列费用项目中，属于施工仪器仪表台班单价构成内容的是（　　）。

A. 人工费

B. 燃料费

C. 检测软件费

D. 校验费

20. 编制预算定额人工日消耗量时，实际工程现场运距超过预算定额取定运距时的用工应计入（　　）。

A. 超运距用工

B. 辅助用工

C. 二次搬运用工

D. 人工幅度差

21. 工程造价指标测算中，各类造价数据的时间需符合造价指标的时间要求。下列造价数据的时间选取符合规定的是（　　）。

A. 投资估算采用投资估算书编制完成日期

B. 最高投标限价采用投标截止日期

C. 合同价采用合同签订日期

D. 结算价采用工程结算日期

码上看解析

22. 关于工程造价指数的计算，下列表达正确的是（　　）。

A. 材料费价格指数$=\sum$（同期各种材料单价$\times\dfrac{\text{各种材料费用}}{\text{所有材料费用之和}}$）

B. 单位工程价格指数$=\sum$（同期各分部工程价格指数$\times\dfrac{\text{各分部工程费用}}{\text{单位工程费用}}$）

C. 单项工程造价指数$=\dfrac{\text{报告期单项工程造价指标}}{\text{基期单项工程造价指标}}$

D. 建设工程造价综合指数$=\dfrac{\text{报告期建设工程造价综合指标}}{\text{基期建设工程造价综合指标}}$

码上看解析

23. 在进行建设厂址多方案全寿命周期技术经济分析时，应计入项目投产后生产经营费用的是（　　）。

A. 拆迁补偿费

B. 生活设施费

C. 动力设施费

D. 原材料运输费

码上看解析

24. 某地2019年拟建一座年产40万吨某产品的化工厂。根据调查，该地区2017年已建年产30万吨相同产品项目的建筑工程费为4000万元，安装工程费为2000万元，设备购置费为8000万元。已知按2019年该地区价格计算的拟建项目设备购置费为9500万元，征地拆迁等其他费用为1000万元，且该地区2017年至2019年建筑安装工程费平均每年递增4%，则该拟建项目的静态投资估算为（　　）万元。

A. 16989.6　　B. 17910.0

C. 18206.4　　D. 19152.8

码上看解析

25. 若外币对人民币贬值，则关于该汇率变化对涉外项目投资额产生的影响，下列说法正确的是（　　）。

A. 从国外市场购买材料，所支付的外币金额减少

B. 从国外市场购买材料，换算成人民币所支付的金额减少

C. 从国外借款，本息所支付的外币金额增加

D. 从国外借款，换算成人民币所支付的本息金额增加

码上看解析

26. 某项目根据《建设项目投资估算编审规程》（CECA/GC 1—2015），采用概算法编制的估算中，工程费用为8000万元，工程建设其他费用为800万元，基本预备费为880万元，价差预备费为120万元，建设期利息为200万元，流动资金为100万元，则该项目建设投资估算为（　　）万元。

码上看解析

A. 9680

B. 9800

C. 9951

D. 10100

27. 在满足住宅功能和质量的前提下，下列设计方法中，可降低单位建筑面积造价的是（　　）。

码上看解析

A. 增加住宅层高

B. 分散布置公共设施

C. 增大墙体面积系数

D. 减少结构面积系数

28. 关于设计概算的说法，正确的是（　　）。

码上看解析

A. 设计概算是工程造价在设计阶段的表现形式，具备价格属性

B. 三级概算编制形式适用于单一的单项工程建设项目

C. 概算中工程费用应按预测的建设期价格水平编制

D. 概算应考虑贷款的时间价值对投资的影响

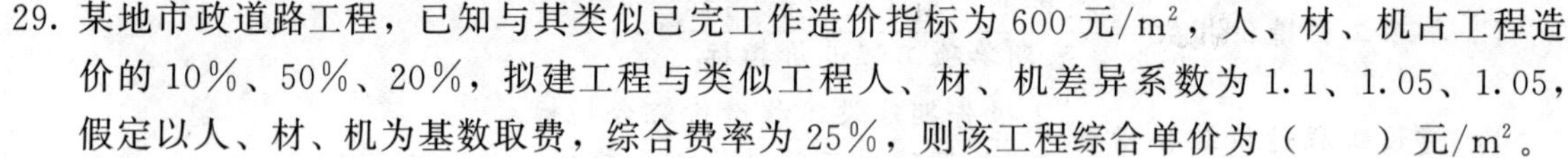

29. 某地市政道路工程，已知与其类似已完工作造价指标为600元/m^2，人、材、机占工程造价的10%、50%、20%，拟建工程与类似工程人、材、机差异系数为1.1、1.05、1.05，假定以人、材、机为基数取费，综合费率为25%，则该工程综合单价为（　　）元/m^2。

A. 507.00

B. 608.40

码上看解析

C. 633.75

D. 657.00

30. 编制工程建设其他费用概算表时，下列其他费用中，一般按“工程费用×费率”计算的是（　　）。

A. 征地补偿费

B. 折迁补偿费

C. 研究试验费

D. 工程监理费

码上看解析

31. 施工图预算的二级预算编制形式由（　　）组成。

A. 总预算和单位工程预算

B. 单位工程综合预算和单位工程预算

C. 总预算和单位工程综合预算

D. 建筑工程预算和设备安装工程预算

码上看解析

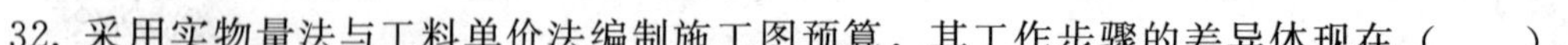

32. 采用实物量法与工料单价法编制施工图预算，其工作步骤的差异体现在（　　）。

A. 工程量的计算

B. 直接费的计算

码上看解析

C. 企业管理费的计算

D. 税金的计算

33. 关于招标工程量清单中分部分项工程量清单的编制，下列说法正确的是（　　）。

A. 所列项目应该是施工过程中以其本身构成工程实体的分项工程或可以精确计量的措施分项项目

B. 拟建施工图纸有体现，但专业工程量计算规范附录中没有相对应项目的，则必须编制这些分项工程的补充项目

码上看解析

C. 补充项目的工程量计算规则，应符合“计算规则要具有可计算性”且“计算结果要具有唯一性”的原则

D. 采用标准图集的分项工程，其特征描述应直接采用“详见××图集”方式

34. 编制招标工程量清单时，应根据施工图纸的深度、暂估价设定的水平、合同价款约定调整因素以及工程实际情况合理确定的清单项目是（　　）。

A. 措施项目清单

B. 暂列金额

C. 专业工程暂估价

D. 计日工

码上看解析

35. 依据工程所在地区颁发的计价定额等编制最高投标限价、进行分部分项工程综合单价组价时，首先应确定的是（　　）。

A. 风险范围与幅度

B. 工程造价信息确定的人工单价等

C. 定额项目名称及工程量

D. 管理费率和利润率

码上看解析

36. 关于编制最高投标限价时总承包服务费的可参考标准，下列说法正确的是（　　）。

A. 招标人仅要求对分包专业工程进行总承包管理和协调时，按分包专业工程估算造价的0.5%计算

B. 招标人仅要求对分包专业工程进行总承包管理和协调时，按分包专业工程估算造价的1%计算

码上看解析

C. 招标人要求对分包专业工程进行总承包管理和协调，且要求提供配合服务时，按分包专业工程估算造价的1%～3%计算

D. 招标人要求对分包专业工程进行总承包管理和协调，且要求提供配合服务时，按分包专业工程估算造价的3%～5%计算

37. 投标人复核招标工程量清单时发现了遗漏，是否向招标人提出修改意见取决于（　　）。

A. 招标文件规定是否允许提出增补

B. 遗漏工程量的大小

C. 投标人的投标策略

D. 遗漏项目是否在工程量计算规范附录中有列项

码上看解析

38. 在投标报价确定分部分项工程综合单价时，应根据所选的计算基础计算工程内容的工程量，该数量应为（　　）。

A. 实物工程量

B. 施工工程量

C. 定额工程量

D. 复核的清单工程量

码上看解析

39. 投标报价时，投标人需严格按照招标人所列项目明细进行自主报价的是（　　）。

A. 总价措施项目

B. 专业工程暂估价

C. 计日工

D. 规费

码上看解析

40. 根据《建设工程造价咨询规范》，下列投标文件的评审内容，属于清标工作的是（　　）。

A. 营业执照的有效性

B. 营业执照、资质证书安全生产许可证的一致性

C. 投标函上签字与盖章的合法性

D. 投标文件是否实质性响应招标文件

码上看解析

41. 某世界银行贷款项目采用经评审的最低投标价法评标，招标文件规定对同时投多个标段的评标修正率为4%。现投标人甲同时投Ⅰ、Ⅱ标段，其报价分别为7000万元、6000万元。在投标人甲已中标Ⅰ标段情况下，其Ⅱ标段的评标价应为（　　）万元。

A. 5720

B. 6240

C. 5760

D. 6280

码上看解析

42. 下列工程总承包类型中，总承包商需要履行试运行工作职责的是（　　）。

A. 设计采购施工总承包

B. 设计—施工总承包

C. 采购—施工总承包

D. 设计—采购总承包

码上看解析

43. 国际工程投标报价时，对于当地采购的材料，其单价应为（　　）。

码上看解析

A. 市场价格+运杂费

B. 市场价格+运杂费+运输保管损耗费

C. 市场价格+运杂费+采购保管费

D. 市场价格+运杂费+采购保管费+运输保管损耗费

44. 国际工程分包费与直接费、间接费平行并列时，总包商对分包商的管理费应列入（　　）。

A. 间接费

B. 分包费

C. 盈余

D. 上级单位管理费

码上看解析

45. 下列发承包双方在约定调整合同价款的事项中，属于工程变更类的是（　　）。

A. 工程量清单缺项

B. 不可抗力

C. 物价波动

D. 提前竣工

码上看解析

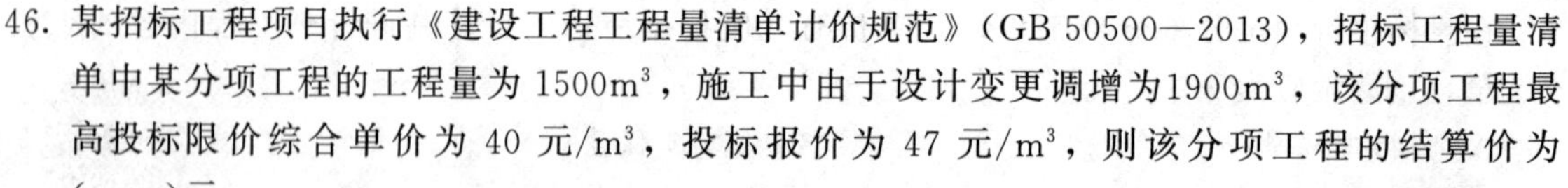

46. 某招标工程项目执行《建设工程工程量清单计价规范》(GB 50500—2013)，招标工程量清单中某分项工程的工程量为1500m³，施工中由于设计变更调增为1900m³，该分项工程最高投标限价综合单价为40元/m³，投标报价为47元/m³，则该分项工程的结算价为（　　）元。

码上看解析

A. 87400

B. 88900

C. 89125

D. 89300

47. 某市政工程投标截止日期为2019年4月20日，确定中标人后，工程于2019年6月1日开工。施工合同约定，工程价款结算时人工、钢材、水泥、砂石料及施工机具使用费采用价格指数法调差，各项权重系数及价格指数见下表。2019年8月，承包人当月完成清单子目价款2000万元，当月按已标价工程量清单价格确认的变更金额为200万元，则本工程2019年8月的价格调整金额为（　　）万元。

	人工	钢材	水泥	砂石料	施工机具使用费	定值部分
权重系数	0.15	0.10	0.20	0.10	0.10	0.35
2019 年 3 月指数	100.0	84.0	104.5	115.6	110.0	
2019 年 4 月指数	100.0	86.0	105.6	120.0	110.0	
2019 年 8 月指数	105.0	90.0	107.8	135.0	110.0	

A. 57.80

B. 63.58

C. 75.40

D. 82.94

码上看解析

48. 关于工程索赔的相关论述，下列说法正确的是（　　）。

A. 工程索赔是指承包人向发包人提出工期和（或）费用补偿要求的行为

B. 由于发包人原因导致分包人遭受经济损失，分包人可直接向发包人提出索赔

C. 承包人提出的工期补偿索赔经发包人批准后，可先排除承包人非自身原因拖期违约责任

D. 由于不可抗力事件造成合同非正常终止，承包人不能向发包人提出索赔

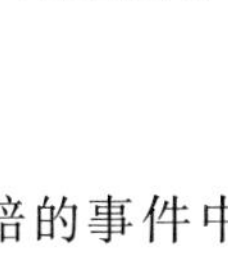
码上看解析

49. 根据《标准施工招标文件》（2007 年版）通用合同条款，下列引起承包人索赔的事件中，可以同时获得工期、费用和利润补偿的是（　　）。

A. 施工中发现文物古迹

B. 发包人延迟提供建筑材料

C. 承包人提前竣工

D. 因不可抗力造成工期延误

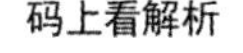
码上看解析

50. 某施工现场主导施工机械一台，由承包人租得。施工合同约定，当发生索赔事件时，该机械台班单价、租赁费分别按 900 元/台班、400 元/台班计；人工工资、窝工补贴分别按 100 元/工日、50 元/工日计；以人工费与机械费之和为基数的综合费率为 30%。在施工过程中，发生如下事件：①出现异常恶劣天气导致工程停工2 天，人员窝工 20 个工日；②因恶劣天气导致工程修复用工 10 个工日、主导机械 1 个台班。为此承包人可向发包人索赔的费用为（　　）元。

A. 1820

B. 2470

C. 2820

D. 3470

码上看解析

码上看解析

51. 关于预付款担保的说法，正确的是（　　）。

A. 预付款担保的形式必须为银行保函

B. 预付款担保的担保金额必须高于预付款

C. 在预付款的扣回过程中担保金额保持不变

D. 预付款保函在预付款扣回之前必须保持有效

码上看解析

52. 关于合同价款的期中支付，下列说法正确的是（　　）。

A. 进度款支付周期应与发包人实际的工程计量周期一致

B. 已标价工程量清单中单价项目结算款应按承包人确认的工程量计算

C. 承包人现场签证金额不应列入期中支付进度款，在竣工结算时一并处理

D. 进度款的支付按期中结算价款总额和约定比例计算，一般不低于60%，不高于90%

53. 编制竣工结算文件时，应按国家、省级行业建设主管部门的规定计价的是（　　）。

码上看解析

A. 劳动保险费

B. 总承包服务费

C. 安全文明施工费

D. 现场签证费

54. 根据《建设工程质量保证金管理办法》（建质〔2017〕138号），质量保证金总预留比例不得高于工程价款结算总额的（　　）。

码上看解析

A. 19%

B. 2%

C. 3%

D. 5%

55. 发包人收到承包人提交的最终结清申请单，并在规定时间内予以核实后，向承包人签发（　　）。

码上看解析

A. 工程接收证书

B. 竣工结算支付证书

C. 缺陷责任期终止证书

D. 最终支付证书

56. 关于合同价款纠纷的处理，人民法院应予支持的是（　　）。

码上看解析

A. 合同无效，但工程竣工验收合格，承包人请求支付工程价款的

B. 发包人与承包人对垫资利息没有约定，承包人请求支付利息的

C. 施工合同解除后，已完工程质量不合格，承包人请求支付工程价款的

D. 未经竣工验收，发包人擅自使用工程后，以使用部分的工程质量不合格为由主张权利的

57. 对于工程总承包合同中质量保证金的扣留与返还，下列做法正确的是（　　）。

码上看解析

A. 扣留金额的计算中应考虑预付款的支付、扣回及价格调整的金额

B. 不论是否缴纳履约保证金，均须扣留质量保证金

C. 缺陷责任期满即须返还剩余质量保证金

D. 延长缺陷责任期时，应相应延长剩余质量保证金的返还期限

58. 根据2017年版FIDIC《施工合同条件》，关于物价波动引起的价格调整，下列说法正确的是（　　）。

码上看解析

A. 在通用条款中规定了调价公式

B. 调价公式不适用于基于实际费用或现行价格计算价值的工程

C. 调价公式中所列各项费用要素的权重一经约定，合同实施过程中不得调整

D. 调价公式中的固定系数，在合同实施过程中可视情况调整

59. 下列可作为考核和分析投资效果落实结余资金，并作为报告上级核销基本建设支出依据的是（　　）。

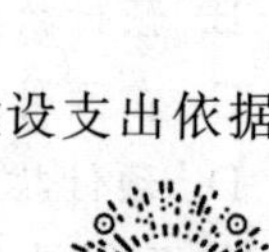
码上看解析

A. 基本建设项目概况表

B. 基本建设项目竣工财务决算表

C. 基本建设项目交付使用资产总表

D. 基本建设项目交付使用资产明细表

60. 在计算新增固定资产价值时，仅计算建筑、安装或采购成本，不计分摊的待摊投资的固定资产是（　　）。

A. 管道和线路工程

B. 需安装的动力设备

C. 运输设备

D. 附属辅助工程

码上看解析

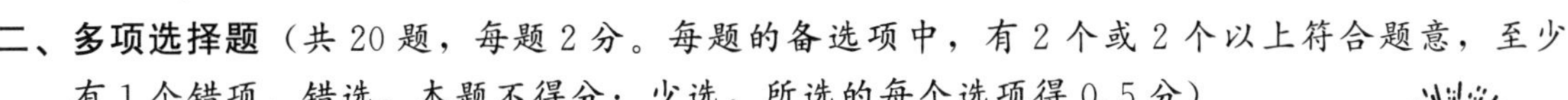

二、多项选择题（共20题，每题2分。每题的备选项中，有2个或2个以上符合题意，至少有1个错项。错选，本题不得分；少选，所选的每个选项得0.5分）

61. 非标准设备原价中，能作为利润取费基数的有（　　）。

码上看解析

A. 辅助材料费　　B. 废品损失费

C. 包装费　　D. 外购配套件费

E. 专用工具费

62. 根据我国现行建筑安装工程造价计税方法，下列情况可以选择适用简易计税方法的有（　　）。

A. 小规模纳税人发生的应税行为

B. 一般纳税人以清包工方式提供的建筑服务

C. 一般纳税人为甲供工程提供的建筑服务

D. 《建筑工程施工许可证》注明的开工日期在2016年4月30日前

E. 实际开工日期在2016年4月30日前的建筑服务

码上看解析

63. 下列费用项目，应归属征地补偿费的有（　　）。

A. 拆迁补偿金

B. 安置补助费

C. 地上附着物补偿费

D. 迁移补偿费

E. 土地管理费

码上看解析

64. 在工程量清单编制中，施工组织设计、施工规范和验收规范可以用于确定（　　）。

A. 项目名称

B. 项目编码

C. 项目特征

D. 计量单位

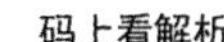

码上看解析

E. 工程数量

码上看解析

65. 关于分部分项工程项目清单的编制，下列说法正确的有（　　）。

A. 项目编码第7～9位为分项工程项目名称顺序码

B. 项目名称应按工程量计算规范附录中给定的名称确定

C. 项目特征应按工程量计算规范附录中规定的项目特征予以描述

D. 计量单位应按工程量计算规范附录中给定的，选用最适宜表现项目特征并方便计量的单位

E. 工程量应按实际完成的工程量计算

66. 下列人工、材料、机械台班的消耗，应计入定额消耗量的有（　　）。

码上看解析

A. 准备与结束工作时间

B. 施工本身原因造成的工人停工时间

C. 措施性材料的合理消耗量

D. 不可避免的施工废料

E. 低负荷下的机械工作时间

67. 下列费用中，不计入机械台班单价而需要单独列项计算的有（　　）。

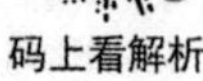

A. 安拆简单、移动需要起重及运输机械的重型施工机械的安拆费及场外运费

B. 安拆复杂、移动需要起重及运输机械的重型施工机械的安拆费及场外运费

C. 利用辅助设施移动的施工机械的辅助设施相关费用

D. 不需相关机械铺助运输的自行移动机械的场外运费

E. 固定在车间的施工机械的安拆费及场外运费

68. 关于各类工程计价定额的说法，正确的有（　　）。

A. 概算定额基价可以是工料单价、综合单价或全费用综合单价

B. 概算指标分为建筑工程概算指标和设备及安装工程概算指标

C. 综合概算指标的准确性高于单项概算指标

D. 概算指标是在概算定额的基础上进行编制的

E. 投资估算指标必须反映项目建设前期和交付使用期内发生的动态投资

69. 建设工程造价指标测算常用的方法包括（　　）。

码上看解析

A. 数据统计法

B. 现场测算法

C. 典型工程法

D. 写实记录法

E. 汇总计算法

70. 流动资产的构成要素一般包括（　　）。

码上看解析

A. 存货

B. 库存现金

C. 应收账款

D. 应付账款

E. 预付账款

71. 某单位建筑工程的初步设计采用的技术比较成熟，但由于设计深度不够，不能准确计算出工程量，若急需该单位建筑工程概算时，可采用的概算编制方法有（　　）。

码上看解析

A. 预算单价法

B. 概算定额法

C. 概算指标法

D. 类似工程预算法

E. 扩大单价法

72. 为满足施工招标工程量清单编制的需要，招标人需拟定施工总方案，其主要内容包括（　　）。

码上看解析

A. 施工方法

B. 施工步骤

C. 施工机械设备的选择

D. 施工顺序

E. 现场平面布置

73. 投标报价的分包询价，投标人应注意的问题有（　　）。

码上看解析

A. 分包标函是否完整

B. 分包单价所包含的内容

C. 分包人是否自备专用施工机具

D. 分包人可信赖程度

E. 分包人的质量保证措施

74. 下列条件下的建设工程，其施工承包合同适合采用成本加酬金方式确定合同价的有（　　）。

码上看解析

A. 工程建设规模小

B. 施工技术特别复杂

C. 工期较短

D. 紧急抢险项目

E. 施工图设计还有待进一步深化

75. 关于依法必须招标的给定暂估价的专业工程招标，下列说法正确的有（　　）。

码上看解析

A. 承包人不参加投标的，应由承包人作为招标人

B. 承包人组织招标工作的有关费用应另行计算

C. 承包人参加投标的，应由发包人负责招标

D. 发包人组织招标工作的有关费用应从签约合同价中扣回

E. 承包人参加投标的，同等条件下应优先中标

76. 下列费用中，承包人可以索赔的有（　　）。

码上看解析

A. 法定增长的人工费

B. 承包人原因导致工效降低增加的机械使用费

C. 承包人垫资施工的垫资利息

D. 发包人拖延支付工程款的利息

E. 发包人错误扣款的利息

77. 工程施工的下列情形中，发包人不予计量的有（　　）。

码上看解析

A. 监理人抽检不合格返工增加的工程量

B. 承包人自检不合格返工增加的工程量

C. 承包人修复因不可抗力损坏工程增加的工程量

D. 承包人在合同范围之外按发包人要求增建的临时工程的工程量

E. 工程质量验收资料缺项的工程量

78. 关于工程签证争议的鉴定，下列做法正确的有（　　）。

码上看解析

A. 签证明确了人工、材料、机具台班数及价格的，按签证的数量和价格计算

B. 签证只有用工数量没有人工单价的，其人工单价比照鉴定项目人工单价下浮计算

C. 签证只有材料用量没有价格的，其材料价格按照鉴定项目相应材料价格计算

D. 签证只有总价款而无明细表述的，按总价款计算

E. 签证中零星工程数量与实际完成的数量不一致时，按签证的数量计算

79. 根据2017年版FIDIC《施工合同条件》，关于工程变更的说法，正确的有（　　）。

码上看解析

A. 不论何种变更，均须由工程师发出变更指令

B. 在明确构成工程变更的情况下，承包商享有工期顺延和调价权利，无需再发出索赔通知

C. 承包商建议的变更是指承包商基于价值工程主动提出建议而形成的变更

D. 对于变更工程重新确定费率或价格，在没有可供参考依据且缺乏合同约定的条件下，利润率按5%计取

E. 承包商基于价值工程主动提出建议引起的变更经批准后，变更永久工程的设计增加的设计费由发包人承担

80. 一般不作为无形资产入账，但当涉及转让事项时才作为无形资产核算的有（　　）。

A. 自创专利权

B. 自创专有技术

C. 自创商标权

D. 出让取得的土地使用权

E. 划拨取得的土地使用权

码上看解析

参考答案与解析

第一章　建设工程造价构成

第一节　概　述

考点 1　我国建设项目投资及工程造价的构成

1. **【答案】**B

【解析】本题主要考查我国现行建设项目总投资的构成。生产性建设项目总投资包括建设投资、建设期利息和流动资金。非生产性建设项目总投资包括建设投资和建设期利息两部分。注意区分世行对工程项目总建设成本的规定。工程项目总建设成本包括直接建设成本、间接建设成本、应急费和建设成本上升费等。固定资产投资与建设项目的工程造价在量上相等。此题需要注意我国建设项目总投资与国外建设工程造价构成之间的区别。

2. **【答案】**BCD

【解析】本题考查的是我国建设项目总投资及工程造价的构成。建设投资包括工程费用、工程建设其他费用和预备费三部分。建设投资和建设期利息共同构成工程造价，即固定资产投资。固定资产投资和流动资产投资构成建设项目总投资。

3. **【答案】**C

【解析】本题考查的是我国建设项目总投资及工程造价的构成。工程费用是指建设期内直接用于工程建造、设备购置及其安装的建设投资，可以分为建筑安装工程费和设备及工器具购置费。

4. **【答案】**B

【解析】本题考查的是我国建设项目总投资及工程造价的构成。建设项目总投资是为完成工程项目建设并达到使用要求或生产条件，在建设期内预计或实际投入的全部费用总和。工程造价是指在建设期预计或实际支出的建设费用。考生需注意建设项目总投资与工程造价的区别。

5. **【答案】**C

【解析】本题考查的是我国建设项目总投资及工程造价的构成。工程造价中的主要构成部分是建设投资，建设投资是为完成工程项目建设，在建设期内投入且形成现金流出的全部费用。考生注意，建设期利息是在建设期内只计息不付息的部分。

6. **【答案】**B

【解析】本题考查的是我国建设项目总投资及工程造价的构成。固定资产投资与建设项目的工程造价在量上相等。

7. **【答案】**B

【解析】本题考查的是我国建设项目总投资及工程造价的构成。流动资金即流动资产投资，属于建设项目总投资的内容，不属于固定资产投资的内容（即工程造价）。该项目的工程造价＝3000＋1000＋500＋170＋120＝4790（万元）。

8. **【答案】**B

【解析】本题考查的是我国建设项目总投资及工程造价的构成。铺底流动资金是指生产性建设项目为保证投产后正常的生产运营所需，并在项目资本金中筹措的自有流动资金。

9. **【答案】**A

【解析】本题考查的是我国建设项目总投资及工程造价的构成。建设项目总投资是为完成工程项目建设并达到使用要求或生产条件，在建设期内预计或实际投入的全部费用总和。工程造价是指在建设期预计或实际支出的建设费用。固定资产投资与建设项目的工程造价在量上相等。

10.【答案】ACDE

【解析】本题考查的是建设项目总投资的构成。生产性建设项目总投资包括建设投资、建设期利息和流动资金三部分；非生产性建设项目总投资包括建设投资和建设期利息两部分。建设投资包括工程费用、工程建设其他费用和预备费三部分。

考点 2 国外建设工程造价构成

1.【答案】ABDE

【解析】本题考查的是国外建设工程造价构成。世界银行、国际咨询工程师联合会对项目的总建设成本（相当于我国的工程造价）作了统一规定，工程项目总建设成本包括直接建设成本、间接建设成本、应急费和建设成本上升费等。

2.【答案】D

【解析】本题考查的是国外建设工程造价构成。未明确项目的准备金用于在估算时不可能明确的潜在项目，包括那些在做成本估算时因为缺乏完整、准确和详细的资料而不能完全预见和不能注明的项目，并且这些项目是必须完成的，或它们的费用是必定要发生的。它是估算不可缺少的一个组成部分。

3.【答案】A

【解析】本题考查的是国外建设工程造价构成。未明确项目的准备金用于在估算时不可能明确的潜在项目，包括那些在做成本估算时因为缺乏完整、准确和详细的资料而不能完全预见和不能注明的项目，并且这些项目是必须完成的，或它们的费用是必定要发生的。不可预见准备金用于在估算达到了一定的完整性并符合技术标准的基础上，由于物质、社会和经济的变化，导致估算增加的情况。此种情况可能发生，也可能不发生。

4.【答案】CD

【解析】本题考查的是国外建设工程造价构成。世界银行工程造价构成中应急费包含未明确项目的准备金和不可预见准备金。

5.【答案】BE

【解析】本题考查的是国外建设工程造价构成。选项 A 错误，工艺设备费包括海运包装费、交货港离岸价，但不包括税金。选项 B 正确，临时公共设施及场地的维持费属于项目直接建设成本。选项 C 错误，运费和保险费属于项目间接建设成本。选项 D 错误，不可预见准备金可能发生，也可能不发生，不可预见准备金只是一种储备，可能不动用；而未明确项目准备金是用来支付那些几乎可以肯定要发生的费用。选项 E 正确，建设成本上升费是为了补偿直至工程结束时的未知价格增长。

6.【答案】A

【解析】本题考查的是国外建设工程造价构成。直接建设成本和间接建设成本对比记忆。项目间接建设成本包括：①项目管理费；②开工试车费；③业主的行政性费用；④生产前费用；⑤运费和保险费；⑥税金。

7.【答案】B

【解析】通常，估算中使用的构成工资率、材料和设备价格基础的截止日期就是“估算日期”。必须对该日期或已知成本基础进行调整，建设成本上升费的目的就是补偿直至工程结束时的未知价格增长。

第二节 设备及工、器具购置费用的构成和计算

考点 1 国产设备原价的构成及计算

1.【答案】B

【解析】设备及工、器具购置费用是由设备购置费和工具、器具及生产家具购置费组成的，它是固定资产投资中的积极部分。在生产性工程建设中，设备及工、器具购置费用占工程造价比重的增大，意味着生产技术的进步和资本有机构成的提高。

2.【答案】ABC

【解析】增值税＝当期销项税额－进项税额；当期销项税额＝销售额×适用增值税税率。选项 D、E 错误。

3.【答案】D

【解析】根据国产非标准设备原价中包装费的公式，即包装费＝（材料费＋加工费＋辅助材料费＋专用工具费＋废品损失费＋外购配套件费）×包装费率，包装费的计算基数

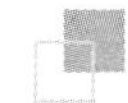

是材料费、加工费、辅助材料费、专用工具费、废品损失费以及外购配套件费。

4.【答案】D

【解析】该设备原价中的利润＝{[(20＋1＋3)×(1＋3%)×(1＋2%)＋5]×(1＋1%)－5}×8%＝2.04（万元）。

5.【答案】ABDE

【解析】利润可按材料费、加工费、辅助材料费、专用工具费、废品损失费、包装费之和乘以一定利润率计算。

6.【答案】A

【解析】利润可按材料费、加工费、辅助材料费、专用工具费、废品损失费、包装费之和乘以一定利润率计算。

7.【答案】BC

【解析】利润的计算基数为材料费、加工费、辅助材料费、专用工具费、废品损失费、包装费之和，不包括外购配套件费。

8.【答案】D

【解析】本题考查的是国产设备原价的构成及计算。选项A错误，设备原价一般是包含备品备件费在内的；选项B错误，国产非标准设备原价只能按其成本构成或相关技术参数估算其价格；选项C错误，外购配套件费不能作为利润的计算基数；选项D正确，非标准设备原价中增值税的计算基数为销售额。

9.【答案】ACDE

【解析】国产非标准设备原价有多种不同的计算方法，如成本计算估价法、系列设备插入估价法、分部组合估价法、定额估价法等。

10.【答案】D

【解析】该设备的销项增值税＝20×(1＋2%)×(1＋8%)×(1＋10%)×13%＝3.15（万元）。

11.【答案】D

【解析】专用工具费＝（材料费＋加工费＋辅助材料费）×专用工具费率＝20×2%＝0.40（万元）。

废品损失费＝（材料费＋加工费＋辅助材料费＋专用工具费）×废品损失费率＝(20＋0.40)×8%＝1.632（万元）。

包装费＝（材料费＋加工费＋辅助材料费＋专用工具费＋废品损失费＋外购配套件费）×包装费费率＝(20＋0.40＋1.632＋3)×1%＝0.25032（万元）。

利润＝（材料费＋加工费＋辅助材料费＋专用工具费＋废品损失费＋包装费）×利润率＝(20＋0.40＋1.632＋0.25032)×10%＝2.228232（万元）。

销项税额＝（材料费＋加工费＋辅助材料费＋专用工具费＋废品损失费＋包装费＋外购配套件费＋利润）×增值税税率＝(20＋0.40＋1.632＋0.25032＋3＋2.228232)×13%＝3.57637176（万元）。

该设备的原价＝{[（材料费＋加工费＋辅助材料费）×(1＋专用工具费率)×(1＋废品损失费率)＋外购配套件费]×(1＋包装费费率)－外购配套件费}×(1＋利润率)＋外购配套件费＋销项税额＋非标准设备的设计费＝{[20×(1＋2%)×(1＋8%)＋3]×(1＋1%)－3}×(1＋10%)＋3＋3.57637176＋1＝32.09（万元）。

考点2　进口设备原价的构成及计算

1.【答案】BC

【解析】本题考查的是进口设备原价的构成及计算。在FOB交货方式下，卖方的基本义务有：在合同规定的时间或期限内，在装运港按照习惯方式将货物交到买方指派的船上，并及时通知买方；自负风险和费用，取得出口许可证或其他官方批准证件，在需要办理海关手续时，办理货物出口所需的一切海关手续；负担货物在装运港至装上船为止的一切费用和风险；自付费用提供证明货物已交至船上的通常单据或具有同等效力的电子单证。买方的基本义务有：自负风险和费用取得进口许可证或其他官方批准的证件，在需要办理海关手续时，办理货物进口以及经由他国过境的一切海关手续，并支付有关费用及过境费；负责租船或订舱，支付运费，并给予卖方关于船名、装船地点和要求交货时间的充分的通知；负担货物在装运港装上船后的一切费用和风险；接受卖方提供的有关单据，受领货物，并按合同规定支付货款。

2. 【答案】B

【解析】本题考查的是进口设备原价的构成及计算。FOB交货方式下，费用划分与风险转移的分界点相一致；CFR、CIF交货方式下，费用划分与风险转移的分界点不一致。

3. 【答案】C

【解析】本题考查的是进口设备原价的构成及计算。运输保险费＝400×3‰＝1.2（万元），到岸价＝货价＋国际运费＋运输保险费，则货价＝400－30－1.2＝368.8（万元）。

4. 【答案】DE

【解析】本题考查的是进口设备原价的构成及计算。选项A错误，外贸手续费＝CIF×人民币外汇汇率×外贸手续费率；选项B错误，到岸价＝离岸价＋国际运费＋运输保险费；选项C错误，运输保险费＝$\frac{\text{FOB＋国外运费}}{\text{1－保险费率}}$×保险费率。

5. 【答案】C

【解析】进口环节增值税额＝组成计税价格×增值税税率，组成计税价格＝到岸价＋关税＋消费税。则进口环节增值税额＝80×（1＋15％）×6.4×16％＝94.21（万元人民币）。

6. 【答案】ACE

【解析】进口从属费由银行财务费、外贸手续费、关税、消费税、进口环节增值税以及车辆购置税组成，但机床无需缴纳车辆购置税。

7. 【答案】A

【解析】运输保险费＝$\frac{\text{原币货价＋国外运费}}{\text{1－保险费率}}$×保险费率＝$\frac{255+25}{1-0.2\%}$×0.2％＝0.56（万元）。关税完税价格＝到岸价格（CIF）＝255＋25＋0.56＝280.56（万元）。

8. 【答案】C

【解析】外贸手续为以到岸价为计算基数。国际运费＝300×1.5％×6.9＝31.05（万元人民币），运输保险费＝$\frac{300\times6.9+31.05}{1-1.5\%}$×1.5％＝31.996（万元人民币），到岸价＝300×6.9＋31.05＋31.996＝2133.046（万元人民币），外贸手续费＝2133.046×1.5％＝32.00（万元人民币）。

9. 【答案】C

【解析】组成计税价格＝关税完税价＋关税＋消费税。这里考生需注意，关税完税价即为到岸价。

10. 【答案】C

【解析】CFR与FOB的风险转移的分界点是一致的，FOB是指当货物在装运港被装上指定船时，卖方即完成交货义务。风险转移，以在指定的装运港货物被装上指定船时为分界点。费用划分与风险转移的分界点相一致。

11. 【答案】C

【解析】综合以下计算公式计算到岸价。到岸价格（CIF）＝FOB＋国际运费＋运输保险费。抵岸价＝到岸价格＋进口从属费。进口从属费有：①银行财务费＝FOB×银行财务费率；②外贸手续费＝CIF×外贸手续费率；③关税＝CIF×进口关税税率；④增值税＝（CIF＋关税＋消费税）×增值税税率。列式计算如下：CIF＋500×0.2％＋CIF×1.5％＋CIF×10％＋［（CIF×10％）＋CIF］×13％＝750。则CIF＝595.39（万元人民币）。

考点3 设备运杂费的构成及计算

1. 【答案】B

【解析】运费和装卸费是指国产设备由设备制造厂交货地点起至工地仓库（或施工组织设计指定的需要安装设备的堆放地点）止所发生的运费和装卸费；进口设备则由我国到岸港口或边境车站起至工地仓库（或施工组织设计指定的需安装设备的堆放地点）止所发生的运费和装卸费。选项A、C、D属于设备运杂费的内容。

2. 【答案】ADE

【解析】本题考查的是设备运杂费的构成及

计算。选项A正确，设备运杂费是指在设备原价中没有包含的，为运输而进行的包装所支出的各种费用。选项B错误，采购与仓库保管费包含采购人员和管理人员的工资。选项C错误，设备运杂费为设备原价与设备运杂费率的乘积。选项D正确，国产设备由设备制造厂交货地点起至工地仓库（或施工组织设计指定的需要安装设备的堆放地点）止所发生的运费和装卸费；进口设备由我国到岸港口或边境车站起至工地仓库（或施工组织设计指定的需安装设备的堆放地点）止所发生的运费和装卸费。选项E正确，设备运杂费中，采购与仓库保管费，指采购、验收、保管和收发设备所发生的各种费用，包括设备采购人员、保管人员和管理人员的工资、工资附加费、办公费、差旅交通费，设备供应部门办公和仓库所占固定资产使用费、工具用具使用费、劳动保护费、检验试验费等。

考点4 工具、器具及生产家具购置费的构成和计算

1. 【答案】A

【解析】工具、器具及生产家具购置费，是指新建或扩建项目初步设计规定的，保证初期正常生产必须购置的没有达到固定资产标准的设备、仪器、工卡模具、器具、生产家具和备品备件等的购置费用。

2. 【答案】C

【解析】工具、器具及生产家具购置费，是指新建或扩建项目初步设计规定的，保证初期正常生产必须购置的没有达到固定资产标准的设备、仪器、工卡模具、器具、生产家具和备品备件等的购置费用，此项费用属于工程费用。一般以设备购置费为计算基数，按照部门或行业规定的工具、器具及生产家具费率计算。

第三节 建筑安装工程费用构成和计算

考点1 建筑安装工程费用内容

1. 【答案】ACDE

【解析】安装工程费用内容包括：①生产、动力、起重、运输、传动和医疗、实验等各种需要安装的机械设备的装配费用，与设备相连的工作台、梯子、栏杆等设施的工程费用，附属于被安装设备的管线敷设工程费用，以及被安装设备的绝缘、防腐、保温、油漆等工作的材料费和安装费；②为测定安装工程质量，对单台设备进行单机试运转、对系统设备进行系统联动无负荷试运转工作的调试费。选项B属于建筑工程费用内容。考生应注意区分建筑工程费用和安装工程费用，对比记忆。

2. 【答案】C

【解析】安装工程费用中包括为测定安装工程质量，对单台设备进行单机试运转、对系统设备进行系统联动无负荷试运转工作的调试费。

3. 【答案】AB

【解析】本题考查的是建筑安装工程费用内容。建筑工程费用内容包括：①各类房屋建筑工程和列入房屋建筑工程预算的供水、供暖、卫生、通风、煤气等设备费用及其装设、油饰工程的费用，列入建筑工程预算的各种管道、电力、电信和电缆导线敷设工程的费用；②设备基础、支柱、工作台、烟囱、水塔、水池、灰塔等建筑工程以及各种炉窑的砌筑工程和金属结构工程的费用；③为施工而进行的场地平整，工程和水文地质勘察，原有建筑物和障碍物的拆除以及施工临时用水、电、暖、气、路、通信和完工后的场地清理，环境绿化、美化等工作的费用；④矿井开凿、井巷延伸、露天矿剥离，石油、天然气钻井，修建铁路、公路、桥梁、水库、堤坝、灌渠及防洪等工程的费用。安装工程费用内容包括：①生产、动力、起重、运输、传动和医疗、实验等各种需要安装的机械设备的装配费用，与设备相连的工作台、梯子、栏杆等设施的工程费用，附属于被安装设备的管线敷设工程费用，以及被安装设备的绝缘、防腐、保温、油漆等工作的材料费和安装费；②为测定安装工程质量，对单台设备进行单机试运转、对系统设备进行系统联动无负荷试运转工作

的调试费。选项A、B属于建筑工程费用，选项C、D、E属于安装工程费用。

4.【答案】D

【解析】本题考查的是建筑安装工程费用内容。安装工程费用包括生产、动力、起重、运输、传动和医疗、实验等各种需要安装的机械设备的装配费用，与设备相连的工作台、梯子、栏杆等设施的工程费用，附属于被安装设备的管线敷设工程费用，以及被安装设备的绝缘、防腐、保温、油漆等工作的材料费和安装费。设备基础的砌筑费用、管道敷设工程的费用和通风设备、油饰工程的费用都属于建筑工程费用。

考点 2 我国现行建筑安装工程费用项目组成

1.【答案】C

【解析】本题考查的是建筑安装工程费用项目组成。建筑安装工程费按照工程造价形成划分，由分部分项工程费、措施项目费、其他项目费、规费和税金组成。建筑安装工程费用按费用构成要素划分，由人工费、材料费、施工机具使用费、企业管理费、利润、规费和税金组成。

2.【答案】D

【解析】建筑安装工程费用按照工程造价形成划分，由分部分项工程费、措施项目费、其他项目费、规费和税金组成。

3.【答案】ABD

【解析】建筑安装工程费用按照工程造价形成划分，由分部分项工程费、措施项目费、其他项目费、规费和税金组成。

4.【答案】ACDE

【解析】按照费用构成要素划分，建筑安装工程费包括人工费、材料费、施工机具使用费、企业管理费、利润、规费和税金。

5.【答案】D

【解析】建筑安装工程费用按照工程造价形成划分，由分部分项工程费、措施项目费、其他项目费、规费和税金组成。建筑安装工程费用按费用构成要素划分，由人工费、材料费、施工机具使用费、企业管理费、利润、规费和税金组成。这两种划分方法中单独列项的是规费和税金。

考点 3 按费用构成要素划分建筑安装工程费用项目构成和计算

1.【答案】B

【解析】选项A错误，材料费是指工程施工过程中耗费的各种原材料、半成品、构配件、工程设备等的费用，以及周转材料等的摊销、租赁费用。选项B正确，计算材料费的基本要素是材料消耗量和材料单价。选项C错误，材料消耗量是指在正常施工生产条件下，完成规定计量单位的建筑安装产品所消耗的各类材料的净用量和不可避免的损耗量。选项D错误，当采用一般计税方法时，材料单价中的材料原价、运杂费等均应扣除增值税进项税额。

2.【答案】C

【解析】选项A错误，建筑安装工程费中的材料费，是指施工过程中耗费的各种原材料、半成品、构配件、工程设备等的费用，以及周转材料等的摊销、租赁费用。选项B错误，构成材料费的基本要素是材料消耗量和材料单价。材料消耗量包括材料净用量和材料不可避免的损耗量。选项C正确，检验试验费是指对建筑以及材料、构件和建筑安装物进行一般鉴定、检查所发生的费用，包括自设试验室进行试验所耗用的材料等费用，不包括新结构、新材料的试验费，对构件做破坏性试验及其他特殊要求检验试验的费用和建设单位委托检测机构进行检测的费用。选项D错误，材料费的基本计算公式为：材料费＝$\sum$（材料消耗量×材料单价）。

3.【答案】C

【解析】本题考查的是按费用构成要素划分建筑安装工程费用项目构成和计算。选项A错误，人工费是指支付给直接从事建筑安装工程施工作业的生产工人的各项费用。选项B错误，施工机具使用费包含施工机械使用费和仪器仪表使用费。选项C正确，检验试验费，是指施工企业按照有关标准规定，对建筑以及材料、构件和建筑安装物进行一般鉴定、检查所发生的费用，包括自设试验室进行试验所耗用的材料等费用，不包括新结构、新材料的试验费，对构件做破坏性试验及其他特殊要求检验试验的费用和建设单位委托检测机构进行检测的费用。对此类检测发生的费用，由建设单位在工程建设其他费用中列支。选项D错误，社会保险费中包含养老、失业、医疗、工伤和生育保险，不包括建筑安装工程一切险的投保费用。

4. 【答案】ABE

【解析】技术开发费包含在企业管理费的其他费中，印花税包含在企业管理费的税金中，财产保险费在企业管理费中单列。

5. 【答案】CDE

【解析】本题考查的是按费用构成要素划分建筑安装工程费用项目构成和计算。选项A错误，材料采购及保管费属于材料单价。选项B错误，临时设施费属于措施项目费。选项C、D、E正确，属于企业管理费。其中，预付款担保属于企业管理费中财务费的内容。

6. 【答案】CD

【解析】本题考查的是按费用构成要素划分建筑安装工程费用项目构成和计算。选项A错误，工具用具使用费是企业施工生产和管理使用的不属于固定资产的工具、器具、家具、交通工具和检验、试验、测绘、消防用具等的购置、维修和摊销费。选项B错误，采用一般计税方法时，检验试验费中增值税进项税额可以抵扣。选项C正确，企业管理费中税金，是指企业按规定缴纳的房产税、非生产性车船使用税、土地使用税、印花税、城市维护建设税、教育费附加、地方教育附加等各项税费。选项D正确，检验试验费，是指施工企业按照有关标准规定，对建筑以及材料、构件和建筑安装物进行一般鉴定、检查所发生的费用，包括自设试验室进行试验所耗用的材料等费用，不包括新结构、新材料的试验费，对构件做破坏性试验及其他特殊要求检验试验的费用和建设单位委托检测机构进行检测的费用，对此类检测发生的费用，由建设单位在工程建设其他费用中列支。选项E错误，企业管理费一般采用取费基数乘以费率的方法计算。取费基数有三种，分别是以直接费为计算基础、以人工费和施工机具使用费合计为计算基础和以人工费为计算基础。

7. 【答案】B

【解析】规费是指按国家法律、法规规定，由省级政府和省级有关权力部门规定必须缴纳或计取的费用，包括社会保险费、住房公积金，故选项A、C错误。社会保险费包括养老、失业、医疗、生育、工伤保险费，故选项D错误。

8. 【答案】B

【解析】建筑安装工程费中的人工费，是指支付给直接从事建筑安装工程施工作业的生产工人的各项费用，选项A正确。材料单价包括材料原价、材料运杂费、运输损耗费、采购及保管费等，选项B错误。建筑安装工程费中的材料费，是指工程施工过程中耗费的各种原材料、半成品、构配件、工程设备等的费用，以及周转材料等的摊销、租赁费用。其中工程设备是指构成或计划构成永久工程一部分的机电设备、金属结构设备、仪器装置及其他类似的设备和装置，选项C正确。施工机具使用费包含施工机械使用费和仪器仪表使用费，选项D正确。

9. 【答案】ADE

【解析】企业管理费包括：①管理人员工资；②办公费；③差旅交通费；④固定资产使用费；⑤工具用具使用费；⑥劳动保险和职工福利费；⑦劳动保护费；⑧检验试验费；⑨工会经费；⑩职工教育经费；⑪财产保险费；⑫财务费；⑬税金；⑭其他。选项A属于办公费的内容；选项D属于工会经费的内容；选项E属于财务费的内容。

10. 【答案】B

【解析】本题考查的是按费用构成要素划分建筑安装工程费用项目构成和计算。选项A错误，规费是指按国家法律、法规规定，由省级政府和省级有关权力部门规定施工单位必须缴纳或计取，应计入建筑安装工程造价的费用。选项B正确，规费包括社会保险费、住房公积金。选项C错误，社会保险费包括养老保险费、失业保险费、医疗保险费、工伤保险费、生育保险费。选项D错误，社会保险费和住房公积金应以定额人工费为计算基础。

11. 【答案】BE

【解析】本题考查的是按费用构成要素划分建筑安装工程费用项目构成和计算。简易计税方法主要适用于以下几种情况：①小规模纳税人发生应税行为适用简易计税方法计税；②一般纳税人以清包工方式提供的建筑服务，可以选择适用简易计税方法计税；③一般纳税人为甲供工程提供的建筑服务，可以选择适用简易计税方法计税；④一般纳税人为建筑工程老项目提供的建筑服务，可以选择适用简易计税方法计税。建筑工程老项目包括：①《建筑工程施工许可证》注明的合同开工日期在2016年4月30日前的建筑工程项目；②未取得《建筑工程施工许可证》的，建筑工程承包合同注明的开工日期在2016年4月30日前的建筑工程项目。采用一般计税方法时，税前造价各项费用均以不包含增值税可抵扣的进项税额的价格计算。

12. 【答案】D

【解析】根据“十三五”规划纲要，生育保险与基本医疗保险合并的实施方案已在12个试点城市行政区域进行试点。

13. 【答案】C

【解析】根据《建设工程计价设备材料划分标准》（GB/T 50531—2009）的规定，工业、交通等项目中的建筑设备购置有关费用应列入建筑工程费，单一的房屋建筑工程项目的建筑设备购置有关费用宜列入建筑工程费。

14. 【答案】C

【解析】选项A错误，当采用简易计税方法时，税前造价中各项费用均以包含增值税进项税额的含税价格计算。选项B错误，当采用一般计税方法时，税前造价为人工费、材料费、施工机具使用费、企业管理费、利润和规费之和，各费用项目均以不包含增值税可抵扣进项税额的价格计算。选项D错误，一般纳税人以清包工方式提供的建筑服务，可以选择适用简易计税方法计税。

15. 【答案】C

【解析】利润是指施工单位从事建筑安装工程施工所获得的盈利，由施工企业根据企业自身需求并结合建筑市场实际自主确定，选项A正确。工程造价管理机构在确定计价定额中利润时，应以定额人工费、材料费和施工机具使用费之和，或以定额人工费或定额人工费与施工机具使用费之和作为计算基数，其费率根据历年积累的工程造价资料，并结合建筑市场实际确定，以单位（单项）工程测算，选项B正确，选项C错误。利润在税前建筑安装工程费的比重可按不低于5%且不高于7%的费率计算，选项D正确。

16. 【答案】B

【解析】工程造价管理机构在确定计价定额中利润时，应以定额人工费、材料费和施工机具使用费之和，或以定额人工费或定额人工费与机械费之和作为计算基数，其费率根据历年积累的工程造价资料，并结合建筑市场实际确定，以单位（单项）工程测算，利润在税前建筑安装工程费的比重可按不低于5%且不高于7%的费率计算。

17. 【答案】C

【解析】本题考查的是按费用构成要素划分建筑安装工程费用项目构成和计算。规费是指按国家法律、法规规定，由省级政府和省级有关权力部门规定必须缴纳或计取的费用，主要包括社会保险费、住房公积金。财产保险费属于企业管理费的内容，选项C错误。

18. 【答案】C

【解析】企业管理费是指建筑安装企业组织施工生产和经营管理所需的费用，内容包括：①管理人员工资；②办公费；③差旅交通费；④固定资产使用费；⑤工具用具使用费；⑥劳动保险和职工福利费；⑦劳动保护费；⑧检验试验费；⑨工会经费；⑩职工教育经费；⑪财产保险费；⑫财务费；⑬税金；⑭其他。其中，税金是指企业按规定缴纳的房产税、非生产性车船使用税、土地使用税、印花税、城市维护建设税、教育费附加、地方教育附加等各项税费，故选项C正确。选项A，工程保险费属于工程建设其他费的内容；选项B，工伤保险费属于规费；选项D，检验试验费不包括新结构、新材料的试验费，对构件做破坏性试验及其他特殊要求检验试验的费用和建设单位委托检测机构进行检测的费用，对此类检测发生的费用，由建设单位在工程建设其他费用中列支。

19. 【答案】C

【解析】材料单价是指建筑材料从其来源地运到施工工地仓库直至出库形成的综合平均单价，由材料原价、运杂费、运输损耗费、采购及保管费组成。当一般纳税人采用一般计税方法时，材料单价中的材料原价、运杂费等均应扣除增值税进项税额。

20. 【答案】C

【解析】企业管理费里面的税金，指企业按规定缴纳的房产税、非生产性车船使用税、土地使用税、印花税、城市维护建设税、教育费附加、地方教育附加等各项税费。

21. 【答案】B

【解析】社会保险费和住房公积金应以定额人工费为计算基础，根据工程所在地省、自治区、直辖市或行业建设主管部门规定费率计算。

考点4 按造价形成划分建筑安装工程费用项目构成和计算

1. 【答案】AB

【解析】本题考查的是按造价形成划分建筑安装工程费用项目构成和计算。选项A正确，临时文化福利用房的费用属于安全文明施工费中的临时设施费。选项B正确，生活用洁净燃料费用属于安全文明施工费中的文明施工费。选项C、D、E错误，均属于措施项目费。

2. 【答案】CD

【解析】本题考查的是按造价形成划分建筑安装工程费用项目构成和计算。选项A错误，脚手架费属于应予计量的措施项目。选项B错误，施工排水、降水费由成井和排水、降水两个独立的费用项目组成。选项C正确，当单层建筑物檐口高度超过20m，多层建筑物超过6层时，可计算超高施工增加费。选项D正确，已完工程及设备保护费是指竣工验收前，对已完工程及设备采取的覆盖、包裹、封闭、隔离等必要保护措施所发生的费用。选项E错误，地上、地下设施、建筑物的临时保护设施费是在工程施工过程中，对已建成的地上、地下设施和建筑物进行的遮盖、封闭、隔离等必要保护措施所发生的费用。

3. 【答案】C

【解析】本题考查的是按造价形成划分建筑安装工程费用项目构成和计算。安全文明施工费的计算基数应为定额基价（定额分部分项工程费+定额中可以计量的措施项目费）、定额人工费或定额人工费与施工机具使用费之和，不包括定额人工费与材料费之和。

4. 【答案】CD

【解析】本题考查的是按造价形成划分建筑安装工程费用项目构成和计算。选项A、B错误，暂列金额是指建设单位在工程量清单中暂定并包括在工程合同价款中的一笔款项。用于施工合同签订时尚未确定或者不可预见的所需材料、工程设备、服务的采购，施工中可能发生的工程变更、合同约定调整因素出现时的工程价款调整以及发生的索赔、现场签证确认等的费用。选项E错误，用于支付必然发生但暂时不能确定价格的材料的单价为暂估价。

5. 【答案】B

【解析】本题考查的是按造价形成划分建筑安装工程费用项目构成和计算。暂估价是指招标人在工程量清单中提供的用于支付必然发生但暂时不能确定价格的材料、工程设备的单位以及专业工程的金额。暂估价中的材料、工程设备暂估单价根据工程造价信息或参照市场价格估算，计入综合单价。专业工程暂估价分不同专业，按有关计价规定估算。

6.【答案】B

【解析】本题考查的是按造价形成划分建筑安装工程费用项目构成和计算。计日工是指施工过程中，施工单位完成建设单位提出的工程合同范围以外的零星项目或工作，按照合同中约定的单价形成的费用。计日工由建设单位和施工单位按施工过程中形成的有效签证来计价。

7.【答案】B

【解析】本题考查的是按造价形成划分建筑安装工程费用项目构成和计算。总承包服务费是指总承包人为配合、协调建设单位进行的专业工程发包，对建设单位自行采购的材料、工程设备等进行保管以及施工现场管理、竣工资料汇总整理等服务所需的费用。总承包服务费由建设单位在招标控制价中根据总包范围和有关计价规定编制，施工单位投标时自主报价，施工过程中按签约合同价格执行。

8.【答案】AC

【解析】选项A正确，安全文明施工费通常由环境保护费、文明施工费、安全施工费、临时设施费组成。选项B错误，生活用洁净燃料费用属于文明施工费。选项C正确，"三宝"（安全帽、安全带、安全网）、"四口"（楼梯口、电梯井口、通道口、预留洞口）、"五临边"（阳台围边、楼板围边、屋面围边、槽坑围边、卸料平台两侧），水平防护架、垂直防护架、外架封闭等防护费用属于安全施工费。选项D错误，消防设施与消防器材的配置费用属于安全施工费。选项E错误，施工现场搭设的临时文化福利用房的费用属于临时设施费。

9.【答案】BCE

【解析】当单层建筑物檐口高度超过20m，多层建筑物超过6层时，可计算超高施工增加费。超高施工增加费的内容由以下各项组成：①建筑物超高引起的人工工效降低以及由于人工工效降低引起的机械降效费；②高层施工用水加压水泵的安装、拆除及工作台班费；③通信联络设备的使用及摊销费。超高施工增加费通常按照建筑物超高部分的建筑面积以"m^2"为单位计算。

10.【答案】B

【解析】根据《房屋建筑与装饰工程工程量计算规范》（GB 50854—2013）的规定，文明施工费包括用于现场工人的防暑降温费、电风扇、空调等设备及用电费用。

11.【答案】A

【解析】现场生活卫生设施费用、现场工人的防暑降温设备及用电费用、施工现场操作场地的硬化费用属于文明施工费。

12.【答案】B

【解析】垂直运输费可根据需要用两种方法进行计算：①按照建筑面积以"m^2"为单位计算；②按照施工工期日历天数以"天"为单位计算。

13.【答案】C

【解析】不宜计量的措施项目包括安全文明施工费，夜间施工增加费，非夜间施工照明费，二次搬运费，冬雨季施工增加费，地上、地下设施、建筑物的临时保护设施费，已完工程及设备保护费等。

14.【答案】BCD

【内容考查】夜间施工增加费包括：①夜间固定照明灯具和临时可移动照明灯具的设置、拆除费用；②夜间施工时，施工现场交通标志、安全标牌、警示灯的设置、移动、拆除费用；③夜间照明设备摊销及照明用电、施工人员夜班补助、夜间施工劳动效率降低等费用。选项A属于安全文明施工费中的安全施工费；选项E属于非夜间施工照明费，是指为保证工程施工正常进行，在地下室等特殊施工部位施工时所采用的照明设备的安拆、维护及照明用电等费用。

15.【答案】CD

【解析】当单层建筑物檐口高度超过20m，多层建筑物超过6层时，可计算超高施工增加费。

16.【答案】C

【解析】施工现场临时建筑物、构筑物的搭设、维修、拆除，如临时宿舍、办公室、食堂、厨房、厕所、诊疗所、临时文化福

利用房、临时仓库、加工场、搅拌台、临时简易水塔、水池等费用，属于临时设施费。工程防扬尘洒水费用属于环境保护费；现场生活卫生设施费用属于文明施工费；消防设施与消防器材的配置费用属于安全施工费。

17. 【答案】B

【解析】已完工程及设备保护费是竣工验收前，对已完工程及设备采取的覆盖、包裹、封闭、隔离等必要保护措施所发生的费用。地上、地下设施、建筑物的临时保护设施费是在工程施工过程中，对已建成的地上、地下设施和建筑物进行的遮盖、封闭、隔离等必要保护措施所发生的费用。考生需要区分已完工程及设备保护费和地上、地下设施、建筑物的临时保护设施费，一个是对已完工程，一个是对已建成的工程。

18. 【答案】D

【解析】地上、地下设施、建筑物的临时保护设施费是在工程施工过程中，对已建成的地上、地下设施和建筑物进行的遮盖、封闭、隔离等必要保护措施所发生的费用。

19. 【答案】B

【解析】施工排水、降水费分两个不同的独立部分计算：①成井费用通常按照设计图示尺寸以钻孔深度按“m”计算；②排水、降水费用通常按照排、降水日历天数按“昼夜”计算。

20. 【答案】C

【解析】本题考查的是按造价形成划分建筑安装工程费用项目构成和计算。其他项目费包括暂列金额、计日工、暂估价、总承包服务费。

21. 【答案】ABCE

【解析】不宜计量的措施项目分为安全文明施工费和其余不宜计量的措施项目。其余不宜计量的措施项目包括夜间施工增加费，非夜间施工照明费，二次搬运费，冬雨季施工增加费，地上、地下设施、建筑物的临时保护设施费，已完工程及设备保护费等。

22. 【答案】A

【解析】土石方、建筑弃渣外运车辆防护措施费用属于环境保护费用；选项B、C、D属于安全施工费。

23. 【答案】BC

【解析】成井的费用主要包括：①准备钻孔机械、埋设护筒、钻机就位，泥浆制作、固壁，成孔、出渣、清孔等费用；②对接上、下井管（滤管），焊接，安防，下滤料，洗井，连接试抽等费用。

24. 【答案】B

【解析】选项A，建设单位临时设施费属于与项目建设有关的其他费用；选项C，检验试验费属于企业管理费；选项D，劳动保险属于企业管理费。

考点 5 国外建筑安装工程费用的构成

1. 【答案】C

【解析】选项A、D错误，国外建筑安装工程费用由各单项工程费用、分包工程费用和暂定金额构成。其中各分部分项工程费用包括人工费、材料费、施工机械费、管理费、利润、税金以及其他摊销费。选项B错误，开办费一般是在各分部分项工程造价的前面按单项工程分别单独列出，单项工程建设安装工程量越大，开办费在工程价格中的比例就越小。

2. 【答案】C

【解析】本题考查的是国外建筑安装工程费用的构成。管理费除了包括与我国施工管理费构成相似的管理人员工资、管理人员辅助工资、办公费、差旅交通费、固定资产使用费、生活设施使用费、工具用具使用费、劳动保护费、检验试验费以外，还含有业务经费，选项C错误。

3. 【答案】D

【解析】本题考查的是国外建筑安装工程费用的构成。选项A、B属于开办费的内容，业务经费属于管理费的内容。

4. 【答案】A

【解析】开办费中的项目有临时设施、为业主提供的办公和生活设施、脚手架等费用，经常在工程量清单的开办费部分单独分项报价。这种方式适用于不直接消耗在某个分部分项工程上，无法与分部分项工程直接对应，但是对完成工程建设必不可少的费用。

5. 【答案】A

【解析】本题考查的是国外建筑安装工程费用的构成。国外建筑安装工程费用中的“暂定金额”是指包括在合同中，供工程任何部分的施工或提供货物、材料、设备、服务，不可预料事件所使用的一项金额，这项金额只有工程师批准后才能动用。

6. 【答案】AB

【解析】本题考查的是国外建筑安装工程费用的构成。各单项工程费用包括各分部分项工程费用和单项工程开办费。

7. 【答案】B

【解析】开办费中的项目有临时设施、为业主提供的办公和生活设施、脚手架等费用，经常在工程量清单的开办费部分单独分项报价。这种方式适用于不直接消耗在某个分部分项工程上，无法与分部分项工程直接对应，但是对完成工程建设必不可少的费用。

8. 【答案】A

【解析】在国外建筑安装工程费用中，管理费中的业务经费含有业务所需手续费，施工企业参加投标时，必须由银行开具投标保函；在中标后必须由银行开具履约保函；在收到业主的工程预付款以前，必须由银行开具预付款保函；在工程竣工后，必须由银行开具质量或维修保函。在开具以上保函时，银行要收取一定的担保费。

第四节 工程建设其他费用的构成和计算

考点 1 建设单位管理费

1. 【答案】D

【解析】本题考查的是工程建设其他费用的构成和计算。工程造价在量上等同于固定资产投资，包括建设投资和建设期利息，建设投资包括工程费用、工程建设其他费用、预备费。建设单位管理费属于工程建设其他费，增值税属于工程费用，预备费属于建设投资，都属于工程造价的内容。只有政府有关部门对建设项目管理监督所发生的，并由其部门财政支出的费用，不得列入相应建设项目的工程造价。

2. 【答案】C

【解析】本题考查的是建设单位管理费。建设单位管理费是指项目建设单位从项目筹建之日起至办理竣工财务决算之日止发生的管理性质的支出，包括工作人员薪酬及相关费用、办公费、办公场地租用费、差旅交通费、劳动保护费、工具用具使用费、固定资产使用费、招募生产工人费、技术图书资料费（含软件）、业务招待费、竣工验收费和其他管理性质开支。

3. 【答案】A

【解析】本题考查的是建设单位管理费。建设单位管理费按照工程费用之和（包括设备工器具购置费和建筑安装工程费用）乘以建设单位管理费费率计算。即：建设单位管理费＝工程费用×建设单位管理费费率。实行代建制管理的项目，计列代建管理费等同建设单位管理费，不得同时计列建设单位管理费。委托第三方行使部分管理职能的，其技术服务费列入技术服务费项目。

4. 【答案】B

【解析】建设单位管理费按照工程费用之和（包括设备工器具购置费和建筑安装工程费用）乘以建设单位管理费费率计算。建设单位管理费＝工程费用×建设单位管理费费率。建设单位管理费＝（5000＋3000）×3%＝240（万元）。

5. 【答案】D

【解析】建设单位管理费是指项目建设单位从项目筹建之日起至办理竣工财务决算之日止发生的管理性质的支出，包括工作人员薪酬及相关费用、办公费、办公场地租用费、差旅交通费、劳动保护费、工具用具使用费、固定资产使用费、招募生产工人费、技术图书资料费（含软件）、业务招待费、竣工验收费和其他管理性质开支。

6. 【答案】B

【解析】建设单位管理费是指项目建设单位从项目筹建之日起至办理竣工财务决算之日止发生的管理性质的支出，包括工作人员薪

酬及相关费用、办公费、办公场地租用费、差旅交通费、劳动保护费、工具用具使用费、固定资产使用费、招募生产工人费、技术图书资料费（含软件）、业务招待费、竣工验收费和其他管理性质开支。

考点 2 用地与工程准备费

1. **【答案】**C

【解析】本题考查的是用地与工程准备费。选项A错误，获取国有土地使用权的基本方法有两种：一是出让方式，二是划拨方式。选项B、D错误，建设土地取得的基本方式还包括租赁和转让方式。建设用地如通过行政划拨方式取得，则须承担征地补偿费用或对原用地单位或个人的拆迁补偿费用；若通过市场机制取得，则不但承担以上费用，还须向土地所有者支付有偿使用费，即土地出让金。

2. **【答案】**BCE

【解析】本题考查的是用地与工程准备费。征地补偿费有：①土地补偿费；②青苗补偿费和地上附着物补偿费；③安置补助费；④新菜地开发建设基金；⑤耕地开垦费和森林植被恢复费；⑥生态补偿与压覆矿产资源补偿费；⑦其他补偿费；⑧土地管理费。拆迁补偿金和迁移补偿费属于拆迁补偿费用。

3. **【答案】**B

【解析】本题考查的是用地与工程准备费。选项A错误，征用耕地的补偿费，为该耕地被征用前三年平均年产值的6～10倍。征用其他土地的补偿费标准，由省、自治区、直辖市参照征用耕地的土地补偿费标准制定。土地补偿费归农村集体经济组织所有。选项B正确，土地补偿费是对农村集体经济组织因土地被征用而造成的经济损失的一种补偿。选项C错误，凡在协商征地方案后抢种的农作物、树木等，一律不予补偿。选项D错误，地上附着物的补偿标准，由省、自治区、直辖市规定。

4. **【答案】**D

【解析】本题考查的是用地与工程准备费。安置补助费应支付给被征地单位和安置劳动力的单位，作为劳动力安置与培训的支出，以及作为不能就业人员的生活补助。土地补偿费归农村集体经济组织所有。每一个需要安置的农业人口的安置补助费标准，为该耕地被征收前三年平均年产值的4～6倍。但是，每公顷被征收耕地的安置补助费，最高不得超过被征收前三年平均年产值的15倍。土地补偿费和安置补助费，尚不能使需要安置的农民保持原有生活水平的，经省、自治区、直辖市人民政府批准，可以增加安置补助费。但是，土地补偿费和安置补助费的总和不得超过土地被征收前三年平均年产值的30倍。另外，对于失去土地的农民，还需要支付养老保险补偿。

5. **【答案】**A

【解析】本题考查的是用地与工程准备费。新菜地开发建设基金指征用城市郊区商品菜地时支付的费用。这项费用交给地方财政，作为开发建设新菜地的投资。菜地是指城市郊区为供应城市居民蔬菜，连续三年以上常年种菜地或者养殖鱼、虾等的商品菜地和精养鱼塘。一年只种一茬或因调整茬口安排种植蔬菜的，均不作为需要收取开发基金的菜地。征用尚未开发的规划菜地，不缴纳新菜地开发建设基金。在蔬菜产销放开口，能够满足供应，不再需要开发新菜地的城市，不收取新菜地开发基金。

6. **【答案】**B

【解析】本题考查的是用地与工程准备费。土地管理费主要作为征地工作中所发生的办公、会议、培训、宣传、差旅、借用人员工资等必要的费用。土地管理费的收取标准，一般是在土地补偿费、青苗补偿费和地上附着物补偿费、安置补助费四项费用之和的基础上提取2%～4%。

7. **【答案】**ABCE

【解析】本题考查的是用地与工程准备费。土地管理费主要作为征地工作中所发生的办公、会议、培训、宣传、差旅、借用人员工资等必要的费用。土地管理费的收取标准，一般是在土地补偿费、青苗补偿费和地上附着物补偿费、安置补助费四项费用之和的基础上提取2%～4%。

8. 【答案】B

【解析】建设用地如通过行政划拨方式取得，则须承担征地补偿费用或对原用地单位或个人的拆迁补偿费用，在城市规划区内国有土地上实施房屋拆迁，拆迁人应当对被拆迁人给予补偿、安置；若通过市场机制取得，则不但承担以上费用，还须向土地所有者支付有偿使用费，即土地出让金。

9. 【答案】A

【解析】迁移补偿费包括征用土地上的房屋及附属构筑物、城市公共设施等拆除、迁建补偿费、搬迁运输费，企业单位因搬迁造成的减产、停工损失补贴费，拆迁管理费等。

10. 【答案】A

【解析】用地与工程准备费是指取得土地与工程建设施工准备所发生的费用，包括土地使用费和补偿费、场地准备费、临时设施费等。

11. 【答案】C

【解析】本题考查的是用地与工程准备费。征地补偿费有：①土地补偿费；②青苗补偿费和地上附着物补偿费；③安置补助费；④新菜地开发建设基金；⑤耕地开垦费和森林植被恢复费；⑥生态补偿与压覆矿产资源补偿费；⑦其他补偿费；⑧土地管理费。

12. 【答案】C

【解析】新建项目的场地准备和临时设施费应根据实际工程量估算，或按工程费用的比例计算。改扩建项目一般只计拆除清理费。

13. 【答案】B

【解析】建设项目场地准备费是指为使工程项目的建设场地达到开工条件，由建设单位组织进行的场地平整等准备工作而发生的费用。

14. 【答案】D

【解析】选项A错误，拆迁补偿金补偿方式可以实行货币补偿，也可以实行房屋产权调换。选项B错误，货币补偿的金额根据被拆迁房屋的区位、用途、建筑面积等因素，以房地产市场评估价格确定，具体办法由省、自治区、直辖市人民政府制定。选项C错误，在过渡期限内，被拆迁人或者房屋承租人自行安排住处的，拆迁人应当支付临时安置补助费。选项D正确，被拆迁人或者房屋承租人使用拆迁人提供的周转房的，拆迁人不支付临时安置补助费。

15. 【答案】C

【解析】货币补偿的金额，根据被拆迁房屋的区位、用途、建筑面积等因素，以房地产市场评估价格确定。具体办法由省、自治区、直辖市人民政府制定。

16. 【答案】B

【解析】土地使用权出让合同约定的使用年限届满，土地使用者需要继续使用土地的，应当至迟于届满前一年申请续期，除根据社会公共利益需要收回该幅土地的，应当予以批准。

17. 【答案】C

【解析】在有偿出让和转让土地时，政府对地价不做统一规定，但应坚持以下原则：即地价对目前的投资环境不产生大的影响；地价与当地的社会经济承受能力相适应；地价要考虑已投入的土地开发费用、土地市场供求关系、土地用途、所在区类、容积率和使用年限等。有偿出让和转让使用权，要向土地受让者征收契税；转让土地如有增值，要向转让者征收土地增值税；土地使用者每年应按规定的标准缴纳土地使用费。土地使用权出让或转让，应先由地价评估机构进行价格评估后，再签订土地使用权出让和转让合同。

18. 【答案】BD

【解析】选项A错误，建设项目场地准备费是指为使工程项目的建设场地达到开工条件，由建设单位组织进行的场地平整等准备工作而发生的费用。选项B正确，场地准备及临时设施应尽量与永久性工程统一考虑。建设场地的大型土石方工程应进入工程费用中的总图运输费用中。选项C错误，选项D正确，新建项目的场地准备和临时设施费应根据实际工程量估算，或按工程费用的比例计算。改扩建项目一般

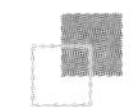

只计拆除清理费。选项E错误，场地准备和临时设施费＝工程费用×费率＋拆除清理费。

考点3 市政公用配套设施费

1. **【答案】**C

【解析】市政公用配套设施可以是界区外配套的水、电、路、信等，包括绿化、人防等配套设施。

考点4 技术服务费

1. **【答案】**B

【解析】技术服务费包括可行性研究费、专项评价费、勘察设计费、监理费、研究试验费、特殊设备安全监督检验费、监造费、招标费、设计评审费、技术经济标准使用费、工程造价咨询费及其他咨询费。

2. **【答案】**C

【解析】专项评价费包括环境影响评价费、安全预评价费、职业病危害预评价费、地震安全性评价费、地质灾害危险性评价费、水土保持评价费、压覆矿产资源评价费、节能评估费、危险与可操作性分析及安全完整性评价费以及其他专项评价费。

3. **【答案】**D

【解析】研究试验费是指为建设项目提供或验证设计数据、资料等进行必要的研究试验及按照相关规定在建设过程中必须进行试验、验证所需的费用。包括自行或委托其他部门研究试验所需人工费、材料费、试验设备及仪器使用费等。

4. **【答案】**AD

【解析】研究试验费包括自行或委托其他部门研究试验所需人工费、材料费、试验设备及仪器使用费等，不应包括以下项目：①应由科技三项费用（即新产品试制费、中间试验费和重要科学研究补助费）开支的项目；②应在建筑安装费用中列支的施工企业对建筑材料、构件和建筑物进行一般鉴定、检查所发生的费用及技术革新的研究试验费；③应由勘察设计费或工程费用中开支的项目。

考点5 建设期计列的生产经营费

1. **【答案】**D

【解析】专利及专有技术使用费的主要内容有：①工艺包费、设计及技术资料费、有效专利、专有技术使用费、技术保密费和技术服务费等；②商标权、商誉和特许经营权费；③软件费等。

2. **【答案】**D

【解析】建设期计列的生产经营费是指为达到生产经营条件在建设期发生或将要发生的费用，包括专利及专有技术使用费、联合试运转费、生产准备费等。

3. **【答案】**ABC

【解析】专利及专有技术使用费的计算应注意以下问题：①按专利使用许可协议和专有技术使用合同的规定计列。②专有技术的界定应以省、部级鉴定批准为依据。③项目投资中只计需在建设期支付的专利及专有技术使用费。协议或合同规定在生产期支付的使用费应在生产成本中核算。④一次性支付的商标权、商誉及特许经营权费按协议或合同规定计列。协议或合同规定在生产期支付的商标权或特许经营权费应在生产成本中核算。⑤为项目配套的专用设施投资，包括专用铁路线、专用公路、专用通信设施、送变电站、地下管道、专用码头等，如由项目建设单位负责投资但产权不归属本单位的，应作无形资产处理。

4. **【答案】**AC

【解析】联合试运转费是指新建或新增加生产能力的工程项目，在交付生产前按照设计文件规定的工程质量标准和技术要求，对整个生产线或装置进行负荷联合试运转所发生的费用净支出（试运转支出大于收入的差额部分费用）。试运转支出包括试运转所需原材料、燃料及动力消耗、低值易耗品、其他物料消耗、工具用具使用费、机械使用费、联合试运转人员工资、施工单位参加试运转人员工资、专家指导费，以及必要的工业炉烘炉费等；试运转收入包括试运转期间的产品销售收入和其他收入。联合试运转费不包括应由设备安装工程费用开支的调试及试车费用，以及在试运转中暴露出来的因施工原因或设备缺陷等发生的处理费用。

5. 【答案】D

【解析】专利及专有技术使用费的计算应注意以下问题：①按专利使用许可协议和专有技术使用合同的规定计列。②专有技术的界定应以省、部级鉴定批准为依据。③项目投资中只计需在建设期支付的专利及专有技术使用费。协议或合同规定在生产期支付的使用费应在生产成本中核算。④一次性支付的商标权、商誉及特许经营权费按协议或合同规定计列。协议或合同规定在生产期支付的商标权或特许经营权费应在生产成本中核算。⑤为项目配套的专用设施投资，包括专用铁路线、专用公路、专用通信设施、送变电站、地下管道、专用码头等，如由项目建设单位负责投资但产权不归属本单位的，应作无形资产处理。

6. 【答案】B

【解析】联合试运转费是指新建或新增加生产能力的工程项目，在交付生产前按照设计文件规定的工程质量标准和技术要求，对整个生产线或装置进行负荷联合试运转所发生的费用净支出（试运转支出大于收入的差额部分费用）。试运转支出包括试运转所需原材料、燃料及动力消耗、低值易耗品、其他物料消耗、工具用具使用费、机械使用费、联合试运转人员工资、施工单位参加试运转人员工资、专家指导费，以及必要的工业炉烘炉费等；试运转收入包括试运转期间的产品销售收入和其他收入。联合试运转费不包括应由设备安装工程费用开支的调试及试车费用，以及在试运转中暴露出来的因施工原因或设备缺陷等发生的处理费用。

7. 【答案】C

【解析】生产准备费＝设计定员×生产准备费指标（元/人）。

8. 【答案】AB

【解析】在建设期内，建设单位为保证项目正常生产所做的提前准备工作发生的费用，包括人员培训、提前进厂费，以及投产使用必备的办公、生活家具用具及工器具等的购置费用。包括：①人员培训及提前进厂费。包括自行组织培训或委托其他单位培训的人员工资、工资性补贴、职工福利费、差旅交通费、劳动保护费、学习资料费等。②为保证初期正常生产（或营业、使用）所必需的生产办公、生活家具用具购置费。

考点 6　工程保险费

1. 【答案】D

【解析】工程保险费是指为转移工程项目建设的意外风险，在建设期内对建筑工程、安装工程、机械设备和人身安全进行投保而发生的费用。包括建筑安装工程一切险、引进设备财产保险和人身意外伤害险等。不同的建设项目可根据工程特点选择投保险种。

考点 7　税费

1. 【答案】A

【解析】按财政部《基本建设项目建设成本管理规定》（财建〔2016〕504 号）工程其他费中的有关规定，税费统一归纳计列，是指耕地占用税、城镇土地使用税、印花税、车船使用税等和行政性收费，不包括增值税。

第五节　预备费和建设期利息的计算

考点 1　预备费

1. 【答案】B

【解析】基本预备费一般由以下四部分构成：①在批准的初步设计范围内，技术设计、施工图设计及施工过程中所增加的工程费用；设计变更、工程变更、材料代用、局部地基处理等增加的费用。②一般自然灾害造成的损失和预防自然灾害所采取的措施费用。实行工程保险的工程项目，该费用应适当降低。③不可预见的地下障碍物处理的费用。④超规超限设备运输增加的费用。价差预备费的内容包括：人工、设备、材料、施工机具的价差费，建筑安装工程费及工程建设其他费用调整，利率、汇率调整等增加的费用。价差预备费按估算年份价格水平的投资额为基数。

2. 【答案】D

【解析】本题考查的是价差预备费的测算方法，一般根据国家规定的投资综合价格指数，按照估算年份价格水平的投资为基数，采用复利计算。

3. 【答案】C

【解析】价差预备费是指为在建设期内利率、汇率或价格等因素的变化而预留的可能增加的费用，亦称为价格变动不可预见费。价差预备费的内容包括：人工、设备、材料、施工机具的价差费，建筑安装工程费及工程建设其他费用调整，利率、汇率调整等增加的费用。

4. 【答案】B

【解析】基本预备费是指投资估算或工程概算阶段预留的，由于工程实施中不可预见的工程变更及洽商、一般自然灾害处理、地下障碍物处理、超规超限设备运输等而可能增加的费用，亦可称为工程建设不可预见费。一般自然灾害造成的损失和预防自然灾害所采取的措施费用。实行工程保险的工程项目，该费用应适当降低。

5. 【答案】A

【解析】基本预备费费率的取值应执行国家及有关部门的规定。

6. 【答案】D

【解析】考生应掌握价差预备费的计算公式，并且应注意价差预备费的计算基数为静态投资。第二年投资计划额 $I_2=(7200+1800+400)\times40\%=3760$（万元）。第二年价差预备费 $PF_2=I_2[(1+f)^1(1+f)^{0.5}(1+f)^{2-1}-1]=3760\times[(1+6\%)^{2.5}-1]=589.63$（万元）。

7. 【答案】B

【解析】基本预备费是按工程费用和工程建设其他费用二者之和为计取基础，乘以基本预备费费率进行计算。该建设项目基本预备费 $=(2000+800+1500)\times10\%=430$（万元）。

8. 【答案】D

【解析】价差预备费一般根据国家规定的投资综合价格指数，按估算年份价格水平的投资额为基数，采用复利方法计算。静态投资计划额，包括工程费用、工程建设其他费用及基本预备费。

9. 【答案】A

【解析】对于年涨价率，政府部门有规定的按规定执行，没有规定的由可行性研究人员预测。

考点 2 建设期利息

1. 【答案】D

【解析】第一年的建设期利息 $=500/2\times10\%=25$（万元），第二年的建设期利息 $=(500+25+800/2)\times10\%=92.5$（万元）。

2. 【答案】B

【解析】因为是年初贷款，建设期利息按照全年计息。建设期利息当年支付，所以第一年的利息不需要计入到下一年。第一年建设期利息 $=300\times12\%=36$（万元），第二年的建设期利息 $=(600+300)\times12\%=108$（万元），第三年的建设期利息 $=(300+600+400)\times12\%=156$（万元），总的建设期利息 $=36+108+156=300$（万元）。

3. 【答案】B

【解析】在建设期，各年的利息计算如下：$q_1=1/2\times300\times10\%=15$（万元）；$q_2=(300+15+1/2\times400)\times10\%=51.5$（万元）。

4. 【答案】C

【解析】国外贷款利息的计算中，年利率应综合考虑贷款协议中向贷款方加收的手续费、管理费、承诺费，以及国内代理机构经国家主管部门批准的以年利率的方式向贷款单位收取的转贷费、担保费、管理费等。

5. 【答案】A

【解析】建设期利息主要是指在建设期内发生的为工程项目筹措资金的融资费用及债务资金利息。利用国外贷款的利息计算中，年利率应综合考虑贷款协议中向贷款方加收的手续费、管理费、承诺费，以及国内代理机构向贷款方收取的转贷费、担保费和管理费等。

6. 【答案】C

【解析】建设期各年应计利息：$q_1=600\times0.5\times10\%=30$（万元）。$q_2=$（600＋30＋1/2×800）×10%＝103（万元）。$q_3=$（630＋800＋103＋1/2×1200）×10%＝213.3（万元）。建设期利息＝30＋103＋213.3＝346.3（万元）。

7.【答案】C

【解析】建设期利息的计算，根据建设期资金用款计划，在总贷款分年均衡发放前提下，可按当年借款在年中支用考虑，即当年借款按半年计息，上年借款按全年计息。

第二章　建设工程计价原理、方法及计价依据

第一节　工程计价原理

考点 1　工程计价的含义

1. 【答案】D

【解析】选项 D 错误，将整个项目进行分解，划分为可以按有关技术参数测算价格的基本构造单元，即假定建筑安装产品（或称分部、分项工程），计算出基本构造单元的费用，再按照自下而上的分部组合计价法，计算出总造价。

考点 2　工程计价基本原理

1. 【答案】A

【解析】投资的匡算常常基于某个表明设计能力或者形体尺寸的变量，比如建筑面积、公路的长度、工厂的生产能力等。

2. 【答案】C

【解析】工程计价可分为工程计量和工程组价两个环节，选项 A 错误。建筑安装工程费中的人、材、机费用或者分部分项工程费可按相应单价计算，但其他各项费用还需按相应的取费程序进行计算，选项 B 错误。工程单价是指完成单位工程基本构造单元的工程量所需要的基本费用。工程单价包括工料单价和综合单价，选项 D 错误。

3. 【答案】D

【解析】工程计价可分为工程计量和工程组价两个环节。工程计量工作包括工程项目的划分和工程量的计算。单位工程基本构造单元的确定即划分工程项目。工程组价包括工程单价的确定和总价的计算。

4. 【答案】B

【解析】单位工程可以按照结构部位、路段长度及施工特点或施工任务分解为分部工程。分解成分部工程后，从工程计价的角度，还需要把分部工程按照不同的施工方法、材料、工序及路段长度等，加以更为细致的分解，划分为更为简单细小的部分，即分项工程。

5. 【答案】C

【解析】工程计价的基本原理是项目的分解和价格的组合。

6. 【答案】B

【解析】选项 A、C 是利用产出函数对建设项目投资进行匡算。选项 D，工程计价的基本原理是项目的分解和价格的组合。工程计价可分为工程计量和工程组价两个环节。

7. 【答案】BE

【解析】选项 A 错误，分部分项工程费 = ∑［基本构造单元工程量（定额项目或清单项目）×相应单价］，这里不一定为综合单价。选项 C 错误，综合单价分为清单综合单价（不完全综合单价）与全费用综合单价（完全综合单价）。选项 D 错误，工程总价根据计算程序的不同，分为单价法和实物量法。

8. 【答案】D

【解析】选项 A 错误，按照计价需要，将分项工程进一步分解或适当组合，就可以得到基本构造单元了。选项 B 错误，工料单价仅包括人工、材料、机具使用费，是各种人工消耗量、各种材料消耗量、各类施工机具台班消耗量与其相应单价的乘积。选项 C 错误，清单综合单价不包含规费和税金，全费用综合单价是包含规费和税金的。

考点 3　工程计价依据

1. 【答案】D

【解析】工程造价管理体系中的工程造价管理的标准体系、工程计价定额体系和工程计价信息体系是当前我国工程造价管理机构最主要的工作，也是工程计价的主要依据，一般也将这三项称为工程计价依据体系。不包括工程造价管理的相关法律法规体系。

2. 【答案】B

【解析】工程造价管理基础标准包括《工程

造价术语标准》(GB/T 50875)、《建设工程计价设备材料划分标准》(GB/T 50531)等。此外，我国目前还没有统一的建设工程造价费用构成标准，而这一标准的制定应是规范工程计价最重要的基础工作。

3.【答案】A

【解析】工程定额主要指国家、地方或行业主管部门制定的各种定额，包括工程消耗量定额和工程计价定额等。

4.【答案】B

【解析】选项A错误，工程计价定额包括预算定额、概算定额、概算指标和投资估算指标等。选项C错误，工期定额是工程定额的一种类型，不属于工程计价定额。选项D错误，应建立工程定额全面修订和局部修订相结合的动态调整机制。

5.【答案】C

【解析】根据《住房城乡建设部关于进一步推进工程造价管理改革的指导意见》(建标〔2014〕142号)的要求，工程定额的定位应为“对国有资金投资工程，作为其编制估算、概算、最高投标限价的依据；对其他工程仅供参考”。

考点4 工程计价基本程序

1.【答案】ACE

【解析】编制工程量清单时，可以依据施工组织设计、施工规范、验收规范确定的要素有项目名称、项目特征、工程量。

2.【答案】A

【解析】编制工程量清单时，可以依据施工组织设计、施工规范、验收规范确定的要素有项目名称、项目特征、工程量。

3.【答案】D

【解析】用工料单价法进行概预算编制，应按概算定额或预算定额规定的定额子目，逐项计算工程量，套用概预算定额单价(或单位估价表)确定直接费(包括人工费、材料费、施工机具使用费)，然后按规定的取费标准确定间接费(包括企业管理费、规费)，再计算利润和税金，经汇总后即为工程概预算价值。

4.【答案】AD

【解析】选项B错误，单位工程概预算造价=单位工程直接费+间接费+利润+税金。选项C错误，单项工程概预算造价=$\sum$单位工程概预算造价+设备及工器具购置费。选项E错误，建设项目概预算造价=$\sum$单项工程的概预算造价+预备费+工程建设其他费+建设期利息+流动资金。

5.【答案】B

【解析】在工程量清单计价过程中，单位工程造价=分部分项工程费+措施项目费+其他项目费+规费+税金。

6.【答案】A

【解析】选项B错误，风险费用是用于化解发承包双方在工程合同中约定的风险内容和范围的费用。选项C错误，综合单价是指完成一个规定清单项目所需的人工费、材料和工程设备费、施工机具使用费和企业管理费、利润以及一定范围内的风险费用。选项D错误，风险费用隐含于已标价工程量清单综合单价中。

7.【答案】AB

【解析】选项C错误，建设项目总造价=$\sum$单项工程造价。选项D错误，单项工程造价=$\sum$单位工程造价。选项E错误，单位工程造价=分部分项工程费+措施项目费+其他项目费+规费+税金。

8.【答案】A

【解析】选项A错误，招标人编制招标控制价的依据包括国家、地区或行业定额资料，工程造价信息、资料和指数，建设项目特点等；不包括企业定额。企业定额是投标人编制投标报价的依据。

考点5 工程定额体系

1.【答案】B

【解析】预算定额在正常的施工条件下，完成一定计量单位合格分项工程和结构构件所需消耗的人工、材料、施工机械台班数量及其费用标准。预算定额是一种计价性定额。

2.【答案】ACE

【解析】按定额的编制程序和用途分类，可以把工程定额分为施工定额、预算定额、概算定额、概算指标、投资估算指标等。

3.【答案】AD

【解析】选项A错误，投资估算指标是以建设项目、单项工程、单位工程为对象，反映建设总投资及其各项费用构成的经济指标。选项D错误，投资估算指标往往根据历史的预、决算资料和价格变动等资料编制，但其编制基础仍然离不开预算定额、概算定额。

4.【答案】D

【解析】选项A错误，全国统一定额是按主编单位和管理权限划分的。选项B错误，行业统一定额是考虑到各行业专业工程技术特点，以及施工生产和管理水平编制的。一般是只在本行业和相同专业性质的范围内使用。选项C错误，施工定额属于项目划分最细的生产性定额。

5.【答案】B

【解析】选项B错误，施工定额是施工企业内部使用的企业定额，并不是预算定额。

6.【答案】ABE

【解析】按主编单位和管理权限分类，工程定额可以分为全国统一定额、行业统一定额、地区统一定额、企业定额、补充定额等。安装工程定额是按照专业分类的，预算定额是按照定额的编制程序和用途分类的。

7.【答案】D

【解析】对相关技术规程和技术规范发生局部调整且不能满足工程计价需要的定额，部分子目已不适应工程计价需要的定额，应及时局部修订。

8.【答案】B

【解析】对相关技术规程和技术规范已全面更新且不能满足工程计价需要的定额，发布实施已满五年的定额，应全面修订。

9.【答案】A

【解析】对新型工程以及建筑产业现代化、绿色建筑、建筑节能等工程建设新要求，应及时制定新定额。

10.【答案】C

【解析】对定额发布后工程建设中出现的新技术、新工艺、新材料、新设备等情况，应根据工程建设需求及时编制补充定额。

11.【答案】C

【解析】概算指标是以单位工程为对象，反映完成一个规定计量单位建筑安装产品的经济指标。

12.【答案】C

【解析】选项A错误，概算定额是完成单位合格扩大分项工程或扩大结构构件所需消耗的人工、材料和施工机具台班的数量及其费用标准。概算指标是以单位工程为对象，反映完成一个规定计量单位建筑安装产品的经济指标。选项B错误，概算指标是一种计价性定额。选项D错误，概算指标的内容包括人工、材料、机具台班三个基本部分，同时还列出了分部工程量及单位工程的造价，是一种计价定额。

13.【答案】CE

【解析】选项C错误，概算定额一般是在预算定额的基础上综合扩大而成的。选项E错误，概算定额的项目划分粗细，与扩大初步设计的深度相适应。

14.【答案】A

【解析】选项B错误，概算定额的项目划分粗细，与扩大初步设计的深度相适应。选项C错误，概算定额是编制扩大初步设计概算、确定建设项目投资额的依据。选项D错误，投资估算指标的概略程度与可行性研究阶段相适应。

15.【答案】B

【解析】预算定额是在正常的施工条件下，完成一定计量单位合格分项工程或结构构件所需消耗的人工、材料、施工机具台班数量及其费用标准。

16.【答案】B

【解析】根据定额的编制程序和用途分类，属于生产性定额的是施工定额。

17.【答案】A

【解析】施工定额属于项目划分程度最细的生产性定额。预算定额是项目划分最细的计价性定额。

第二节　工程量清单计价方法

考点 1　工程量清单计价的范围和作用

1. 【答案】ABCD

【解析】使用国有资金投资的建设工程发承包，必须采用工程量清单计价。国有资金投资的项目包括全部使用国有资金（含国家融资资金）投资或国有资金投资为主的工程建设项目：①国有资金投资的工程建设项目包括：使用各级财政预算资金的项目；使用纳入财政管理的各种政府性专项建设资金的项目；使用国有企事业单位自有资金，并且国有资产投资者实际拥有控制权的项目。②国家融资资金投资的工程建设项目包括：使用国家发行债券所筹资金的项目；使用国家对外借款或者担保所筹资金的项目；使用国家政策性贷款的项目；国家授权投资主体融资的项目；国家特许的融资项目。③国有资金（含国家融资资金）为主的工程建设项目是指国有资金占投资总额50%以上，或虽不足50%但国有投资者实质上拥有控股权的工程建设项目。

2. 【答案】D

【解析】按照工程量清单计价的一般原理，工程量清单应是载明建设工程项目名称、项目特征、计量单位和工程数量等的明细清单，工程量清单又可分为招标工程量清单和已标价工程量清单，由招标人根据国家标准、招标文件、设计文件以及施工现场实际情况编制的称为招标工程量清单，作为投标文件组成部分的已标明价格并经承包人确认的称为已标价工程量清单。招标工程量清单应由具有编制能力的招标人或受其委托，具有相应资质的工程造价咨询人或招标代理人编制。采用工程量清单方式招标，招标工程量清单必须作为招标文件的组成部分，其准确性和完整性由招标人负责。招标工程量清单应以单位（项）工程为单位编制，由分部分项工程项目清单，措施项目清单，其他项目清单，规费项目、税金项目清单组成。

3. 【答案】D

【解析】使用国有资金投资的建设工程发承包，必须采用工程量清单计价；非国有资金投资的建设工程，宜采用工程量清单计价；不采用工程量清单计价的建设工程，应执行清单计价规范中除工程量清单等专门性规定外的其他规定。

4. 【答案】B

【解析】采用工程量清单方式招标，招标工程量清单必须作为招标文件的组成部分，其准确性和完整性由招标人负责。

5. 【答案】DE

【解析】选项A错误，采用工程量清单方式招标，招标工程量清单必须作为招标文件的组成部分。选项B错误，我国目前使用的《建设工程工程量清单计价规范》主要用于施工图完成后进行发包的阶段。选项C错误，招标工程量清单应由具有编制能力的招标人或受其委托，具有相应资质的工程造价咨询人或招标代理人编制。

6. 【答案】CDE

【解析】选项C错误，非国有资金投资的建设工程，宜采用工程量清单计价。选项D错误，不采用工程量清单计价的建设工程，应执行清单计价规范中除工程量清单等专门性规定外的其他规定。选项E错误，国有资金（含国家融资资金）为主的工程建设项目是指国有资金占投资总额50%以上，或虽不足50%但国有投资者实质上拥有控股权的工程建设项目。属于国有资金投资的项目，必须采用工程量清单计价。

7. 【答案】ABDE

【解析】工程量清单计价的作用：①提供一个平等的竞争条件；②满足市场经济条件下竞争的需要；③有利于提高工程计价效率，能真正实现快速报价；④有利于工程款的拨付和工程造价的最终结算，可在某种程度上减少业主与施工单位之间的纠纷；⑤有利于业主对投资的控制。

考点 2　分部分项工程项目清单

1. 【答案】C

【解析】在编制补充项目时，应注意以下三个方面：①补充项目的编码应按计量规范的规定确定。具体做法如下：补充项目的编码由计量规范的代码与B和三位阿拉伯数字组成，并应从001起顺序编制，同一招标工程的项目不得重码。②在工程量清单中应附补充项目的项目名称、项目特征、计量单位、工程量计算规则和工作内容。③将编制的补充项目报省级或行业工程造价管理机构备案。

2.【答案】A

【解析】项目特征是构成分部分项工程项目、措施项目自身价值的本质特征。

3.【答案】B

【解析】项目特征是构成分部分项工程项目、措施项目自身价值的本质特征。分部分项工程量清单的项目特征应按各专业工程计量规范附录中规定的项目特征，结合技术规范、标准图集、施工图纸，按照工程结构、使用材质及规格或安装位置等，予以详细而准确的表述和说明。在各专业工程计量规范附录中还有关于各清单项目“工程内容”的描述。工程内容是指完成清单项目可能发生的具体工作和操作程序，但应注意的是，在编制分部分项工程量清单时，工程内容通常无需描述。

4.【答案】A

【解析】分部分项工程项目清单必须载明项目编码、项目名称、项目特征、计量单位和工程量。在编制分部分项工程量清单时要求：①工程内容通常无需描述。②当同一标段（或合同段）的一份工程量清单中含有多个单位工程且工程量清单是以单位工程为编制对象时，项目编码十至十二位的设置不得有重码。③当计量单位有两个或两个以上时，应根据所编工程量清单项目的特征要求，选择最适宜表现该项目特征并方便计量的单位。④所有清单项目的工程量应以实体工程量为准，并以完成后的净值计算；投标人投标报价时，应在单价中考虑施工中的各种损耗和需要增加的工程量。

5.【答案】D

【解析】选项A错误，补充项目的编码由工程量计算规范的代码与B和三位阿拉伯数字组成。选项B错误，补充项目的内容应包括工作内容。在工程量清单中应附补充项目的项目名称、项目特征、计量单位、工程量计算规则和工作内容。选项C错误，将编制的补充项目报省级或行业工程造价管理机构备案。

6.【答案】B

【解析】各级编码代表的含义如下：①第一级表示专业工程代码（分二位）；②第二级表示附录分类顺序码（分二位）；③第三级表示分部工程顺序码（分二位）；④第四级表示分项工程项目名称顺序码（分三位）；⑤第五级表示工程量清单项目名称顺序码（分三位）。

7.【答案】A

【解析】为计取规费等的使用，可在表中增设“其中：定额人工费”。

8.【答案】B

【解析】计量单位的有效位数应遵守下列规定：①以“t”为单位，应保留二位小数，第四位小数四舍五入。②以“m^3”“m^2”“m”“kg”为单位，应保留两位小数，第三位小数四舍五入。③以“个”“项”等为单位，应取整数。

9.【答案】A

【解析】各级编码代表的含义如下：①第一级表示专业工程代码（分二位）；②第二级表示附录分类顺序码（分二位）；③第三级表示分部工程顺序码（分二位）；④第四级表示分项工程项目名称顺序码（分三位）；⑤第五级表示工程量清单项目名称顺序码（分三位）。

10.【答案】D

【解析】分部分项工程项目清单必须载明项目编码、项目名称、项目特征、计量单位和工程量，不包括综合单价。在分部分项工程项目清单的编制过程中，由招标人负责项目编码、项目名称、项目特征、计量单位和工程量的内容填列，金额部分在编制招标控制价或投标报价时填列。

11.【答案】B

【解析】选项A错误，清单项目编码以五级

编码设置，用十二位阿拉伯数字表示。选项B正确，一、二、三、四级编码为全国统一，即一至九位应按工程量计算规范附录的规定设置。选项C错误，第五级即十至十二位为清单项目编码，应根据拟建工程的工程量清单项目名称设置，不得有重号，这三位清单项目编码由招标人针对招标工程项目具体编制，并应自001起顺序编制。选项D错误，当同一标段（或合同段）的一份工程量清单中含有多个单位工程且工程量清单是以单位工程为编制对象时，在编制工程量清单时应特别注意对项目编码十至十二位的设置不得有重码的规定。

12.【答案】C

【解析】选项A错误，分部分项工程项目清单的项目名称应按各专业工程工程量计算规范附录的项目名称结合拟建工程的实际确定。选项B错误，各专业工程量计算规范中的分项工程项目名称如有缺陷，招标人可做补充，并报当地工程造价管理机构（省级）备案。选项D错误，在编制分部分项工程项目清单时，以附录中的分项工程项目名称为基础，考虑该项目的规格、型号、材质等特征要求，结合拟建工程的实际情况，使其工程量清单项目名称具体化、细化，以反映影响工程造价的主要因素。

13.【答案】A

【解析】选项B错误，分部分项工程项目清单的项目特征应按各专业工程工程量计算规范附录中规定的项目特征，结合技术规范、标准图集、施工图纸，按照工程结构、使用材质及规格或安装位置等，予以详细而准确的表述和说明。选项C错误，当计量单位有两个或两个以上时，应根据所编工程量清单项目的特征要求，选择最适宜表现该项目特征并方便计量的单位。选项D错误，除另有说明外，所有清单项目的工程量应以实体工程量为准，并以完成后的净值计算；投标人投标报价时，应在单价中考虑施工中的各种损耗和需要增加的工程量。

14.【答案】C

【解析】没有具体数量的清单项目的计量单位为“宗”“项”。

考点 3 措施项目清单

1.【答案】ACE

【解析】有些措施项目则是可以计算工程量的项目，如脚手架工程，混凝土模板及支架（撑），垂直运输，超高施工增加，大型机械设备进出场及安拆，施工排水、降水等，这类措施项目按照分部分项工程量清单的方式采用综合单价计价，更有利于措施费的确定和调整。

2.【答案】BDE

【解析】在编制总价措施项目清单与计价表时有以下注意事项：①“计算基础”中安全文明施工费可为“定额基价”“定额人工费”或“定额人工费＋定额机械费”，其他项目可为“定额人工费”或“定额人工费＋定额机械费”；②按施工方案计算的措施费，若无“计算基础”和“费率”的数值，也可只填“金额”数值，但应在备注栏说明施工方案出处或计算方法。

3.【答案】A

【解析】措施项目费用的发生与使用时间、施工方法或者两个以上的工序相关，并大都与实际完成的实体工程量的大小关系不大，如安全文明施工费，夜间施工，非夜间施工照明，二次搬运，冬雨季施工，地上地下设施、建筑物的临时保护设施，已完工程及设备保护等。措施项目中不能计算工程量的项目清单，以“项”为计量单位进行编制。

4.【答案】BDE

【解析】措施项目费用的发生与使用时间、施工方法或者两个以上的工序相关，如安全文明施工费，夜间施工，非夜间施工照明，二次搬运，冬雨季施工，地上地下设施、建筑物的临时保护设施，已完工程及设备保护等。但是有些措施项目则是可以计算工程量的项目，如脚手架工程，混凝土模板及支架（撑），垂直运输、超高施工增加，大型机械设备进出场及安拆，施工排水、降水等，这类措施项目按照分部分项工程量清单的方式采用综合单价计价，更有利于措施费的确定和调整。

5.【答案】B

【解析】措施项目费用的发生与使用时间、施工方法或者两个以上的工序相关，如安全文明施工费，夜间施工，非夜间施工照明，二次搬运，冬雨季施工，地上地下设施、建筑物的临时保护设施，已完工程及设备保护等。但是有些措施项目则是可以计算工程量的项目，如脚手架工程，混凝土模板及支架（撑），垂直运输、超高施工增加，大型机械设备进出场及安拆，施工排水、降水等，这类措施项目按照分部分项工程量清单的方式采用综合单价计价，更有利于措施费的确定和调整。措施项目中可以计算工程量的项目清单宜采用分部分项工程量清单的方式编制，列出项目编码、项目名称、项目特征、计量单位和工程量计算规则；不能计算工程量的项目清单，以“项”为计量单位进行编制。

6.【答案】ABC

【解析】“计算基础”中安全文明施工费可为“定额基价”“定额人工费”或“定额人工费＋定额施工机具使用费”，其他项目可为“定额人工费”或“定额人工费＋定额施工机具使用费”。

7.【答案】ACD

【解析】措施项目清单的编制依据主要有：①施工现场情况、地勘水文资料、工程特点；②常规施工方案；③与建设工程有关的标准、规范、技术资料；④拟定的招标文件；⑤建设工程设计文件及相关资料。

【名师点拨】措施项目清单的编制依据应为“常规施工方案”。

8.【答案】ACDE

【解析】“计算基础”中除安全文明施工费之外的其他项目可为“定额人工费”或“定额人工费＋定额施工机具使用费”，选项B不正确。

考点 4 其他项目清单

1.【答案】B

【解析】暂估价是指招标人在工程量清单中提供的用于支付必然发生但暂时不能确定价格的材料、工程设备以及专业工程的金额，包括材料暂估单价、工程设备暂估单价、专业工程暂估价。

2.【答案】A

【解析】总承包服务费计价表的编制，项目名称、服务内容由招标人填写，编制招标控制价时，费率及金额由招标人按有关计价规定确定；投标时，费率及金额由投标人自主报价，计入投标总价中。

3.【答案】D

【解析】材料、工程设备暂估价计入工程量清单综合单价报价中。暂列金额和专业工程暂估价由招标人确定，投标人应根据招标人列出的金额计入投标总价中。总承包服务费的费率及金额由投标人自主报价，计入投标总价中。

4.【答案】A

【解析】暂列金额由招标人填写，如不能详列，也可只列暂定金额总额，投标人应将上述暂列金额计入投标总价中。

5.【答案】D

【解析】暂估价是指招标人在工程量清单中提供的用于支付必然发生但暂时不能确定价格的材料、工程设备的单价以及专业工程的金额，包括材料暂估单价、工程设备暂估单价和专业工程暂估价。为方便合同管理，需要纳入分部分项工程项目清单综合单价中的暂估价应只是材料、工程设备暂估单价，以方便投标人组价。专业工程的暂估价一般应是综合暂估价，包括人工费、材料费、施工机具使用费、企业管理费和利润，不包括规费和税金。

6.【答案】A

【解析】在施工过程中，承包人完成发包人提出的工程合同范围以外的零星项目或工作，按合同中约定的单价计价的一种方式。

7.【答案】A

【解析】选项B错误，计日工表项目名称、暂定数量由招标人填写。选项C错误，计日工主要适用于发包人提出的工程合同范围以外的零星项目或工作。选项D错误，投标时，计日工表的单价由投标人自主报价。

8.【答案】B

【解析】在总承包服务费计价表中，投标时费率及金额由投标人自主报价，计入投标总价中。

9. 【答案】B

【解析】计日工是为了解决现场发生的零星工作的计价而设立的。

10. 【答案】ABDE

【解析】工程建设标准的高低、工程的复杂程度、工程的工期长短、工程的组成内容、发包人对工程管理的要求等都直接影响其他项目清单的具体内容。

11. 【答案】C

【解析】选项A错误，暂列金额是招标人在工程量清单中暂定并包括在合同价款中的一笔款项。选项B错误，暂列金额是用于工程合同签订时尚未确定或者不可预见的所需材料、工程设备、服务的采购，施工中可能发生的工程变更、合同约定调整因素出现时的合同价款调整以及发生的索赔、现场签证确认等的费用。选项D错误，设立暂列金额并不能保证合同结算价格不会出现超过合同价格的情况，是否超出合同价格完全取决于工程量清单编制人对暂列金额预测的准确性，以及工程建设过程中是否出现了其他事先未预测到的事件。

12. 【答案】A

【解析】暂列金额明细表由招标人填写，如不能详列，也可只列暂定金额总额，投标人应将上述暂列金额计入投标总价中。

13. 【答案】BD

【解析】选项A错误，暂估价包括材料暂估单价、工程设备暂估单价和专业工程暂估价。选项C错误，为方便合同管理，需要纳入分部分项工程项目清单综合单价中的暂估价应只是材料、工程设备暂估单价，以方便投标人组价。选项E错误，专业工程暂估价中的材料、工程设备暂估单价应根据工程造价信息或参照市场价格估算，列出明细表。

14. 【答案】A

【解析】选项B错误，招标人填写“暂估单价”，并在备注栏说明暂估价的材料、工程设备拟用在哪些清单项目上，投标人应将上述材料、工程设备暂估价计入工程量清单综合单价报价中。选项C错误，专业工程的暂估价金额由招标人填写。选项D错误，专业工程暂估价及结算价表中“暂估金额”由招标人填写，投标人应将“暂估金额”计入投标总价中。结算时按合同约定结算金额填写。

第三节　建筑安装工程人工、材料和施工机具台班消耗量的确定

考点 1　施工过程分解及工时研究

1. 【答案】D

【解析】选项A错误，测时法只适用于测定重复的循环工作时间。选项B错误，接续测时法比选择测时法正确、完善，但观察技术也较之复杂。选项C错误，当所测定的各工序的延续时间较短时，选择测时法更加方便、简单。

2. 【答案】ACD

【解析】有效工作时间是从生产效果来看与产品生产直接有关的时间消耗。其中，包括基本工作时间、辅助工作时间、准备与结束工作时间的消耗。

3. 【答案】D

【解析】准备施工工具花费的时间属于准备与结束时间，是有效工作时间的三项内容之一。

4. 【答案】D

【解析】施工机械消耗时间分为必需消耗时间和损失时间。在必需消耗的工作时间里，包括有效工作、不可避免的无负荷工作和不可避免的中断三项时间消耗。而在有效工作的时间消耗中又包括正常负荷下、有根据地降低负荷下的工时消耗。因机械保养而中断使用的时间属于不可避免中断时间的内容。选项A属于机器的多余工作时间，选项B属于非施工本身造成的停工时间，选项C属于低负荷下的工作时间，这三项都属于损失时间。

5.【答案】C

【解析】施工过程的影响因素包括技术因素、组织因素和自然因素。其中技术因素包括产品的种类和质量要求，所有材料、半成品、构配件的类别、规格和性能，所用工具和机械设备的类别、型号、性能及完好情况。

6.【答案】D

【解析】低负荷下的工作时间，是由于工人或技术人员的过错所造成的施工机械在降低负荷的情况下工作的时间。例如，工人装车的砂石数量不足引起的汽车在降低负荷的情况下工作所延续的时间。此项工作时间不能作为计算时间定额的基础。

7.【答案】B

【解析】机器的多余工作时间，一是机器进行任务内和工艺过程内未包括的工作而延续的时间，如工人没有及时供料而使机器空运转的时间；二是机械在负荷下所做的多余工作，如混凝土搅拌机搅拌混凝土时超过规定搅拌时间，即属于多余工作时间。

8.【答案】B

【解析】选项A错误，当采用工作日写实法取得编制定额的基础资料时，通常需要测定3～4次。选项C错误，工作日写实法不需要将有效工作时间分类。选项D错误，工作日写实法是一种研究整个工作班内的各种工时消耗的方法。

9.【答案】B

【解析】施工过程的影响因素包括技术因素、组织因素和自然因素：①技术因素。包括产品的种类和质量要求，所用材料、半成品、构配件的类别、规格和性能，所用工具和机械设备的类别、型号、性能及完好情况等。②组织因素。包括施工组织与施工方法、劳动组织、工人技术水平、操作方法和劳动态度、工资分配方式、劳动竞赛等。③自然因素。包括酷暑、大风、雨、雪、冰冻等。

10.【答案】A

【解析】测时法确定观测次数较为科学的方法，应该是依据误差理论和经验数据相结合的方法来判断。需要的观察次数与要求的算术平均值精确度及数列的稳定系数有关。

11.【答案】D

【解析】必需消耗的工作时间是工人在正常施工条件下，为完成一定合格产品（工作任务）所消耗的时间，是制定定额的主要依据，包括有效工作时间、休息时间和不可避免中断时间的消耗。

12.【答案】C

【解析】测时法只用来测定施工过程中循环组成部分工作时间消耗，不研究工人休息、准备与结束及其他非循环的工作时间。

13.【答案】A

【解析】有效工作时间是从生产效果来看与产品生产直接有关的时间消耗。其中包括基本工作时间、辅助工作时间、准备与结束工作时间的消耗。

14.【答案】A

【解析】损失时间是与产品生产无关，而与施工组织和技术上的缺点有关，与工人在施工过程中的个人过失或某些偶然因素有关的时间消耗，损失时间中包括有多余和偶然工作、停工、违背劳动纪律所引起的工时损失。偶然工作也是工人在任务外进行的工作，但能够获得一定产品。如抹灰工不得不补上偶然遗留的墙洞等。由于偶然工作能获得一定产品，拟定定额时要适当考虑它的影响。选项B是不可避免的中断时间，选项C是辅助工作时间，选项D是准备与结束工作时间，都属于必需消耗的时间。

15.【答案】B

【解析】不可避免的无负荷工作时间是由施工过程的特点和机械结构的特点造成的机械无负荷工作时间。例如，筑路机在工作区末端调头等，就属于此项工作时间的消耗。

16.【答案】A

【解析】在必需消耗的工作时间里，包括有效工作、不可避免的无负荷工作和不可避免的中断三项时间消耗。而在有效工作的时间消耗中又包括正常负荷下、有根据地降低负荷下的工时消耗。有根据地降低负荷下的工作时间是在个别情况下由于技术上的原因，机器在低于其计算负荷下工作的时间。例如，汽车运输重量轻而体积大的货物时，不能充分利用汽车的载重吨位，因而不得不降低其计算负荷。

17. 【答案】D

【解析】写实记录法是一种研究各种性质的工作时间消耗的方法，包括基本工作时间、辅助工作时间、不可避免中断时间、准备与结束时间以及各种损失时间。测时法只用来测定施工过程中循环组成部分工作时间消耗，不研究工人休息、准备与结束及其他非循环的工作时间。

18. 【答案】A

【解析】工作日写实法用于检查定额的执行情况时，通常需要测定1～3次。

19. 【答案】AB

【解析】选项C、E错误，工作过程是由同一工人或同一小组所完成的在技术操作上相互有机联系的工序的总合体。其特点是劳动者和劳动对象不发生变化，而使用的劳动工具可以变换。选项D错误，综合工作过程是同时进行的，在组织上有直接联系的，为完成一个最终产品结合起来的各个施工过程的总和。

20. 【答案】D

【解析】基本工作时间通过工艺过程可以使材料改变外形，如钢筋煨弯等；可以改变材料的结构与性质，如混凝土制品的养护干燥等；可以使预制构配件安装组合成型；也可以改变产品外部及表面的性质，如粉刷、油漆等。基本工作时间所包括的内容依工作性质各不相同。基本工作时间的长短和工作量的大小成正比例。

21. 【答案】D

【解析】辅助工作时间是为保证基本工作能顺利完成所消耗的时间。在辅助工作时间里，不能使产品的形状大小、性质或位置发生变化。辅助工作时间的结束，往往就是基本工作时间的开始。辅助工作一般是手工操作。但如果在机手并动的情况下，辅助工作是在机械运转过程中进行的，为避免重复则不应再计辅助工作时间的消耗。

【名师点拨】工作时间不同分类内涵的知识点很重要，是理解定额计算的基础，考生应掌握。

22. 【答案】B

【解析】有效工作时间包括基本工作时间、辅助工作时间、准备与结束工作时间。

23. 【答案】D

【解析】准备与结束工作时间的长短与所负担的工作量大小无关，但往往和工作内容有关。

24. 【答案】ABCD

【解析】损失时间是与产品生产无关，而与施工组织和技术上的缺点有关，与工人在施工过程中的个人过失或某些偶然因素有关的时间消耗。损失时间中包括有多余和偶然工作、停工、违背劳动纪律所引起的工时损失。必需消耗的时间是制定定额的主要依据。

25. 【答案】ADE

【解析】损失时间中包括有多余和偶然工作、停工、违背劳动纪律所引起的工时损失。休息时间、不可避免的中断时间属于必需消耗的时间。

26. 【答案】CE

【解析】由于偶然工作能获得一定产品，拟定定额时要适当考虑它的影响。非施工本身造成的停工时间，是由于停电等外因引起的停工时间，在定额中则应给予合理的考虑。

27. 【答案】ADE

【解析】选项B错误，当所测定的各工序或操作的延续时间较短时，连续测定比较困难，用选择法测时比较方便、简单。选项C错误，接续法测时也称作连续法测时，比选择法测时准确、完善，但观察技术也较之复杂。

28. 【答案】BCDE

【解析】延续时间的确定，是指在采用写实记录法中任何一种方法进行测定时，对每个被测施工过程或同时测定两个以上施工过程所需的总延续时间的确定。延续时间

的确定，应立足于既不能消耗过多的观察时间，又能得到比较可靠和准确的结果，选项A错误。影响写实记录法延续时间的主要因素有：所测施工过程的广泛性和经济价值；已经达到的功效水平的稳定程度；同时测定不同类型施工过程的数目；被测定的工人人数以及测定完成产品的可能次数等。

29. 【答案】DE

【解析】选项A错误，工作日写实法用于检查定额的执行情况。选项B错误，测时法主要适用于测定定时重复循环的工作。选项C错误，工作日写实法是我国一种采用较广的编制定额的方法。

30. 【答案】A

【解析】选项B错误，工作日写实法的缺点主要是由于有观察人员在场，即使在观察前做了充分准备，仍不免在工时利用上有一定的虚假性。选项C错误，工作日写实法是一种研究整个工作班内的各种工时消耗的方法。选项D错误，工作日写实法用于编制定额的基础资料时，需要测定3～4次。

考点2 确定人工定额消耗量的基本方法

1. 【答案】D

【解析】基本工作时间＝6/8＝0.75（工日/m^2）；工序作业时间＝0.75/（1－8%）＝0.82（工日/m^2）；时间定额＝0.82/（1－15%）＝0.96（工日/m^2）。

2. 【答案】B

【解析】标准砖规格为240mm×115mm×53mm，灰缝宽10mm，故一砖半墙的厚度＝0.24＋0.115＋0.01＝0.365（m）；一砖半厚的砖墙，其每立方米砌体墙面面积的换算系数为1/0.365＝2.74（m^2）；则每立方米砌体所需的勾缝时间是：2.74×10＝27.4（min）；换算成工日＝27.4/60/8＝0.057（工日/m^3），工序作业时间＝0.057/（1－2%）＝0.058（工日/m^3），时间定额＝0.058/（1－3%－2%－15%）＝0.073（工日/m^3）。

3. 【答案】D

【解析】工作日为8小时，基本工作时间＝7/8＝0.875（工日/m^3）；工序作业时间＝0.875/（1－2%）＝0.893（工日/m^3）；定额时间＝0.893/（1－3%－2%－18%）＝1.16（工日/m^3）；产量定额＝1/1.16＝0.862（m^3/工日）。

考点3 确定材料定额消耗量的基本方法

1. 【答案】D

【解析】砖净用量＝1/［0.24×（0.24＋0.01）×（0.053＋0.01）］×1×2＝529（块）；砂浆净用量＝1－529×（0.24×0.115×0.053）＝0.226（m^3）；砂浆消耗量定额＝0.226×（1＋5%）＝0.237（m^3）。

2. 【答案】B

【解析】现场技术测定法，又称观测法，是根据对材料消耗过程的测定与观察，通过完成产品数量和材料消耗量的计算而确定各种材料消耗定额的一种方法。

3. 【答案】B

【解析】材料净用量＝0.90/7.2%＝12.50（kg），材料消耗量＝12.50＋0.90＝13.40（kg）。

4. 【答案】B

【解析】一砖半墙，每立方米砌体墙面面积的换算系数为1/0.365＝2.74（m^2），则每立方米砌体所需的勾缝时间是：2.74×8＝21.92（min）。

5. 【答案】C

【解析】砖净用量＝1/［0.24×（0.24＋0.01）×（0.053＋0.01）］×1×2＝529.1（块）。每立方米砖墙中砖定额消耗量＝净用量×（1＋施工损耗率）＝529.1×（1＋1.5%）＝537.04（块）。

6. 【答案】C

【解析】选项A错误，必须消耗的材料，是指在合理用料的条件下生产合格产品需要消耗的材料，包括直接用于建筑和安装工程的材料、不可避免的施工废料、不可避免的材料损耗。选项B错误，必须消耗的材料属于施工正常消耗，是确定材料消耗定额的基本数据。其中，直接用于建筑和安装工程的材料编制材料净用量定额，不可避免的施工废料和材料损耗编制材料损耗定额。选项D错误，非实体材料主要是指周转性材料，如模板、脚手架、支撑等。

7.【答案】B

【解析】选项A错误，现场技术测定法主要适用于测定材料损耗量。选项C错误，现场统计法一般只能确定材料总消耗量，不能确定必须消耗的材料和损失量；此外，其准确程度受到统计资料和实际使用材料的影响。因而不能作为确定材料净用量定额和材料损耗定额的依据，只能作为编制定额的辅助性方法使用。选项D错误，理论计算法适合于不易产生损耗，且容易确定废料的材料消耗量的计算。

8.【答案】C

【解析】现场统计法是以施工现场积累的分部分项工程使用材料数量、完成产品数量、完成工作原材料的剩余数量等统计资料为基础，经过整理分析，获得材料消耗数据的方法。

9.【答案】ABD

【解析】必须消耗的材料，是指在合理用料的条件下生产合格产品需要消耗的材料，包括直接用于建筑和安装工程的材料、不可避免的施工废料、不可避免的材料损耗。

【名师点拨】场内的损耗计入消耗量里面，场外以及仓储损耗计入材料单价中。

10.【答案】C

【解析】理论计算法，是根据施工图和建筑构造要求，用理论计算公式计算出产品的材料净用量的方法。这种方法较适合于不易产生损耗，且容易确定废料的材料消耗量的计算。

11.【答案】ACE

【解析】选项B错误，现场技术测定法主要适用于确定材料损耗量。选项D错误，现场统计法方法一般只能确定材料总消耗量，不能确定必须消耗的材料和损失量。此外，由于其准确程度受到统计资料和实际使用材料的影响，因而不能作为确定材料净用量定额和材料损耗定额的依据，只能作为编制定额的辅助性方法使用。

12.【答案】A

【解析】材料的损耗一般以损耗率表示。材料损耗率可以通过观察法或统计法确定。材料损耗率的计算通常采用以下公式：损耗率＝损耗量/净用量×100%。

考点4 确定施工机具台班定额消耗量的基本方法

1.【答案】D

【解析】该挖掘机一次循环的正常延续时间＝30＋15＋10＋5＋5－5＝60（s）。1h的循环次数＝3600/60＝60（次）。1h纯工作正常生产率＝300×60＝18000（L）＝18（m^3）。挖掘机台班产量定额＝18×8×0.85＝122.4（m^3/台班）。挖掘机台班时间定额＝1/122.4＝0.008（台班/m^3）。

2.【答案】C

【解析】选项A错误，机械时间利用系数＝机械在一个工作班内纯工作时间/一个工作班延续时间（8h）。选项B错误，机械一次循环的正常延续时间＝∑（循环各组成部分正常延续时间）－交叠时间。选项D错误，施工机械台班产量定额＝机械1h纯工作正常生产率×工作班延续时间×机械时间利用系数。

3.【答案】C

【解析】产量定额＝［0.8×（60/2.5）］×8×0.90＝138.24（m^3/台班）。

第四节 建筑安装工程人工、材料和施工机具台班单价的确定

考点1 人工日工资单价的组成和确定方法

1.【答案】B

【解析】人工日工资单价由计时工资或计件工资、奖金、津贴补贴以及特殊情况下支付的工资组成。病假人员的工资计入到特殊情况下支付的工资。特殊情况下支付的工资，是指根据国家法律、法规和政策规定，因病、工伤、产假、计划生育假、婚丧假、事假、探亲假、定期休假、停工学习、执行国家或社会义务等原因按计时工资标

准或计件工资标准的一定比例支付的工资。

2. 【答案】ACE

【解析】影响人工日工资单价的因素很多，归纳起来有以下方面：①社会平均工资水平；②生活消费指数；③人工日工资单价的组成内容；④劳动力市场供需变化；⑤政府推行的社会保障和福利政策也会影响人工日工资单价的变动。

3. 【答案】D

【解析】特殊情况下支付的工资是指根据国家法律、法规和政策规定，因病、工伤、产假、计划生育假、婚丧假、事假、探亲假、定期休假、停工学习、执行国家或社会义务等原因，按计时工资标准或计时工资标准的一定比例支付的工资。

4. 【答案】B

【解析】特殊情况下支付的工资是指根据国家法律、法规和政策规定，因病、工伤、产假、计划生育假、婚丧假、事假、探亲假、定期休假、停工学习、执行国家或社会义务等原因，按计时工资标准或计时工资标准的一定比例支付的工资。选项A属于津贴补贴，选项C属于奖金，选项D属于企业管理费。

5. 【答案】B

【解析】津贴补贴，是指为了补偿职工特殊或额外的劳动消耗和因其他原因支付给个人的津贴，以及为了保证职工工资水平不受物价影响支付给个人的物价补贴，如流动施工津贴、特殊地区施工津贴、高温（寒）作业临时津贴、高空津贴等。选项A属于奖金，选项C、D属于特殊情况下支付的工资。

6. 【答案】C

【解析】年平均每月法定工作日＝（全年日历日－法定假日）/12，法定假日指双休日和法定节日。

7. 【答案】C

【解析】影响人工日工资单价的因素很多，归纳起来有以下方面：①社会平均工资水平；②生活消费指数；③人工日工资单价的组成内容；④劳动力市场供需变化；⑤政府推行的社会保障和福利政策也会影响人工日工资单价的变动。

8. 【答案】C

【解析】工程造价管理机构确定日工资单价应根据工程项目的技术要求，通过市场调查并参考实物工程量人工单价综合分析确定，发布的最低日工资单价不得低于工程所在地人力资源和社会保障部门所发布的最低工资标准：普工1.3倍、一般技工2倍、高级技工3倍。

9. 【答案】ABD

【解析】人工日工资单价由计时工资或计件工资、奖金、津贴补贴以及特殊情况下支付的工资组成。劳动保护费和职工福利费属于企业管理费。

考点2 材料单价的组成和确定方法

1. 【答案】BCE

【解析】采购及保管费是指为组织采购、供应和保管材料过程中所需要的各项费用，包括采购费、仓储费、工地保管费和仓储损耗。

2. 【答案】A

【解析】应将含税的原价和运杂费调整为不含税价格。来源一不含税的原价＝340/1.13＝300.88（元/t），来源二不含税的原价＝350/1.13＝309.73（元/t）。来源一不含税的运杂费＝20/1.13＝17.699（元/t），来源二不含税的运杂费＝15/1.09＝13.76（元/t）。加权平均原价＝（300.88×50＋309.73×55）/（50＋55）＝305.52（元/t），加权平均运杂费＝（17.699×50＋13.76×55）/（50＋55）＝15.64（元/t），材料单价＝（305.51＋15.64）×（1＋2%）×（1＋3%）＝337.40（元/t）。

3. 【答案】C

【解析】材料运杂费是指国内采购材料自来源地、国外采购材料自到岸港运至工地仓库或指定堆放地点发生的费用。含外埠中转运输过程中所发生的一切费用和过境过桥费用，包括调车和驳船费、装卸费、运输费及附加工作费等。

4. 【答案】C

【解析】不含税原价＝960.5/（1＋13%）＝850（元/t），不含税的运杂费＝27.25/（1＋9%）＝25（元/t），材料单价＝

(850+25)×(1+0.6%)×(1+4%)=915.46(元/t)。

5.【答案】ABCD

【解析】影响材料单价变动的因素包括:①市场供需变化;②材料生产成本的变动;③流通环节的多少和材料供应体制;④运输距离和运输方法的改变会影响材料运输费用的增减;⑤国际市场行情。

6.【答案】B

【解析】选项A错误,当材料供货方是小规模纳税人时,则应以征收率(3%)从购入价格中扣除增值税进项税额。选项C错误,在确定原价时,凡同一种材料因来源地、交货地、供货单位、生产厂家不同,而有几种价格(原价)时,根据不同来源地供货数量比例,采取加权平均的方法确定其综合原价。选项D错误,材料运杂费是指国内采购材料自来源地、国外采购材料自到岸港运至工地仓库或指定堆放地点发生的费用(不含增值税),含外埠中转运输过程中所发生的一切费用和过境过桥费用,包括调车和驳船费、装卸费、运输费及附加工作费等,不包括运输损耗。

7.【答案】B

【解析】材料运到工地仓库价格=材料原价+运杂费+运输损耗费。

8.【答案】D

【解析】在确定原价时,凡同一种材料因来源地、交货地、供货单位、生产厂家不同,而有几种价格(原价)时,根据不同来源地供货数量比例,采取加权平均的方法确定其综合原价。

9.【答案】CDE

【解析】选项A错误,材料单价是指建筑材料从其来源地运到施工工地仓库,直至出库形成的综合单价。选项B错误,若材料供货价格为含税价格,则材料原价应以购进货物适用的税率(13%或9%)或征收率(3%)扣除增值税进项税额。

10.【答案】A

【解析】选项A错误,材料原价是指国内采购材料的出厂价格,国外采购材料抵达买方边境、港口或车站并缴纳完各种手续费、税费(不含增值税)后形成的价格。材料单价中是不含增值税的。

11.【答案】B

【解析】采购及保管费=(材料原价+运杂费+运输损耗费)×采购及保管费率(%)=(2000+50)×(1+0.5%)×4%=82.41(元/t)。

考点 3 施工机械台班单价的组成和确定方法

1.【答案】D

【解析】台班人工费=人工消耗量×[1+年制度工作日−年工作台班/年工作台班]×人工单价=2×[1+(254−250)/250]×80=162.56(元/台班)。

2.【答案】A

【解析】台班折旧费=50000/2000=25(元/台班),台班检修费=3000×(4−1)/2000×90%=4.05(元/台班),机械台班单价=25+4.05+30=59.05(元/台班)。

3.【答案】B

【解析】选项A错误,安拆费指施工机械在现场进行安装与拆卸所需的人工、材料、机械和试运转费用以及机械辅助设施的折旧、搭设、拆除等费用。不需要安装的施工机械,不计算一次安拆费。选项C错误,不需要相关辅助运输的自行移动机械,不计算场外运费。选项D错误,自升式塔式起重机安装、拆卸费用的超高起点及其增加费,各地区(部门)可根据具体情况确定。

4.【答案】D

【解析】维护费是指施工机械在规定的耐用总台班内,按规定的维护间隔进行各级维护和临时故障排除所需的费用。例如,保障机械正常运转所需替换与随机配备工具附具的摊销和维护费用、机械运转及日常保养维护所需润滑与擦拭的材料费用及机械停滞期间的维护费用等。

5.【答案】D

【解析】在施工机械台班单价中包括机上人工费,但司机的劳动保险费属于企业管理费的内容。

6. 【答案】D

【解析】安拆费及场外运费单独计算的情况包括：①安拆复杂、移动需要起重及运输机械的重型施工机械，其安拆费及场外运费单独计算；②利用辅助设施移动的施工机械，其辅助设施（包括轨道和枕木）等的折旧、搭设和拆除等费用可单独计算。

7. 【答案】C

【解析】台班人工费＝人工消耗量×［1＋年制度工作日－年工作台班/年工作台班］×人工单价＝2×［1＋（250－230）/230］×150＝326.09（元/台班）。

8. 【答案】B

【解析】检修周期＝2500/500＝5，检修次数＝5－1＝4（次），除税系数＝60%＋40%/（1＋13%）＝0.954，台班检修费＝10000×4/2500×0.954＝15.26（元/台班）。

考点4 施工仪器仪表台班单价的组成和确定方法

1. 【答案】B

【解析】选项A错误，施工仪器仪表台班维护费是指施工仪器仪表各级维护、临时故障排除所需的费用及为保证仪器仪表正常使用所需备件（备品）的维护费用。选项B正确，施工仪器仪表台班单价由四项费用组成，即折旧费、维护费、校验费、动力费。施工仪器仪表台班单价中的费用组成不包括检测软件的相关费用。选项C错误，施工仪器仪表台班动力费是指施工仪器仪表在施工过程中所耗用的电费，不包括水费和其他动力费。选项D错误，年工作台班指施工仪器仪表在一个年度内使用的台班数量。年工作台班＝年制度台班×年使用率。

2. 【答案】ACDE

【解析】施工仪器仪表台班单价由四项费用组成，即折旧费、维护费、校验费、动力费。检修费属于施工机械台班单价。

第五节 工程计价定额的编制

考点1 预算定额及其基价编制

1. 【答案】A

【解析】机械纯工作1h循环次数＝3600/50＝72（次/台时），机械纯工作1h正常生产率＝72×0.5＝36（m^3/h），施工机械台班产量定额＝36×8×0.8＝230.4（m^3/台班），施工机械台班时间定额＝1/230.4＝0.00434（台班/m^3），预算定额机械耗用台班＝0.00434×（1＋25%）＝0.00543（台班/m^3），挖土方1000m^3的预算定额机械耗用台班量＝1000×0.00543＝5.43（台班）。

2. 【答案】D

【解析】人工消耗量＝（基本用工＋辅助用工＋超运距用工）×（1＋人工幅度差系数）＝（4.2＋1＋0.3）×（1＋0.1）＝6.05（工日）。

3. 【答案】AB

【解析】预算定额中人工的工日数可以有两种确定方法：一种是以劳动定额为基础确定；另一种是以现场观察测定资料为基础计算，主要用于遇到劳动定额缺项时，采用现场工作日写实等测时方法测定和计算定额的人工耗用量。同理可以推论出，材料、机械台班消耗量也可用类似的方法确定。

4. 【答案】C

【解析】材料消耗量的计算方法有：①按照规范要求计算；②按设计图示尺寸计算；③换算法；④测定法。其中换算法主要针对胶结、涂料等材料的配合比用料，可以根据要求条件换算，得出材料用量。

5. 【答案】D

【解析】材料净用量＝材料消耗量－损耗量＝2.76－0.095＝2.665（m^3），材料损耗率＝损耗量/净用量×100%＝0.095/2.665＝3.56%。

6. 【答案】D

【解析】机械台班幅度差是指在施工定额中所规定的范围内没有包括，而在实际施工中又不可避免产生的影响机械或使机械停歇的时间，其内容包括：①施工机械转移工作面及配套机械相互影响损失的时间；②在正常施工条件下，机械在施工中不可避免的工序停歇；③工程开工或收尾时工作量不饱满所损失的时间；④检查工程质量影响机械操作的时间；⑤临时停机、停电影响机械操作的时间；⑥机械维修引起的停歇时间。

7. 【答案】BCD

【解析】简明适用的原则：①在编制预算定额时，对于那些主要的、常用的、价值量大的项目，分项工程划分宜细；次要的、不常用的、价值量相对较小的项目则可以粗一些。②预算定额要项目齐全。要注意补充那些因采用新技术、新结构、新材料而出现的新的定额项目。如果项目不全，缺项多，就会使计价工作缺少充足的可靠的依据。③要求合理确定预算定额的计量单位，简化工程量的计算，尽可能避免同一种材料用不同的计量单位和一量多用，尽量减少定额附注和换算系数。

8. 【答案】ABCE

【解析】预算定额的用途和作用：①预算定额是编制施工图预算的基础；②预算定额可以作为编制施工组织设计的依据；③预算定额可以作为工程结算的依据；④预算定额可以作为施工单位经济活动分析的依据；⑤预算定额是编制概算定额的基础；⑥预算定额是编制最高投标限价（招标控制价）的基础，并对投标报价的编制具有参考作用。

9. 【答案】BD

【解析】预算定额的编制原则：①按社会平均水平确定预算定额的原则；②简明适用的原则。

10. 【答案】B

【解析】基本用工包括：①完成定额计量单位的主要用工，按综合取定的工程量和相应劳动定额进行计算；②按劳动定额规定应增（减）计算的用工量。

11. 【答案】BCD

【解析】其他用工是辅助基本用工消耗的工日，包括超运距用工、辅助用工和人工幅度差用工。选项 A、D 属于基本用工。

12. 【答案】B

【解析】辅助用工，即技术工种劳动定额内不包括而在预算定额内又必须考虑的用工。如机械土方工程配合用工、材料加工（筛砂、洗石、淋化石膏），电焊点火用工等。选项 A、C、D 属于人工幅度差用工。

13. 【答案】ABCD

【解析】材料消耗量计算方法主要有：①凡有标准规格的材料，按规范要求计算定额计量单位的耗用量，如砖、防水卷材、块料面层等。②凡设计图纸标注尺寸及下料要求的按设计图纸尺寸计算材料净用量，如门窗制作用材料，方、板料等。③换算法。各种胶结、涂料等材料的配合比用料，可以根据要求条件换算，得出材料用量。④测定法。包括实验室试验法和现场观察法。

考点 2 概算定额及其基价编制

1. 【答案】D

【解析】概算定额表达的主要内容、表达的主要方式及基本使用方法都与预算定额相近。概算定额与预算定额的不同之处，在于项目划分和综合扩大程度上的差异。

2. 【答案】ABE

【解析】选项 C 错误，概算指标中各种消耗量指标的确定，主要来自各种预算或结算资料。选项 D 错误，概算定额主要用于设计概算的编制。

3. 【答案】BCDE

【解析】概算定额主要作用如下：①是初步设计阶段编制概算、扩大初步设计阶段编制修正概算的主要依据；②是对设计项目进行技术经济分析比较的基础资料之一；③是建设工程主要材料计划编制的依据；④是控制施工图预算的依据；⑤是施工企业在准备施工期间，编制施工组织总设计或总规划时，对生产要素提出需要量计划的依据；⑥是工程结束后，进行竣工决算和评价的依据。

4. 【答案】ABE

【解析】概算定额的编制依据因其使用范围不同而不同。编制依据一般有以下几种：①相关的国家和地区文件；②现行的设计规范、施工验收技术规范和各类工程预算定额、施工定额；③具有代表性的标准设计图纸和其他设计资料；④有关的施工图预算及有代表性的工程决算资料；⑤现行的人工日工资单价标准、材料单价、机具台班单价及

其他的价格资料。

5. 【答案】B

【解析】选项A错误，概算定额是在预算定额基础上，确定完成合格的单位扩大分项工程或单位扩大结构构件所需消耗的人工、材料和施工机具台班的数量标准及其费用标准。选项C错误，按专业特点和地区特点编制的概算定额手册，内容基本上是由文字说明、定额项目表和附录三个部分组成。选项D错误，在总说明中，主要阐述概算定额的性质和作用、概算定额编纂形式和应注意的事项、概算定额编制目的和使用范围、有关定额的使用方法的统一规定。

考点 3 概算指标及其编制

1. 【答案】D

【解析】选项A错误，概算指标可分为两大类：一类是建筑工程概算指标；另一类是设备及安装工程概算指标。选项B错误，综合概算指标的概括性较大，其准确性、针对性不如单项指标。选项C错误，单项概算指标的针对性较强，故指标中对工程结构形式要做介绍。选项D正确，概算指标编制时，构筑物是以座为单位编制概算指标，因此，在计算完工程量，编出预算书后，不必进行换算，预算书确定的价值就是每座构筑物概算指标的经济指标。

2. 【答案】A

【解析】选项A正确，安装工程的计算单位，设备以"t"或"台"为计算单位，也可以是设备购置费或设备原价的百分比表示。选项B、D错误，建设项目综合指标一般以项目的综合生产能力单位投资表示。选项C错误，构筑物是以"座"为单位编制概算指标。

3. 【答案】A

【解析】在概算指标的列表形式中，工程特征是指对采暖工程特征应列出采暖热媒及采暖形式；对电气照明工程特征可列出建筑层数、结构类型、配线方式、灯具名称等；对房屋建筑工程特征主要对工程的结构形式、层高、层数和建筑面积进行说明。

4. 【答案】C

【解析】选项A错误，综合概算指标是按照工业或民用建筑及其结构类型而制定的概算指标。单项概算指标是指为某种建筑物或构筑物而编制的概算指标。选项B、D错误，综合概算指标的概括性较大，其准确性、针对性不如单项指标。选项C正确，单项概算指标的针对性较强，故指标中对工程结构形式要做介绍。

5. 【答案】B

【解析】建筑安装工程概算定额与概算指标的主要区别如下：①确定各种消耗量指标的对象不同。概算定额是以单位扩大分项工程或单位扩大结构构件为对象，而概算指标则是以单位工程为对象，因此概算指标比概算定额更加综合与扩大。②确定各种消耗量指标的依据不同。概算定额以现行预算定额为基础，通过计算之后才综合确定出各种消耗量指标，而概算指标中各种消耗量指标的确定，则主要来自各种预算或结算资料。概算指标和概算定额、预算定额一样，都是与各个设计阶段相适应的多次性计价的产物，主要用于初步设计阶段。

6. 【答案】B

【解析】选项A错误，概算指标通常以单位工程为对象。选项C错误，概算指标的组成内容一般分为列表形式和文字说明两部分。选项D错误，总说明和分册说明包含概算指标的使用及调整方法。

考点 4 投资估算指标及其编制

1. 【答案】ABCE

【解析】选项D错误，投资估算指标的编制与概算指标的编制依据类似，都是主要依据已完工程的造价资料编制的。

2. 【答案】B

【解析】基本预备费一般由以下四部分构成：①在批准的初步设计范围内，技术设计、施工图设计及施工过程中所增加的工程费用；设计变更、工程变更、材料代用、局部地基处理等增加的费用。②一般自然灾害造成的损失和预防自然灾害所采取的措施费用。实行工程保险的工程项目，该费用应适当降低。③竣工验收时为鉴定工程质量对隐蔽工程进行必要的挖掘和修复费用。④超规超限设备运输增加的费用。

3.【答案】A

【解析】投资估算指标一般分为建设项目综合指标、单项工程指标和单位工程指标三个层次，其中单项工程指标是指按规定应列入能独立发挥生产能力或使用效益的单项工程内的全部投资额，包括建筑工程费，安装工程费，设备、工器具及生产家具购置费和可能包含的其他费用。

4.【答案】B

【解析】单位工程指标按规定应列入能独立设计、施工的工程项目的费用，即建筑安装工程费用。

5.【答案】D

【解析】建设项目综合指标一般以项目的综合生产能力单位投资表示。

6.【答案】ABCE

【解析】工程投资估算指标的作用：①在编制项目建议书阶段，是项目主管部门审批项目建议书的依据之一，并对项目的规划及规模起参考作用；②在可行性研究报告阶段，是项目决策的重要依据，也是多方案比选、优化设计方案、正确编制投资估算、合理确定项目投资额的重要基础；③在建设项目评价及决策过程中，是评价建设项目投资可行性、分析投资效益的主要经济指标；④在项目实施阶段，是限额设计和工程造价确定与控制的依据；⑤是核算建设项目建设投资需要额和编制建设投资计划的重要依据；⑥合理准确地确定投资估算指标是进行工程造价管理改革、实现工程造价事前管理和主动控制的前提条件。选项D错误，概算定额、概算指标是建设工程主要材料计划编制的依据。

7.【答案】C

【解析】选项A错误，投资估算指标一般可分为建设项目综合指标、单项工程指标和单位工程指标三个层次。选项B错误，由于投资估算指标属于项目建设前期进行估算投资的技术经济指标，它不但要反映实施阶段的静态投资，还必须反映项目建设前期和交付使用期内发生的动态投资，以投资估算指标为依据编制的投资估算，包含项目建设的全部投资额。选项C正确、选项D错误，投资估算指标比其他各种计价定额具有更大的综合性和概括性。

第六节　工程计价信息及其应用

考点 1　工程计价信息及其主要内容

1.【答案】B

【解析】从广义上说，所有对工程造价的计价过程起作用的资料都可以称为工程计价信息，例如各种定额资料、标准规范、政策文件等。但最能体现信息动态性变化特征，并且在工程价格的市场机制中起重要作用的工程计价信息主要包括价格信息、工程造价指数和工程造价指标三类。

2.【答案】D

【解析】工程计价信息是由若干具有特定内容和同类性质的、在一定时间和空间内形成的一连串信息。一切工程造价的管理活动和变化总是在一定条件下受各种因素的制约和影响。工程造价管理工作也同样是多种因素相互作用的结果，并且从多方面被反映出来，因而从工程计价信息源发出来的信息都不是孤立、紊乱的，而是大量的、有系统的。这体现了工程造价信息的系统性。

3.【答案】C

【解析】工程计价信息的区域性，是指建筑材料大多重量大、体积大、产地远离消费地点，因而运输量大，费用也较高。尤其不少建筑材料本身的价值或生产价格并不高，但所需要的运输费用却很高，这都在客观上要求尽可能就近使用建筑材料。因此，这类建筑信息的交换和流通往往限制在一定的区域内。

4.【答案】D

【解析】选项A错误，根据已完或在建工程的各种造价信息，经过统一格式及标准化处理后的造价数值，可用于对已完或在建工程的造价分析以及拟建工程的计价依据。选项B错误，一般没有经过系统的加工处理，也

可以称其为数据。选项C错误，施工机械价格信息分为设备市场价格信息和设备租赁市场价格信息两部分。相对而言，后者对于工程计价更为重要。

5. 【答案】A

【解析】建筑工程实物工程量人工价格信息，是按照建筑工程的不同划分标准为对象，所反映的单位实物工程量人工价格信息。

6. 【答案】B

【解析】工程计价信息的专业性集中反映在建设工程的专业化上，例如水利、电力、铁道、公路等工程，所需的信息有它的专业特殊性。

考点2 工程造价指标的编制及使用

1. 【答案】A

【解析】选项A正确，按照工程构成的不同，建设工程造价指标可分为建设投资指标和单项、单位工程造价指标。选项B错误，按照用途的不同，建设工程造价指标可以分为工程经济指标、工程量指标、工料价格指标及消耗量指标。选项C错误，建设工程造价指标的时间应符合下列规定：①投资估算、设计概算、最高投标限价应采用成果文件编制完成日期；②合同价应采用工程开工日期；③结算价应采用工程竣工日期。选项D错误，当建设工程造价数据的样本数量达到数据采集最少样本数量时，应使用数据统计法测算建设工程造价指标。

2. 【答案】ABC

【解析】数据统计法计算建设工程经济指标、工程量指标、工料消耗量指标时，应将所有样本工程的单位造价、单位工程量、单位消耗量进行排序，从序列两端各去掉5%的边缘项目，边缘项目不足1时按1计算，剩下的样本采用加权平均计算，得出相应的造价指标。

3. 【答案】B

【解析】当建设工程造价数据的样本数量达到数据采集最少样本数量时，应使用数据统计法测算建设工程造价指标。

4. 【答案】ABE

【解析】选项C错误，用于测算指标的数据无论是整体数据还是局部数据，必须都是采集实际的工程数据。选项D错误，数据统计法计算建设工程工料价格指标，应采用加权平均法。

考点3 工程造价指数及其编制

1. 【答案】C

【解析】建设工程造价综合指数的编制是在单项工程造价指数编制结果的基础上，将不同专业类型的单项工程造价指数以投资额为权重加权汇总后编制完成的。

2. 【答案】A

【解析】选项B错误，工料机市场价格指数为报告期价格与基期价格之比。选项C为干扰选项，建设工程造价指数分为工料机市场价格指数、单项工程造价指数、建设工程造价综合指数。选项D错误，建设工程造价综合指数的编制是在单项工程造价指数编制结果的基础上，将不同专业类型的单项工程造价指数以投资额为权重加权汇总后编制完成的。

考点4 工程计价信息的动态管理

1. 【答案】B

【解析】有效性原则是指工程计价信息应针对不同层次管理者的要求进行适当加工，针对不同管理层提供不同要求和浓缩程度的信息，满足不同项目参与方高效信息交换的需要。这一原则是为了保证信息产品对于决策支持的有效性。

考点5 BIM技术在建设各阶段的应用

1. 【答案】CD

【解析】在工程竣工阶段，基于BIM的结算管理不但提高工程量计算的效率和准确性，对于结算资料的完备性和规范性还具有很大的作用。在造价管理过程中，BIM数据库也不断修改完善，模型相关的合同、设计变更、现场签证、计量支付、材料管理等信息也不断录入与更新，到竣工结算时，其信息量已完全可以表达工程实体。BIM的准确性和过程记录完备性有助于提高结算效率，同时可以随时查看变更前后的模型进行对比分析，避免结算时描述不清，从而加快结算和审核速度。

第三章　建设项目决策和设计阶段工程造价的预测

第一节　投资估算的编制

考点 1　项目决策阶段影响工程造价的主要因素

1. 【答案】B

【解析】项目决策与工程造价的关系：①项目决策的正确性是工程造价合理性的前提；②项目决策的内容是决定工程造价的基础；③项目决策的深度影响投资估算的精确度；④工程造价的数额影响项目决策的结果。

2. 【答案】A

【解析】对农产品、矿产品的初步加工项目，由于大量消耗原料，应尽可能靠近原料产地；对于能耗高的项目，如铝厂、电石厂等，宜靠近电厂，由此带来的减少电能输送损失所获得的利益，通常大大超过原料、半成品调运中的劳动耗费；而对于技术密集型的建设项目，由于大中城市工业和科学技术力量雄厚，协作配套条件完备、信息灵通，所以其选址宜在大中城市。

3. 【答案】ACD

【解析】选择建设地点（厂址）的要求：①节约土地，少占耕地，降低土地补偿费用，项目的建设尽量将厂址选择在荒地、劣地、山地和空地，不占或少占耕地，力求节约用地；②减少拆迁移民数量；③应尽量选在工程地质、水文地质条件较好的地段；④要有利于厂区合理布置和安全运行；⑤应尽量靠近交通运输条件和水电供应等条件好的地方；⑥应尽量减少对环境的污染。

4. 【答案】ABDE

【解析】项目的建设、生产和经营都离不开一定的社会经济环境，项目规模确定中需考虑的主要环境因素有：政策因素、燃料动力供应、协作及土地条件、运输及通信条件。其中，政策因素包括产业政策、投资政策、技术经济政策以及国家、地区及行业经济发展规划等。

5. 【答案】B

【解析】生产方法是指产品生产所采用的制作方法，生产方法直接影响生产工艺流程的选择。一般在选择生产方法时，从以下几个方面着手：①研究分析与项目产品相关的国内外生产方法的优缺点，并预测未来发展趋势，积极采用先进适用的生产方法；②研究拟采用的生产方法是否与采用的原材料相适应，避免出现生产方法与供给原材料不匹配的现象；③研究拟采用生产方法的技术来源的可得性，若采用引进技术或专利，应比较所需费用；④研究拟采用生产方法是否符合节能和清洁的要求，应尽量选择节能环保的生产方法。

6. 【答案】A

【解析】市场因素是确定建设规模需考虑的首要因素。

7. 【答案】D

【解析】本题考查厂址选择时的费用分析，包括项目投资费用和项目投产后生产经营费用比较，并且掌握两者包括的具体费用。项目投资费用包括土地征购费、拆迁补偿费、土石方工程费、运输设施费、排水及污水处理设施费、动力设施费、生活设施费、临时设施费、建材运输费等。

8. 【答案】BCD

【解析】项目合理建设规模的确定方法通常包括盈亏平衡产量分析法、平均成本法、生产能力平衡法、政府或行业规定。

9. 【答案】C

【解析】制约项目规模合理化的主要因素包括市场因素、技术因素以及环境因素等几个方面。

10. 【答案】C

【解析】选项A错误，确定项目生产规模的前提是项目的产品市场需求情况。选项B错误，建设规模并不是越大越好，项目规模过大可能导致原材料供应紧张和价格上涨，造成项目所需投资资金的筹集困难

和资金成本上升等，将制约项目的规模。选项C正确，原材料市场、资金市场、劳动力市场等对建设规模的选择起着不同程度的制约作用。选项D错误，为了取得较好的规模效益，国家对部分行业的新建项目规模做了下限规定，选择项目规模时应予以遵照执行。

11.【答案】B

【解析】对农产品、矿产品的初步加工项目，由于大量消耗原料，应尽可能靠近原料产地；对于能耗高的项目，如铝厂、电石厂等，宜靠近电厂，因减少电能输送损失所获得的利益，通常大大超过原料、半成品调运中的劳动耗费；而对于技术密集型的建设项目，由于大中城市工业和科学技术力量雄厚、协作配套条件完备、信息灵通，所以其选址宜在大中城市。

12.【答案】A

【解析】先进适用是评定技术方案最基本的标准。

13.【答案】A

【解析】在综合考虑各种因素的基础上，建设地区的选择应遵循以下两个基本原则：①靠近原料、燃料提供地和产品消费地的原则；②工业项目适当聚集的原则。

考点 2 投资估算的概念及其编制内容

1.【答案】B

【解析】我国项目投资估算的阶段共分为以下三个阶段：建设项目规划和项目建议书阶段；预可行性研究阶段的投资估算；可行性研究阶段的投资估算。如在建设项目规划和项目建议书阶段，投资估算的误差率在±30%以内；在预可行性研究阶段，误差率在20%以内；在可行性研究阶段，误差率在±10%以内。

2.【答案】B

【解析】国外把建设项目的投资估算分为五个阶段。其中投资机会研究阶段是具备了初步的工艺流程图、主要生产设备的生产能力及项目建设的地理位置等条件，故可套用相近规模厂的单位生产能力建设费用来估算拟建项目所需的投资额。

3.【答案】D

【解析】投资估算的作用有：①项目建议书阶段的投资估算是项目主管部门审批项目建议书的依据之一，也是编制项目规划、确定建设规模的参考依据；②项目可行性研究阶段的投资估算是项目投资决策的重要依据，也是研究、分析、计算项目投资经济效果的重要条件；③项目投资估算是设计阶段造价控制的依据；④项目投资估算可作为项目资金筹措及制订建设贷款计划的依据，建设单位可根据批准的项目投资估算额，进行资金筹措和向银行申请贷款；⑤项目投资估算是核算建设项目固定资产投资需要额和编制固定资产投资计划的重要依据；⑥投资估算是建设工程设计招标、优选设计单位和设计方案的重要依据。

4.【答案】C

【解析】投资机会研究阶段的投资估算，此时应有初步的工艺流程图、主要生产设备的生产能力及项目建设的地理位置等条件，故可套用相近规模厂的单位生产能力建设费用来估算拟建项目所需的投资额，据以初步判断项目是否可行，或审查项目引起投资兴趣的程度。这一阶段称为粗估阶段，或称为因素估算，对投资估算精度的要求误差控制在±30%以内。

5.【答案】C

【解析】我国项目投资估算的阶段划分与精度要求如下：项目建议书阶段对投资估算精度的要求为误差控制在±30%以内。预可行性研究阶段对投资估算精度的要求为误差控制在±20%以内。可行性研究阶段对投资估算精度的要求为误差控制在±10%以内。

6.【答案】D

【解析】工程投资比例分析：一般民用项目要分析土建及装修、给排水、消防、采暖、通风空调、电气等主体工程和道路、广场、围墙、大门、室外管线、绿化等室外附属/总体工程占建设项目总投资的比例；一般工业项目要分析主要生产系统（需列出各生产装置）、辅助生产系统、公用工程（给排水、供电和通信、供气、总图运输等)、服务性工程、生活福利设施、厂外工程等占建设项目总投资的比例。

7.【答案】C

【解析】投资估算分析应包括以下内容:①工程投资比例分析;②各类费用构成占比分析;③分析影响投资的主要因素;④与类似工程项目的比较,对投资总额进行分析。

考点 3　投资估算的编制

1.【答案】B

【解析】建设项目投资估算编制时应做到工程内容和费用构成齐全,不重不漏,不提高或降低估算标准,计算合理。

2.【答案】D

【解析】指数估算法计算项目建设投资公式为 $C_2=C_1\left(\frac{Q_2}{Q_1}\right)^x\times f$。正常情况下,$0\leqslant x\leqslant 1$。不同生产率水平的国家和不同性质的项目中,$x$ 的取值是不同的。若已建类似项目规模和拟建项目规模的比值在 0.5~2 之间时,x 的取值近似为 1;若已建类似项目规模与拟建项目规模的比值为 2~50,且拟建项目生产规模的扩大仅靠增大设备规模来达到时,则 x 的取值为 0.6~0.7;若是靠增加相同规格设备的数量达到时,x 的取值在 0.8~0.9 之间。60/50=1.2,x 取值为 1,拟建项目的建设投资=5000×(60/50)×$(1+5\%)^2$=6615(万元)。

3.【答案】C

【解析】拟建项目的建设投资=12000×$(30/10)^{0.9}$×1.15=37093(万元)。

4.【答案】C

【解析】系数估算法也称为因子估算法,它是以拟建项目的主体工程费或主要设备购置费为基数,以其他工程费与主体工程费或设备购置费的百分比为系数,依此估算拟建项目静态投资的方法。

5.【答案】B

【解析】选项 A 为比例估算法,选项 C 为单位生产能力估算法,选项 D 为生产能力指数法。

6.【答案】B

【解析】在项目建议书阶段,投资估算的精度较低,可采取简单的匡算法,如生产能力指数法、系数估算法、比例估算法或混合法等,在条件允许时,也可采用指标估算法;在可行性研究阶段,投资估算精度要求高,需采用相对详细的投资估算方法,即指标估算法。

7.【答案】B

【解析】选项 A 错误,若已建类似项目规模和拟建项目规模的比值在 0.5~2 之间时,x 的取值近似为 1;若已建类似项目规模与拟建项目规模的比值为 2~50,且拟建项目生产规模的扩大仅靠增大设备规模来达到时,则 x 的取值约为 0.6~0.7;若是靠增加相同规格设备的数量达到时,x 的取值约在 0.8~0.9 之间。选项 C 错误,生产能力指数法,造价与规模(或容量)呈非线性关系,且单位造价随工程规模(或容量)的增大而减小。选项 D 错误,一般拟建项目与已建类似项目生产能力比值不宜大于 50,以在 10 倍内效果较好,否则误差就会增大。

8.【答案】D

【解析】比例估算法,是根据已知的同类建设项目主要设备购置费占整个建设项目静态投资的比例,先逐项估算出拟建项目主要设备购置费,再按比例估算拟建项目的静态投资的方法。

9.【答案】B

【解析】朗格系数法,即以设备购置费为基数,乘以适当系数来推算项目的静态投资。这种方法在国内不常见,是世行项目投资估算常采用的方法。

10.【答案】B

【解析】混合法,是根据主体专业设计的阶段和深度,投资估算编制者所掌握的国家及地区、行业或部门相关投资估算基础资料和数据,以及其他统计和积累的可靠的相关造价基础资料,对一个拟建建设项目采用生产能力指数法与比例估算法或系数估算法与比例估算法混合估算其静态投资额的方法。

11.【答案】D

【解析】流动资产=应收账款+预付账款+

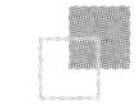

存货+库存现金，流动负债=应付账款+预收账款。

12.【答案】ABDE

【解析】固定资产费用是指项目投产时将直接形成固定资产的建设投资，包括工程费用和工程建设其他费用中按规定将形成固定资产的费用，后者被称为固定资产其他费用，主要包括建设管理费（建设管理费包括建设单位管理费、工程监理费等）、可行性研究费、研究试验费、勘察设计费、专项评价及验收费、场地准备及临时设施费、引进技术和引进设备其他费、工程保险费、联合试运转费、特殊设备安全监督检验费和市政公用设施建设及绿化费等。

13.【答案】ABE

【解析】按照概算法分类，建设投资由工程费用、工程建设其他费用和预备费三部分构成。其中工程费用又由建筑工程费、设备及工器具购置费（含工器具及生产家具购置费）和安装工程费构成；工程建设其他费用内容较多，随行业和项目的不同而有所区别；预备费包括基本预备费和价差预备费。

第二节　设计概算的编制

考点 1　设计阶段影响工程造价的主要因素

1.【答案】C

【解析】在工业项目的建筑设计中，影响造价的主要因素有：平面形状、流通空间、空间组合、建筑物的体积与面积、建筑结构、柱网布置。在民用项目的建筑设计中，影响工程造价的主要因素有：建筑物的平面形状和周长系数、住宅的层高和净高、住宅的层数、住宅单元组成、户型和住户面积、住宅建筑结构的选择。

2.【答案】C

【解析】在民用建筑中，在一定幅度内，住宅层数的增加具有降低造价和使用费用以及节约用地的优点，选项 A、B 错误。建筑周长系数 K 周是指建筑物周长与建筑面积比，即单位建筑面积所占外墙长度，通常情况下建筑周长系数越低，设计越经济，选项 C 正确。在满足住宅功能和质量前提下，适当加大住宅宽度。这是由于宽度加大，墙体面积系数相应减少，有利于降低造价，选项 D 错误。

3.【答案】A

【解析】总平面设计中影响工程造价的主要因素包括：现场条件、占地面积、功能分区、运输方式的选择。

4.【答案】A

【解析】通常情况下建筑周长系数越低，设计越经济。圆形、正方形、矩形、T 形、L 形建筑的 K 周依次增大。

5.【答案】B

【解析】选项 A 错误，通常情况下建筑周长系数越低，设计越经济。选项 B 正确、选项 D 错误，多跨厂房，当跨度不变时，中跨数目越多越经济。选项 C 错误，对于大中型工业厂房一般选用钢筋混凝土结构。

6.【答案】CE

【解析】总平面设计中影响工程造价的主要因素包括：①现场条件；②占地面积；③功能分区；④运输方式。选项 C 属于影响工业建设项目工程造价的主要因素，选项 E 属于建筑设计组成部分。

7.【答案】B

【解析】选项 A 错误，加大住宅宽度，墙体面积系数相应减少，有利于降低造价。选项 C 错误，结构面积系数越小，越有利于降低单方造价。选项 D 错误，结构面积系数除与房屋结构有关外，还与房屋外形及其长度和宽度有关，同时也与房间平均面积大小和户型组成有关。

8.【答案】ABE

【解析】选项 A 正确，建筑物周长与建筑面积比为建筑周长系数，通常情况下建筑周长系数越低，设计越经济，即周长与建筑面积比越大，单位造价越高。选项 B 正确，在满足建筑物使用要求的前提下，应将流通空间减少到最小，这是建筑物经济平面布置的主要目标之一。选项 C 错误，增加一个楼层不影响建筑物的结构形式时，单位建筑面积的造价可能会降低，但当建筑物超过一定层数时，结构形式会改变，单位造价通常会增加。选项D错误，在房屋宽度不变的条件下，房屋长度越大，其建筑周长系数越高，单位造价越高。选项E正确，结构面积系数为住宅结构面积与建筑面积之比，其系数越小，有效面积越大，设计越经济。

9. **【答案】**C

【解析】小区规划设计的核心问题是提高土地利用率。

10. **【答案】**AB

【解析】选项C、D、E均为民用住宅建筑设计中影响工程造价的主要因素。

11. **【答案】**A

【解析】选项A错误，总平面设计主要包括总图运输设计和总平面配置。

12. **【答案】**D

【解析】工艺设计阶段影响工程造价的主要因素包括：建设规模、标准和产品方案；工艺流程和主要设备的选型；主要原材料、燃料供应情况；生产组织及生产过程中的劳动定员情况；“三废”治理及环保措施等。功能分区属于总平面设计中影响工程造价的主要因素。

13. **【答案】**C

【解析】按照建设程序，建设项目的工艺流程在可行性研究阶段已经确定。

14. **【答案】**DE

【解析】选项A错误，在进行建筑设计时，设计单位及设计人员应首先考虑业主所要求的建筑标准，根据建筑物、构筑物的使用性质、功能及业主的经济实力等因素确定；其次应在考虑施工条件和施工过程的合理组织的基础上，决定工程的立体平面设计和结构方案的工艺要求。选项B错误，即使在同样的建筑面积下，建筑平面形状不同，建筑周长系数$K_{周}$（建筑物周长与建筑面积比，即单位建筑面积所占外墙长度）便不同。选项C错误，建筑物平面形状的设计应在满足建筑物使用功能的前提下，降低建筑周长系数，充分注意建筑平面形状的简洁、布局的合理，从而降低工程造价。

15. **【答案】**BC

【解析】选项B错误，如果增加一个楼层不影响建筑物的结构形式，单位建筑面积的造价可能会降低。但是当建筑物超过一定层数时，结构形式就要改变，单位造价通常会增加。选项C错误，室内外高差过大，则建筑物的工程造价提高；高差过小又影响使用及卫生要求等。

16. **【答案】**D

【解析】选项A错误，在满足住宅功能和质量前提下，适当加大住宅宽度。这是由于宽度加大，墙体面积系数相应减少，有利于降低造价。选项B错误，层高降低还可提高住宅区的建筑密度，节约土地成本及市政设施费。但是，层高设计中还需考虑采光与通风问题，层高过低不利于采光及通风，因此，民用住宅的层高一般不宜超过2.8m。选项C错误，结构面积小，有效面积就增加。

考点2 设计概算的概念及其编制内容

1. **【答案】**B

【解析】设计概算一经批准，将作为控制建设项目投资的最高限额。

2. **【答案】**B

【解析】单位工程概算按其工程性质可分为建筑工程概算和设备及安装工程概算两大类。建筑工程概算包括土建工程概算，给排水、采暖工程概算，通风、空调工程概算，电气照明工程概算，弱电工程概算，特殊构筑物工程概算等；设备及安装工程概算包括机械设备及安装工程概算，电气设备及安装工程概算，热力设备及安装工程概算，工具、器具及生产家具购置费概算等。

3. **【答案】**D

【解析】设计概算文件的编制应采用单位工程概算、单项工程综合概算、建设项目总概算三级概算编制形式。当建设项目为一个单项工程时，可采用单位工程概算、总概算两级概算编制形式。

4. **【答案】**ABD

【解析】单项工程概算由各单位工程概算汇总编制而成。因此单项工程综合概算中，建筑工程概算包括土建工程概算，给排水、采暖工程概算，通风、空调工程概算，电气照明工程概算，弱电工程概算，特殊构筑物工程概算等；设备及安装工程概算包括机械设备及安装工程概算，电气设备及安装工程概算，热力设备及安装工程概算，工具、器具及生产家具购置费概算等。

5.【答案】B

【解析】设计概算是编制固定资产投资计划、确定和控制建设项目投资的依据。设计概算投资应包括建设项目从立项、可行性研究、设计、施工、试运行到竣工验收等的全部建设资金。按照国家有关规定，编制年度固定资产投资计划，确定计划投资总额及其构成数额，要以批准的初步设计概算为依据，没有批准的初步设计文件及其概算，建设工程不能列入年度固定资产投资计划。

6.【答案】B

【解析】选项A错误，静态投资作为考核工程设计和施工图预算的依据；动态投资作为项目筹措、供应和控制资金使用的限额。选项C错误，设计概算是工程造价在设计阶段的表现形式，但其并不具备价格属性。选项D错误，设计概算可作为签订贷款合同的依据。

7.【答案】C

【解析】选项A错误，不是“不得调整”，“是一般不得调整”，也是可以调整的。选项B错误，因项目建设期价格大幅上涨、政策调整、地质条件发生重大变化和自然灾害等不可抗力因素等原因导致原核定概算不能满足工程实际需要的，可以向国家发展改革委申请调整概算。选项D错误，概算调增幅度超过原批复概算10%的，概算核定部门原则上先商请审计机关进行审计，并依据审计结论进行概算调整。

8.【答案】ACD

【解析】选项B错误，在国家颁布的民法典中明确规定，建设工程合同价款是以设计概、预算价为依据，且总承包合同不得超过设计总概算的投资额。选项E错误，设计概算是从经济角度衡量设计方案经济合理性的重要依据。因此，设计概算是衡量设计方案技术经济合理性和选择最佳设计方案的依据。

9.【答案】D

【解析】建设项目总概算是由各单项工程综合概算、工程建设其他费用、建设期利息、预备费和经营性项目的铺底流动资金概算所组成，按照主管部门规定的统一表格进行编制而成的。生产性建设项目总投资包括建设投资、建设期利息和流动资金三部分；非生产性建设项目总投资包括建设投资和建设期利息两部分。因此，主要区别在于选项D。

考点 3 设计概算的编制

1.【答案】A

【解析】预算单价法是指当初步设计较深，有详细的设备清单时，可直接按安装工程预算定额单价编制安装ㄒ程概算，概算编制程序与安装工程施工图预算程序基本相同。该法的优点是计算比较具体，精确性较高。

2.【答案】BDE

【解析】总体而言，单位工程概算包括单位建筑工程概算和单位设备及安装工程概算两类。其中，建筑工程概算的编制方法有概算定额法、概算指标法、类似工程预算法等；设备及安装工程概算的编制方法有预算单价法、扩大单价法、设备价值百分比法和综合吨位指标法等。

3.【答案】B

【解析】选项A错误，建设项目总概算是按照主管部门规定的统一表格进行编制而成的。选项C错误，主要建筑安装材料汇总表是针对每一单项工程列出钢筋、型钢、水泥、木材等主要建筑安装材料的消耗量。选项D错误，总概算编制说明应装订于封面、签署页及目录之后。

4.【答案】C

【解析】概算定额法又称扩大单价法或扩大结构定额法，是套用概算定额编制建筑工程概算的方法。运用概算定额法，要求初步设计必须达到一定深度，建筑结构尺寸比较明确，能按照初步设计的平面图、立面图、剖面图纸计算出楼地面、墙身、门窗和屋面等扩大分项工程（或扩大结构构件）项目的工程量时，方可采用。

5.【答案】B

【解析】采用概算定额法编制设计概算过程中，工程量计算完毕后，逐项套用各子目的综合单价，各子目的综合单价应包括人工费、材料费、施工机具使用费、管理费、利润、规费和税金。

6.【答案】A

【解析】当拟建工程初步设计与已完工程或在建工程的设计相类似而又没有可用的概算指标时，可以采用类似工程预算法编制设计概算。

7.【答案】B

【解析】概算定额法编制设计概算的步骤如下：①搜集基础资料、熟悉设计图纸和了解有关施工条件和施工方法；②按照概算定额子目，列出单位工程中分部分项工程项目名称并计算工程量；③确定各分部分项工程费；④计算措施项目费；⑤计算汇总单位工程概算造价；⑥编写概算编制说明。

8.【答案】D

【解析】单位工程概算造价＝分部分项工程费＋措施项目费。

9.【答案】D

【解析】综合吨位指标法是指当初步设计提供的设备清单有规格和设备重量时，可采用综合吨位指标编制概算，其综合吨位指标由相关主管部门或由设计单位根据已完类似工程的资料确定。该法常用于设备价格波动较大的非标准设备和引进设备的安装工程概算。

10.【答案】D

【解析】设备价值百分比法，又称为安装设备百分比法，当初步设计深度不够，只有设备出厂价而无详细规格、重量时，安装费可按占设备费的百分比计算。其百分比值（即安装费率）由相关管理部门制定或由设计单位根据已完类似工程确定。该法常用于价格波动不大的定型产品和通用设备产品。

11.【答案】ABC

【解析】在直接套用概算指标时，拟建工程应符合以下条件：①拟建工程的建设地点与概算指标中的工程建设地点相同；②拟建工程的工程特征和结构特征与概算指标中的工程特征、结构特征基本相同；③拟建工程的建筑面积与概算指标中工程的建筑面积相差不大。

12.【答案】A

【解析】拟建工程土建工程人、材、机单价$=2500-100\times0.6+320\times0.6=2632$（元/$m^2$）。

13.【答案】B

【解析】对概算指标修正后的人工消耗量$=500+65\%\times24-65\%\times37=491.55$（工日/$100m^2$）。

14.【答案】C

【解析】选项A错误，建设管理费包括建设单位（业主）管理费、工程监理费等，按“工程费用×费率”或有关定额列式计算。选项B错误，建设项目总概算是设计文件的重要组成部分，是预计整个建设项目从筹建到竣工交付使用所花费的全部费用的文件。它是由各单项工程综合概算、工程建设其他费用、建设期利息、预备费和经营性项目的铺底流动资金概算所组成，按照主管部门规定的统一表格进行编制而成的。选项D错误，设计总概算文件应包括编制说明、总概算表、各单项工程综合概算书、工程建设其他费用概算表、主要建筑安装材料汇总表。

第三节　施工图预算的编制

考点 1　施工图预算的概念及其编制内容

1.【答案】C

【解析】施工图预算由建设项目总预算、单项工程综合预算和单位工程预算组成。建设项目总预算由单项工程综合预算汇总而成，单

项工程综合预算由组成本单项工程的各单位工程预算汇总而成，单位工程预算包括建筑工程预算和设备及安装工程预算。

2. 【答案】D

【解析】采用三级预算编制形式的工程预算文件包括封面、签署页及目录、编制说明、总预算表、综合预算表、单位工程预算表、附件等七项内容。采用二级预算编制形式的工程预算文件包括封面、签署页及目录、编制说明、总预算表、单位工程预算表、附件等六项内容。

3. 【答案】A

【解析】施工图预算的作用分为对投资方的作用、对施工企业的作用和对其他方面的作用三个方面。对于投资方来说，施工图预算可以作为确定合同价款、拨付工程进度款及办理工程结算的基础。

4. 【答案】C

【解析】二级预算编制形式由建设项目总预算和单位工程预算组成。

5. 【答案】ABCD

【解析】当建设项目有多个单项工程时，应采用三级预算编制形式。当建设项目只有一个单项工程时，应采用二级预算编制形式。采用三级预算编制形式的工程预算文件包括封面、签署页及目录、编制说明、总预算表、综合预算表、单位工程预算表、附件等内容。二级预算编制形式由建设项目总预算和单位工程预算组成，选项E错误。

6. 【答案】C

【解析】施工图预算价格既可以是按照政府统一规定的预算单价、取费标准、计价程序计算而得到的属于计划或预期性质的施工图预算价格，也可以是通过招标投标法定程序后施工企业根据自身的实力即企业定额、资源市场单价以及市场供求及竞争状况计算得到的反映市场性质的施工图预算价格。

7. 【答案】A

【解析】建设项目总预算是反映施工图设计阶段建设项目投资总额的造价文件，是施工图预算文件的主要组成部分，由组成该建设项目的各个单项工程综合预算和相关费用组成，选项A正确，选项B错误。单项工程综合预算由构成该单项工程的各个单位工程施工图预算组成，选项C错误。单位工程预算包括单位建筑工程预算和单位设备及安装工程预算，选项D错误。

8. 【答案】D

【解析】建设项目总预算由组成该建设项目的各个单项工程综合预算、经计算的工程建设其他费、预备费、建设期利息和铺底流动资金汇总而成。

考点 2 施工图预算的编制

1. 【答案】A

【解析】实物量法采用的是当时当地的各类人工工日、材料、施工机械台班、施工仪器仪表台班的实际单价分别乘以相应的人工工日、材料和施工机具台班总的消耗量，汇总后得出单位工程的直接费。

2. 【答案】B

【解析】用实物量法编制施工图预算的步骤：①准备资料，熟悉施工图纸；②列项并计算工程量；③套用消耗定额，计算人工、材料、机具台班消耗量；④计算并汇总人工费、材料费和施工机具使用费；⑤计算其他各项费用，汇总造价；⑥复核、填写封面及编制说明。

3. 【答案】A

【解析】套用预算定额单价，计算人、材、机费时需要注意以下几个问题：①分项工程的名称、规格、计量单位与预算单价或单位估价表中所列内容完全一致时，可以直接套用预算单价；②分项工程的主要材料品种与预算单价或单位估价表中规定材料不一致时，不可以直接套用预算单价，需要按实际使用材料价格换算预算单价；③分项工程施工工艺条件与预算单价或单位估价表不一致而造成人工、机械的数量增减时，一般调量不调价。选项A正确，选项B、C错误。许多定额项目基价为不完全价格，即未包括主材费用在内。因此还应单独计算出主材费，计算完成后将主材费的价差加入直接费，选项D错误。

4.【答案】A

【解析】实物量法与定额单价法首尾部分的步骤基本相同，所不同的主要是中间两个步骤：①采用实物量法计算工程量后，套用相应人工、材料、施工机械台班预算定额消耗量，求出各分项工程人工、材料、施工机械台班消耗数量并汇总成单位工程所需各类人工工日、材料和施工机械台班的消耗量；②采用实物量法，采用的是当时当地的各类人工工日、材料和施工机械台班的实际单价分别乘以相应的人工工日、材料和施工机械台班总的消耗量，汇总后得出单位工程的人工费、材料费和施工机具使用费。

5.【答案】D

【解析】工料单价法，是以分项工程的单价为工料单价，将分项工程量乘以对应分项工程单价后的合计作为单位工程直接费，直接费汇总后，再根据规定的计算方法计取企业管理费、利润、规费和税金，将上述费用汇总后得到该单位工程的施工图预算造价。其步骤有：①准备工作；②列项并计算工程量；③套用定额预算单价，计算直接费；④编制工料分析表；⑤计算主材费并调整直接费；⑥按计价程序计取其他费用，并汇总造价；⑦复核；⑧填写封面、编制说明。

6.【答案】A

【解析】工料分析是按照各分项工程或措施项目，依据定额或单位估价表，首先从定额项目表中分别将各子目消耗的每项材料和人工的定额消耗量查出；再分别乘以该工程项目的工程量，得到各分项工程或措施项目工料消耗量，最后将各类工料消耗量加以汇总，得出单位工程人工、材料的消耗数量。

7.【答案】C

【解析】计算主材费并调整直接费时，许多定额项目基价为不完全价格，即未包括主材费用在内。因此还应单独计算出主材费，计算完成后将主材费的价差加入直接费。主材费计算的依据是当时当地的市场价格。

第四章　建设项目发承包阶段合同价款的约定

第一节　招标工程量清单与最高投标限价的编制

考点 1　招标文件的组成内容及其编制要求

1. 【答案】B

【解析】选项A错误，对于直接发包的项目，如按初步设计总概算投资包干时，应以经审批的概算投资中与承包内容相应部分的投资（包括相应的不可预见费）为签约合同价。选项C为按施工图预算包干的内容。选项D为招标发包的项目内容。

2. 【答案】ABE

【解析】自招标文件开始发出之日起至投标人提交投标文件截止之日止，最短不得少于20天，选项C错误。招标文件应说明评标委员会的组建方法、评标原则和采取的评标办法，选项D错误。

3. 【答案】B

【解析】招标文件的澄清将在规定的投标截止时间15天前以书面形式发给所有购买招标文件的投标人，但不指明澄清问题的来源。如果澄清发出的时间距投标截止时间不足15天，相应推迟投标截止时间。投标人收到澄清后的确认时间，可以采用一个相对的时间，如招标文件澄清发出后12h以内；也可以采用一个绝对的时间，如2016年1月19日中午12：00以前。

4. 【答案】D

【解析】投标人须知主要包括对于项目概况的介绍和招标过程的各种具体要求，在正文中的未尽事宜可以通过“投标人须知前附表”进行进一步明确，由招标人根据招标项目具体特点和实际需要编制和填写，但务必与招标文件的其他章节相衔接，并不得与投标人须知正文的内容相抵触，否则抵触内容无效。

5. 【答案】B

【解析】投标人须知包括以下10个方面的内容：①总则，主要包括项目概况、资金来源和落实情况、招标范围、计划工期和质量要求的描述，对投标人资格要求的规定，对费用承担、保密、语言文字、计量单位等内容的约定，对踏勘现场、投标预备会的要求，以及对分包和偏离问题的处理。项目概况中主要包括项目名称、建设地点以及招标人和招标代理机构的情况等。②招标文件，主要包括招标文件的构成以及澄清和修改的规定。③投标文件，主要包括投标文件的组成、投标报价编制的要求、投标有效期和投标保证金的规定、需要提交的资格审查资料、是否允许提交备选投标方案，以及投标文件编制所应遵循的标准格式要求。④投标，主要规定投标文件的密封和标识、递交、修改及撤回的各项要求。⑤开标，规定开标的时间、地点和程序。⑥评标，说明评标委员会的组建方法、评标原则和采取的评标办法。⑦合同授予，说明拟采用的定标方式，中标通知书的发出时间，要求承包人提交的履约担保和合同的签订时限。⑧重新招标和不再招标，规定重新招标和不再招标的条件。⑨纪律和监督，主要包括对招标过程各参与方的纪律要求。⑩需要补充的其他内容。

6. 【答案】A

【解析】当未进行资格预审时，招标文件中应包括招标公告；当进行资格预审时，招标文件中应包括投标邀请书，该邀请书可代替资格预审通过通知书，以明确投标人已具备了在某具体项目某具体标段的投标资格，其他内容包括招标文件的获取、投标文件的递交等。

7. 【答案】B

【解析】选项A、C错误，招标文件的澄清将在规定的投标截止时间15天前以书面形式发给所有获取招标文件的投标人，但不指明澄清问题的来源。选项B正确，如果澄清发出的时间距投标截止时间不足15天，相应推迟投标截止时间。选项 D 错误，确认时间可以是相对时间，也可以是绝对时间。

8. 【答案】ACD

【解析】当未进行资格预审时，招标文件中应包括招标公告；当进行资格预审时，招标文件中应包括投标邀请书。投标人须知务必与招标文件的其他章节衔接。投标人须知前附表内容不得与投标人须知正文内容相抵触，否则抵触内容无效。

9. 【答案】B

【解析】投标人须知的总则，主要包括项目概况、资金来源和落实情况、招标范围、计划工期和质量要求的描述，对投标人资格要求的规定，对费用承担、保密、语言文字、计量单位等内容的约定，对踏勘现场、投标预备会的要求，以及对分包和偏离问题的处理。项目概况中主要包括项目名称、建设地点以及招标人和招标代理机构的情况等。

10. 【答案】B

【解析】采用电子招标投标在线提交投标文件的，最短不少于10日。

11. 【答案】ACD

【解析】选项 A 错误，招标文件的澄清与修改将在规定的投标截止时间 15 天前以书面形式发给所有购买招标文件的投标人，澄清时不指明问题的来源。选项 C 错误，如果澄清或修改发出的时间距投标截止时间不足 15 天，相应推后投标截止时间。投标人在收到澄清或修改后，应在规定时间内以书面形式通知招标人，确认已收到该澄清。招标人要求投标人收到澄清后的确认时间可以采用一个相对时间，如招标文件澄清发出后 12 小时以内，也可采用绝对时间，如 2019 年 1 月 19 日中午 12：00 以前。选项 D 错误，招标文件包括评标委员会的组建方法，不包括评标委员会名单。

考点 2　招标工程量清单的编制

1. 【答案】B

【解析】招标工程量清单的编制依据有：①《建设工程工程量清单计价规范》（GB 50500—2013）以及各专业工程计量规范等；②国家或省级、行业建设主管部门颁发的计价定额和办法；③建设工程设计文件及相关资料；④与建设工程有关的标准、规范、技术资料；⑤拟定的招标文件；⑥施工现场情况、地勘水文资料、工程特点及常规施工方案；⑦其他相关资料。

2. 【答案】A

【解析】在拟定常规的施工组织设计时需注意以下问题：①估算整体工程量，根据概算指标或类似工程进行估算，且仅对主要项目加以估算即可，如土石方、混凝土等；②拟定施工总方案；③确定施工顺序；④编制施工进度计划；⑤计算人、材、机资源需要量；⑥施工平面的布置。

3. 【答案】ABDE

【解析】在描述工程量清单项目特征时应按以下原则进行：①项目特征描述的内容应按附录中的规定，结合拟建工程的实际，满足确定综合单价的需要；②若采用标准图集或施工图纸能够全部或部分满足项目特征描述的要求，项目特征描述可直接采用“详见××图集”或“××图号”的方式。对不能满足项目特征描述要求的部分，仍应用文字描述。

4. 【答案】A

【解析】招标人对工程量清单中各分部分项工程或适合以分部分项工程量清单设置的措施项目的工程量的准确性和完整性负责；投标人应结合企业自身实际、参考市场有关价格信息完成清单项目工程的组合报价，并对其承担风险。

5. 【答案】ABDE

【解析】一般而言，为方便合同管理和计价，需要纳入分部分项工程量项目综合单价中的暂估价，应只是材料、工程设备暂估单价，以方便投标与组价。以“项”为计量单位给出的专业工程暂估价一般应是综合暂估价，即应当包括除规费、税金以外的管理费、利润等，故选项 C 错误。

6. 【答案】A

【解析】在编制招标工程量清单时需要拟定

施工总方案。施工总方案只需对重大问题和关键工艺作原则性的规定，不需考虑施工步骤，主要包括施工方法、施工机械设备的选择、科学的施工组织、合理的施工进度、现场的平面布置及各种技术措施。

7. 【答案】B

【解析】初步研究阶段招标工程量清单编制的准备工作有：①熟悉《建设工程工程量清单计价规范》（GB 50500—2013）和各专业工程计量规范、当地计价规定及相关文件；熟悉设计文件，掌握工程全貌，便于清单项目列项的完整、工程量的准确计算及清单项目的准确描述，对设计文件中出现的问题应及时提出。②熟悉招标文件、招标图纸，确定工程量清单编审的范围及需要设定的暂估价；收集相关市场价格信息，为暂估价的确定提供依据。③对《建设工程工程量清单计价规范》（GB 50500—2013）缺项的新材料、新技术、新工艺，收集足够的基础资料，为补充项目的制定提供依据。

8. 【答案】ABDE

【解析】合理确定施工顺序需要考虑以下几点：各分部分项工程之间的关系；施工方法和施工机械的要求；当地的气候条件和水文要求；施工顺序对工期的影响。

9. 【答案】B

【解析】施工组织设计是指导拟建工程项目的施工准备和施工的技术经济文件。根据项目的具体情况编制施工组织设计，拟定工程的施工方案、施工顺序、施工方法等，便于工程量清单的编制及准确计算，特别是工程量清单中的措施项目。故选项B正确。

10. 【答案】AE

【解析】选项B错误，施工总方案只需对重大问题和关键工艺作原则性的规定，不需考虑施工步骤。选项C错误，施工进度计划要满足合同对工期的要求，在不增加资源的前提下尽量提前。选项D错误，在计算人、材、机资源需要量时，人工工日数量根据估算的工程量、选用的定额、拟定的施工总方案、施工方法及要求的工期来确定，并考虑节假日、气候等的影响。

11. 【答案】ABD

【解析】选项A错误，在分部分项工程项目清单中所列出的项目，应是在单位工程的施工过程中以其本身构成该单位工程实体的分项工程。选项B错误，当在拟建工程的施工图纸中有体现，并且在专业工程量计算规范附录中也有相对应的项目时，则根据附录中的规定直接列项，计算工程量，确定其项目编码。当在拟建工程的施工图纸中有体现，但在专业工程量计算规范附录中没有相对应的项目，并且在附录项目的“项目特征”或“工程内容”中也没有提示时，则必须编制针对这些分项工程的补充项目，在清单中单独列项并在清单的编制说明中注明。选项D错误，若采用标准图集或施工图纸能够全部或部分满足项目特征描述的要求，项目特征描述可直接采用“详见××图集”或“××图号”的方式。对不能满足项目特征描述要求的部分，仍应用文字描述。

12. 【答案】BE

【解析】选项A错误，工程建设标准的高低、工程的复杂程度、工程的工期长短、工程的组成内容、发包人对工程管理要求等都直接影响到其具体内容。选项C错误，以“项”为计量单位给出的专业工程暂估价一般应是综合暂估价，即应当包括除规费、税金以外的管理费、利润等。选项D错误，计日工的暂定数量由招标人填写。

13. 【答案】ABCE

【解析】根据工程内容和定额项目计算是用定额单价法编制施工图预算时工程量计算应遵循的规则。

14. 【答案】CE

【解析】招标工程量清单是招标文件的组成部分，应充分体现“实体净量”“量价分离”的“风险分担”原则；招标人对工程量清单中各分部分项工程或适合以分部分项工程项目清单设置的措施项目的工程量的准确性和完整性负责，选项C错误。招标工程量清单编制依据是常规施工方案，选项E错误。

15.【答案】ACDE

【解析】施工总方案包括：施工方法；施工机械设备的选择；科学的施工组织；合理的施工进度；现场的平面布置及各种技术措施。

16.【答案】A

【解析】根据概算指标或类似工程进行估算，且仅对主要项目加以估算即可，如土石方、混凝土等。

17.【答案】ABDE

【解析】若采用标准图集或施工图纸能够全部或部分满足项目特征描述的要求，项目特征描述可直接采用“详见××图集”或“××图号”的方式。对不能满足项目特征描述要求的部分，仍应用文字描述。项目特征描述的内容应按附录中的规定，结合拟建工程的实际，满足确定综合单价的需要。

18.【答案】ABD

【解析】选项A错误，建设规模是指建筑面积。选项B错误，工程特征应说明基础及结构类型、建筑层数、高度、门窗类型及各部位装饰、装修做法。选项D错误，施工现场实际情况是指施工场地的地表状况。

19.【答案】A

【解析】选项A错误，分部分项工程项目清单所反映的是拟建工程分部分项工程项目名称和相应数量的明细清单，招标人负责包括项目编码、项目名称、项目特征、计量单位和工程量在内的五项内容。

考点 3　最高投标限价的编制

1.【答案】D

【解析】国有资金投资的工程建设项目应实行工程量清单招标，招标人应编制最高投标限价，并应当拒绝高于最高投标限价的投标报价，即投标人的投标报价若超过公布的最高投标限价，则其投标作为废标处理，故选项A错误。当重新公布最高投标限价时，若重新公布之日起至原投标截止期不足15天的，应延长投标截止期，故选项B错误。投标人经复核认为招标人公布的最高投标限价未按照规定进行编制的，应在最高投标限价公布后5天内向招标投标监督机构和工程造价管理机构投诉。当最高投标限价复查结论与原公布的最高投标限价误差大于±3%时，应责成招标人改正，故选项C错误。

2.【答案】ACD

【解析】选项B错误，招标人应当在招标文件中公布招标控制价（最高投标限价）的总价，以及各单位工程的分部分项工程费、措施项目费、其他项目费、规费和税金。选项E错误，招标人仅要求对分包的专业工程进行总承包管理和协调时，总承包服务费按分包的专业工程估算造价的1.5%计算。

3.【答案】D

【解析】综合单价的组价，首先，依据提供的工程量清单和施工图纸，按照工程所在地区颁发的计价定额的规定，确定所组价的定额项目名称，并计算出相应的工程量；其次，依据工程造价政策规定或工程造价信息确定其人工、材料、机械台班单价；同时，在考虑风险因素确定管理费率和利润率的基础上，按规定程序计算出所组价定额项目的合价，然后将若干项所组价的定额项目合价相加除以工程量清单项目工程量，便得到工程量清单项目综合单价。

4.【答案】D

【解析】选项A错误，国有资金投资的工程建设项目应实行工程量清单招标，招标人应编制最高投标限价，并应当拒绝高于最高投标限价的投标报价，即投标人的投标报价若超过公布的最高投标限价，则其投标应被否决。选项B错误，投标人经复核认为招标人公布的招标控制价未按照《建设工程工程量清单计价规范》（GB 50500—2013）的规定进行编制的，应在招标控制价公布后5天内向招标投标监督机构和工程造价管理机构投诉。选项C错误，招标控制价超过批准的概算时，招标人应将其报原概算审批部门审核。

5.【答案】B

【解析】《招标投标法实施条例》规定，招标人可以自行决定是否编制标底，一个招标项目只能有一个标底，标底必须保密。同时规定，招标人设有最高投标限价的，应当在招标文件中明确最高投标限价或者最高投标限价的计算方法，招标人不得规定最低投标限价。

6.【答案】C

【解析】本题考查的是最高投标限价的编制。选项A错误，综合单价中应包括招标文件中要求投标人所承担的风险内容及其范围（幅度）产生的风险费用。选项B错误，招标人供应材料的，按招标人供应材料价值的1%计提总承包服务费。选项D错误，暂列金额一般以分部分项工程费的10%～15%为参考。

7.【答案】AE

【解析】采用招标控制价可能出现如下问题：①若最高限价大大高于市场平均价时，就预示中标后利润很丰厚，只要投标不超过公布的限额都是有效投标，从而可能诱导投标人串标围标。②若公布的最高限价远远低于市场平均价，就会影响招标效率。即可能出现只有1～2人投标或出现无人投标情况，因为按此限额投标将无利可图，超出此限额投标又成为无效投标，结果使招标人不得不修改最高投标限价进行二次招标。

8.【答案】ACE

【解析】选项B错误，最高投标限价应在招标文件中公布，对所编制的最高投标限价不得进行上浮或下调。在公布最高投标限价时，除公布最高投标限价的总价外，还应公布各单位工程的分部分项工程费、措施项目费、其他项目费、规费和税金，根据招标人选择公布是不正确的。选项D错误，当最高投标限价复查结论与原公布的最高投标限价误差大于±3%时，应责成招标人改正。

9.【答案】D

【解析】《招标投标法实施条例》规定，招标人可以自行决定是否编制标底，一个招标项目只能有一个标底，标底必须保密。同时规定，招标人设有最高投标限价的，应当在招标文件中明确最高投标限价或者最高投标限价的计算方法，招标人不得规定最低投标限价，故选项D错误。

10.【答案】D

【解析】暂列金额由招标人根据工程特点、工期长短，按有关计价规定进行估算，一般可以分部分项工程费的10%～15%为参考。

11.【答案】ADE

【解析】选项B错误，施工机械设备的选型本着经济实用、先进高效的原则确定。选项C错误，采用的材料价格应是工程造价管理机构通过工程造价信息发布的材料价格，工程造价信息未发布材料单价的材料，其材料价格应通过市场调查确定。

12.【答案】C

【解析】选项A错误，暂列金额预留时应当按照不同专业分别列项。选项B错误，编制计日工表格，一定要给出暂定数量。选项D错误，暂列金额按分部分项工程量清单的10%～15%确定。

13.【答案】C

【解析】招标人仅要求对分包的专业工程进行总承包管理和协调时，按分包的专业工程估算造价的1.5%计算。

14.【答案】ABCE

【答案】本题考查的是最高投标限价的编制。选项A错误，招标控制价应由具有编制能力的招标人或受其委托的工程造价咨询人编制。选项B错误，招标人应当在招标文件中公布招标控制价的总价，以及各单位工程的分部分项工程费、措施项目费、其他项目费、规费和税金。选项C错误，投标人经复核认为招标人公布的招标控制价未按规定进行编制的，应在招标控制价公布5天内向相关机构投诉。选项E错误，招标人对已标价工程量清单中各分部分项工程或适合以分部分项工程项目清单设置的措施项目的工程量的准确性和完整性负责。

15.【答案】A

【解析】选项A错误，工程量清单综合单价=[∑（定额项目合价）+未计价材料]/工程量清单项目工程量。

16.【答案】ACE

【解析】选项B错误，暂估价中的材料单价应按照工程造价管理机构发布的工程造价信息中的材料单价计算，工程造价信息未发布的材料单价，其单价参考市场价格估算。选项D错误，招标控制价中的总承包服务费，当招标人自行供应材料的，按招标人供应材料价值的1%计算。

17.【答案】ADE

【解析】选项B错误，招标控制价如果超过批准的概算，应报原概算审核部门审核。选项C错误，当招标控制价复查结论与原公布的招标控制价误差大于±3%时，应责成招标人改正。

18.【答案】B

【解析】未计价材料包括暂估单价的材料费。

19.【答案】C

【解析】在编制招标控制价时，对计日工中的人工单价和施工机械台班单价应按省级、行业建设主管部门或其授权的工程造价管理机构公布的单价计算；材料应按工程造价管理机构发布的工程造价信息中的材料单价计算，工程造价信息未发布单价的材料，其价格应按市场调查确定的单价计算。

第二节 投标报价的编制

考点1 投标报价前期工作

1.【答案】D

【解析】本题中，投标报价正确的编制流程是：①研究招标文件；②复核工程量；③确定基础标价；④编制投标文件。

2.【答案】B

【解析】合同形式分析，主要分析承包方式（如分项承包、施工承包、设计与施工总承包和管理承包等）和计价方式（如单价方式、总价方式、成本加酬金方式等）。

3.【答案】ABCD

【解析】投标人取得招标文件后，为保证工程量清单报价的合理性，应对投标人须知、合同条件、技术规范、图纸和工程量清单等重点内容进行分析，深刻而正确地理解招标文件和业主的意图。

4.【答案】D

【解析】编制投标人须知的重点在于防止投标被否决。

5.【答案】C

【解析】施工条件调查的内容主要包括：工程现场的用地范围、地形、地貌、地物、高程，地上或地下障碍物，现场的三通一平情况；工程现场周围的道路、进出场条件、有无特殊交通限制；工程现场施工临时设施、大型施工机具、材料堆放场地安排的可能性，是否需要二次搬运；工程现场邻近建筑物与招标工程的间距、结构形式、基础埋深、新旧程度、高度；市政给水及污水、雨水排放管线位置、高程、管径、压力、废水、污水处理方式，市政、消防供水管道管径、压力、位置等；当地供电方式、方位、距离、电压等；当地煤气供应能力，管线位置、高程等；工程现场通信线路的连接和铺设；当地政府有关部门对施工现场管理的一般要求、特殊要求及规定，是否允许节假日和夜间施工等。

6.【答案】C

【解析】研究招标文件中合同分析的内容有：①合同背景分析。投标人有必要了解与拟承包工程有关的合同背景，了解监理方式，了解合同的法律依据，为报价和合同实施及索赔提供依据。②合同形式分析。主要分析承包方式（如分项承包、施工承包、设计与施工总承包和管理承包等）；计价方式（如单价方式、总价方式、成本加酬金方式等）。

7.【答案】D

【解析】其他条件调查主要包括各种构件、半成品及商品混凝土的供应能力和价格，以及现场附近的生活设施、治安环境等情况的调查。

8.【答案】D

【解析】合同分析中，合同条款分析主要包

括：①承包商的任务、工作范围和责任；②工程变更及相应的合同价款调整；③付款方式、时间；④施工工期；⑤业主责任。

考点 2 询价与工程量复核

1. 【答案】B

【解析】询价的渠道包括：①直接与生产厂商联系；②了解生产厂商的代理人或从事该项业务的经纪人；③了解经营该项产品的销售商；④向咨询公司进行询价，通过咨询公司所得到的询价资料比较可靠，但需要支付一定的咨询费用，也可向同行了解；⑤通过互联网查询；⑥自行进行市场调查或信函询价。

2. 【答案】D

【解析】选项 A 错误，工程量清单中工程量的遗漏或错误，是否向招标人提出修改意见取决于投标策略。选项 B 错误，通过工程量计算复核还能准确地确定订货及采购物资的数量。选项 C 错误，复核工程量的目的不是修改工程量清单，即使有误，投标人也不能修改工程量清单中的工程量。

3. 【答案】A

【解析】选项 B 错误，劳务分包一般费用较高，但素质较可靠，工效较高，承包商的管理工作较轻。选项 C 错误，询价人员在施工方案初步确定后，立即发出材料询价单，并催促材料供应商及时报价。选项 D 错误，劳务市场招募零散劳动力，根据需要进行选择，这种方式虽然劳务价格低廉，但有时素质达不到要求或工效降低，且承包商的管理工作较繁重。

4. 【答案】D

【解析】针对招标工程量清单中工程量的遗漏或错误，是否向招标人提出修改意见取决于投标策略。投标人可以向招标人提出，由招标人统一修改并把修改情况通知所有投标人；也可以运用一些报价的技巧提高报价的质量，争取在中标后能获得更大的收益。

5. 【答案】A

【解析】向咨询公司进行询价，通过咨询公司所得到的询价资料比较可靠，但需要支付一定的咨询费用，也可向同行了解。

6. 【答案】C

【解析】成建制的劳务公司，相当于劳务分包，一般费用较高，但素质较可靠，工效较高，承包商的管理工作较轻。另一种是劳务市场招募零散劳动力，这种方式虽然劳务价格低廉，但有时素质达不到要求或工效较低，且承包商的管理工作较繁重。

7. 【答案】ABD

【解析】对分包人询价应注意以下几点：分包标函是否完整；分包工程单价所包含的内容；分包人的工程质量、信誉及可信赖程度；质量保证措施；分包报价。

8. 【答案】B

【解析】本题考查的是询价与工程量复核。针对招标工程量清单中工程量的遗漏或错误，是否向招标人提出修改意见取决于投标策略。投标人可以向招标人提出，由招标人统一修改并把修改情况通知所有投标人；也可以运用一些报价的技巧提高报价的质量，争取在中标后能获得更大的收益。

9. 【答案】BC

【解析】选项 B 错误，复核工程量的目的不是修改工程量清单，即使有误，投标人也不能修改工程量清单中的工程量。选项 C 错误，复核工程量的准确程度，将影响承包商的经营行为：一是根据复核后的工程量与招标文件提供的工程量之间的差距，从而考虑相应的投标策略，决定报价裕度；二是根据工程量的大小采取合适的施工方法，选择适用、经济的施工机具设备、投入使用相应的劳动力数量等。

考点 3 投标报价的编制原则与依据

1. 【答案】B

【解析】投标人的投标报价不得低于工程成本。

2. 【答案】A

【解析】《建设工程工程量清单计价规范》（GB 50500—2013）规定，投标报价应根据下列依据编制：①《建设工程工程量清单计价规范》（GB 50500—2013）与专业工程量计算规范；②国家或省级、行业建设主管部门颁发的计价办法；③企业定额，国家或省级、行业建设主管部门颁发的计价定额；④招标文件、工程量清单及其补充通知、答疑纪要；⑤建设工程设计文件及相关资料；⑥施工现场情况、工程特点及投标时拟定的施工组织设计或施工方案；⑦与建设项目相关的标准、规范等技术资料；⑧市场价格信息或工程造价管理机构发布的工程造价信息；⑨其他的相关资料。

考点 4 投标报价的编制方法和内容

1. **【答案】** D

【解析】 当分部分项工程内容比较简单，由单一计价子项计价，且《建设工程工程量清单计价规范》与所使用计价定额中的工程量计算规则相同时，综合单价的确定只需用相应计价定额子目中的人、材、机费做基数计算管理费、利润，再考虑相应的风险费用即可。

2. **【答案】** C

【解析】 计日工应按照招标人提供的其他项目清单列出的项目和估算的数量，自主确定各项综合单价并计算费用。

3. **【答案】** C

【解析】 本题考查的是投标报价的编制方法和内容。选项C错误，承包人承担5%以内的材料、工程设备价格风险，10%以内的施工机具使用费风险。

4. **【答案】** D

【解析】 本题考查的是投标报价的编制方法和内容。综合单价计算基础主要包括消耗量指标和生产要素单价。

5. **【答案】** B

【解析】 选项B错误，总价措施项目费由投标人自主确定，但其中安全文明施工费必须按照国家或省级、行业建设主管部门的规定计价，不得作为竞争性费用。

6. **【答案】** A

【解析】 选项A正确，在施工过程中，当出现的风险内容及其范围（幅度）在招标文件规定的范围（幅度）内时，综合单价不得变动，合同价款不做调整。选项B错误，根据工程特点和工期要求，一般采取的方式是承包人承担5%以内的材料、工程设备价格风险，10%以内的施工机具使用费风险。选项C错误，对于法律、法规、规章或有关政策出台导致工程税金、规费、人工费发生变化，并由省级、行业建设行政主管部门或其授权的工程造价管理机构根据上述变化发布的政策性调整，以及由政府定价或政府指导价管理的原材料等价格进行了调整，承包人不应承担此类风险，应按照有关调整规定执行。选项D错误，对于承包人根据自身技术水平、管理、经营状况能够自主控制的风险，如承包人的管理费、利润的风险，承包人应结合市场情况，根据企业自身的实际合理确定、自主报价，该部分风险由承包人全部承担。

7. **【答案】** BDE

【解析】 选项A错误，应招标人的特殊要求而发生的与拟建工程有关的其他费用项目和相应数量的清单。选项C错误，专业工程暂估价应包括管理费和利润，不包括规费和税金。

8. **【答案】** A

【解析】 暂列金额按照其他项目清单中列出的金额填写，不得变动。

9. **【答案】** B

【解析】 选项A错误，总价措施项目计价表不包含规费和建筑业增值税。选项B正确，对于不能精确计量的措施项目，应编制总价措施项目清单与计价表。选项C、D错误，措施项目的内容应依据招标人提供的措施项目清单和投标人投标时拟定的施工组织设计或施工方案确定。

10. **【答案】** AD

【解析】 选项B错误，暂列金额应按照招标人提供的其他项目清单中列出的金额填写，不得变动。选项C错误，材料、工程设备暂估单价和专业工程暂估价均由招标人提供，投标人不得变动和更改。选项E错误，计日工应按照招标人提供的其他项目清单列出的项目和估算的数量，自主确定各项综合单价并计算费用。

考点 5 编制投标文件

1. 【答案】C

【解析】有下列情形之一的，视为投标人相互串通投标：①不同投标人的投标文件由同一单位或者个人编制；②不同投标人委托同一单位或者个人办理投标事宜；③不同投标人的投标文件载明的项目管理成员为同一人；④不同投标人的投标文件异常一致或者投标报价呈规律性差异；⑤不同投标人的投标文件相互混装；⑥不同投标人的投标保证金从同一单位或者个人的账户转出。

2. 【答案】ABCD

【解析】联合体投标的，应当以联合体各方或者联合体中牵头人的名义提交投标保证金，故选项E错误。

3. 【答案】ABDE

【解析】除招标文件另有规定外，投标人不得递交备选投标方案。允许投标人递交备选投标方案的，只有中标人所递交的备选投标方案方可予以考虑，故选项C错误。

4. 【答案】D

【解析】有下列情形之一的，属于投标人相互串通投标：①投标人之间协商投标报价等投标文件的实质性内容；②投标人之间约定中标人；③投标人之间约定部分投标人放弃投标或者中标；④属于同一集团、协会、商会等组织成员的投标人按照该组织要求协同投标；⑤投标人之间为谋取中标或者排斥特定投标人而采取的其他联合行动。

5. 【答案】D

【解析】选项A错误，投标保证金的数额不得超过项目估算价的2%，且最高不超过80万元。选项B错误，招标人最迟应当在书面合同签订后5日内向中标人和未中标的投标人退还投标保证金及银行同期存款利息。选项C错误，出现特殊情况需要延长投标有效期的．招标人以书面形式通知所有投标人延长投标有效期。投标人同意延长的，应相应延长其投标保证金的有效期，但不得要求或被允许修改或撤销其投标文件；投标人拒绝延长的，其投标失效，但投标人有权收回其投标保证金。

6. 【答案】C

【解析】两个以上法人或者其他组织可以组成一个联合体，以一个投标人的身份共同投标。联合体投标需遵循以下规定：①联合体各方应按招标文件提供的格式签订联合体协议书，联合体各方应当指定牵头人，授权其代表所有联合体成员负责投标和合同实施阶段的主办、协调工作，并应当向招标人提交由所有联合体成员法定代表人签署的授权书。②联合体各方签订共同投标协议后，不得再以自己名义单独投标，也不得组成新的联合体或参加其他联合体在同一项目中投标。联合体各方在同一招标项目中以自己名义单独投标或者参加其他联合体投标的，相关投标均无效。③招标人接受联合体投标并进行资格预审的，联合体应当在提交资格预审申请文件前组成。资格预审后联合体增减、更换成员的，其投标无效。④由同一专业的单位组成的联合体，按照资质等级较低的单位确定资质等级。⑤联合体投标的，应当以联合体各方或者联合体中牵头人的名义提交投标保证金。以联合体中牵头人名义提交的投标保证金，对联合体各成员具有约束力。

7. 【答案】ABE

【解析】投标文件应当包括下列内容：①投标函及投标函附录；②法定代表人身份证明或附有法定代表人身份证明的授权委托书；③联合体协议书（如工程允许采用联合体投标）；④投标保证金；⑤已标价工程量清单；⑥施工组织设计；⑦项目管理机构；⑧拟分包项目情况表；⑨资格审查资料；⑩招标文件要求提供的其他材料。

8. 【答案】D

【解析】选项A错误，投标保证金的有效期应与投标有限期保持一致。选项B、C错误，出现特殊情况需要延长投标有效期的，招标人以书面形式通知所有投标人延长投标有效期。投标人同意延长的，应相应延长其投标保证金的有效期，但不得要求或被允许修改或撤销其投标文件；投标人拒绝延长的，其投标失效，但投标人有权收回其投标保证金。

9.【答案】DE

【解析】选项A错误，投标函附录在满足招标文件实质性要求的基础上，可以提出比招标文件要求更能吸引招标人的承诺。选项B错误，当副本和正本不一致时，以正本为准。选项C错误，除招标文件另有规定外，投标人不得递交备选投标方案。允许投标人递交备选投标方案的，只有中标人所递交的备选投标方案方可予以考虑。

10.【答案】BC

【解析】选项A错误，投标人在投标有效期内撤销投标文件，投标保证金不予返还。选项D错误，在规定的投标截止时间前，投标人可以修改或撤回已递交的投标文件，但应以书面形式通知招标人，投标保证金应予返还。选项E错误，联合体投标的，应当以联合体各方或者联合体中牵头人的名义提交投标保证金。以联合体中牵头人名义提交的投标保证金，对联合体各成员具有约束力。

11.【答案】BCD

【解析】选项A错误，联合体各方签订共同投标协议后，不得再以自己名义单独投标，也不得组成新的联合体或参加其他联合体在同一项目中投标。选项E错误，由同一专业的单位组成的联合体，按照资质等级较低的单位确定资质等级。

12.【答案】A

【解析】投标有效期的确定一般考虑以下因素：①组织评标委员会完成评标需要的时间；②确定中标人需要的时间；③签订合同需要的时间。不包括投标报价需要的时间。

13.【答案】A

【解析】投标文件应当对招标文件有关工期、投标有效期、质量要求、技术标准和要求、招标范围等实质性内容作出响应，不包括报价。

14.【答案】BC

【解析】出现下列情况的，投标保证金将不予返还：①投标人在规定的投标有效期内撤销或修改其投标文件；②中标人在收到中标通知书后，无正当理由拒签合同协议书或未按招标文件规定提交履约担保。

第三节　中标价及合同价款的约定

考点 1　评标程序及评审标准

1.【答案】B

【解析】资格评审标准：如果是未进行资格预审的，应具备有效的营业执照，具备有效的安全生产许可证，并且资质等级、财务状况、类似项目业绩、信誉、项目经理、其他要求、联合体投标人等，均符合规定。如果是已进行资格预审的，仍按资格审查办法中详细审查标准来进行。

2.【答案】D

【解析】根据经评审的最低投标价法完成详细评审后，评标委员会应当拟定一份“价格比较一览表”，连同书面评标报告提交招标人。“价格比较一览表”应当载明投标人的投标报价、对商务偏差的价格调整和说明以及已评审的最终投标价。

3.【答案】C

【解析】按照《评标委员会和评标方法暂行规定》的规定，经评审的最低投标价法一般适用于具有通用技术、性能标准或者招标人对其技术、性能没有特殊要求的招标项目。

4.【答案】A

【解析】评标委员会可以书面方式要求投标人对投标文件中含义不明确的内容作必要的澄清、说明或补正，但是澄清、说明或补正不得超出投标文件的范围或者改变投标文件的实质性内容。对招标文件的相关内容作出澄清、说明或补正，其目的是有利于评标委员会对投标文件的审查、评审和比较。澄清、说明或补正包括投标文件中含义不明确、对同类问题表述不一致或者有明显文字和计算错误的内容。评标委员会不接受投标人主动提出的澄清、说明或补正。投标报价有算术错误的，评标委员会按以下原则对投标报价进行修正，修正的价格经投标人书面确认后具有约束力。投标人不接受修正价格的，其投标作废标处理。总价金额与依据单价计算出的结果不一致的，以单价金额为准修正总价，但单价金额小数点有明显错误的除外。

5.【答案】B

【解析】对同时投多个标段的评标修正，一般的做法是，如果投标人的某一个标段已被确定为中标，则在其他标段的评标中按照招标文件规定的百分比乘以报价额后，在评标价中扣减此值。修正后B标段的评标价＝6000－6000×5％＝5700（万元）。

6.【答案】B

【解析】根据《建设工程造价咨询规范》（GB/T 51095—2015）规定，清标是指招标人或工程造价咨询企业在开标后且评标前，对投标人的投标报价是否响应招标文件、违反国家有关规定，以及报价的合理性、算术性错误等进行审查并出具意见的活动。

7.【答案】ACE

【解析】评标委员会应当审查每一投标文件是否对招标文件提出的所有实质性要求和条件做出响应。未能在实质上响应的投标，评标委员会应当否决其投标。具体情形包括：①投标文件未经投标单位盖章和单位负责人签字；②投标联合体没有提交共同投标协议；③投标人不符合国家或者招标文件规定的资格条件；④同一投标人提交两个以上不同的投标文件或者投标报价，但招标文件允许提交备选投标的除外；⑤投标报价低于成本或者高于招标文件设定的最高投标限价，对报价是否低于工程成本的异议，评标委员会可以参照国务院有关主管部门和省、自治区、直辖市有关主管部门发布的有关规定进行评审；⑥投标文件没有对招标文件的实质性要求和条件做出响应；⑦投标人有串通投标、弄虚作假、行贿等违法行为。

8.【答案】BDE

【解析】清标工作主要包含下列内容：①对招标文件的实质性响应；②错漏项分析；③分部分项工程项目清单综合单价的合理性分析；④措施项目清单的完整性和合理性分析，以及其中不可竞争性费用正确分析；⑤其他项目清单完整性和合理性分析；⑥不平衡报价分析；⑦暂列金额、暂估价正确性复核；⑧总价与合价的算术性复核及修正建议；⑨其他应分析和澄清的问题。

9.【答案】CE

【解析】选项A错误，评标活动应遵循公平、公正、科学、择优的原则。选项B错误，评标委员会不接受投标人主动提出的澄清、说明或补正。选项D错误，招标人可以授权评标委员会直接确定中标人。只有授权后才有权直接确定中标人。

10.【答案】BE

【解析】施工组织设计和项目管理机构评审标准主要包括施工方案与技术措施、质量管理体系与措施、安全管理体系与措施、环境保护管理体系与措施、工程进度计划与措施、资源配备计划、技术负责人、其他主要人员、施工设备、试验、检测仪器设备等，符合有关标准。选项A、C、D属于响应性评审标准。

11.【答案】B

【解析】资格评审是指应具备有效的营业执照、安全生产许可证，资质、财务、业绩、信誉等符合规定。

12.【答案】BCD

【解析】选项A错误，投标文件没有联合体共同投标协议不允许补正，直接否决投标。选项E错误，评标委员会不接受主动提出的澄清。

13.【答案】C

【解析】经评审的最低投标价法主要量化因素包括单价的遗漏和付款条件等。综合评估法评标分值构成有施工组织设计、项目管理机构、投标报价、其他评分因素。

14.【答案】ACD

【解析】选项B错误，经评审的最低投标价法一般适用于具有通用技术、性能标准或者招标人对其技术、性能没有特殊要求的招标项目。选项E错误，综合评分相等，报价低优先；投标报价也相等的，优先条件由招标人事先在招标文件中确定。

考点 2 中标人的确定

1.【答案】BDE

【解析】在签订合同前，中标人以及联合体的中标人应按招标文件有关规定的金额、担保形式和提交时间，向招标人提交履约担保。履约担保有现金、支票、汇票、履约担保书和银行保函等形式，可以选择其中的一种作为招标项目的履约保证金，履约保证金不得超过中标合同金额的10%。中标人不能按要求提交履约保证金的，视为放弃中标，其投标保证金不予退还，给招标人造成的损失超过投标保证金数额的，中标人还应当对超过部分予以赔偿。招标人要求中标人提供履约保证金或其他形式履约担保的，招标人应当同时向中标人提供工程款支付担保。中标后的承包人应保证其履约保证金在发包人颁发工程接收证书前一直有效。发包人应在工程接收证书颁发后28天内把履约保证金退还给承包人。

2.【答案】ACDE

【解析】选项B错误，中标人不能按要求提交履约保证金的，视为放弃中标，其投标保证金不予退还，给招标人造成的损失超过投标保证金数额的，中标人还应当对超过部分予以赔偿。

3.【答案】BC

【解析】评标报告不需要体现评标报告的撰写人，应包括中标候选人，并不是中标人。评标报告应当如实记载以下内容：①基本情况和数据表；②评标委员会成员名单；③开标记录；④符合要求的投标一览表；⑤否决投标情况说明；⑥评标标准、评标方法或者评标因素一览表；⑦经评审的价格或者评分比较一览表；⑧经评审的投标人排序；⑨推荐的中标候选人名单与签订合同前要处理的事宜；⑩澄清、说明、补正事项纪要。

4.【答案】ABC

【解析】选项A错误，评标报告由评标委员会全体成员签字。对评标结果有不同意见的评标委员会成员应当以书面方式阐述其不同意见和理由，评标报告应当注明该不同意见。评标委员会成员拒绝在评标报告上签字且不陈述其不同意见和理由的，视为同意评标结论。评标委员会应当对此做出书面说明并记录在案。选项B错误，使用国家融资的项目，招标人可以授权评标委员会直接确定中标人。选项C错误，应按照招标文件和中标人的投标文件订立书面合同。

5.【答案】BD

【解析】选项A错误，招标人应当自收到评标报告之日起3日内公示中标候选人。选项C错误，投标人的各评分要素的得分情况无需公布。选项E错误，招标人在确定中标人之前，应当将中标候选人在交易场所和指定媒体上公示。

6.【答案】ACDE

【解析】依法必须招标项目的中标候选人公示应当载明以下内容：中标候选人排序、名称、投标报价、质量、工期（交货期）以及评标情况；中标候选人按照招标文件要求承诺的项目负责人姓名及其相关证书名称和编号；中标候选人响应招标文件要求的资格能力条件；提出异议的渠道和方式；招标文件规定公示的其他内容。

7.【答案】ADE

【解析】选项B错误，履约保证金不得超过中标合同金额的10%。选项C错误，履约保证金的有效期自合同生效之日起至合同约定的中标人主要义务履行完毕止。

8.【答案】C

【解析】投标人或者其他利害关系人对依法必须进行招标的项目的评标结果有异议的，应当在中标候选人公示期间提出。招标人应当自收到异议之日起3日内做出答复。

9.【答案】B

【解析】投标人或者其他利害关系人对依法必须进行招标的项目的评标结果有异议的，应当在中标候选人公示期间提出。招标人应当自收到异议之日起3日内做出答复；做出答复前，应当暂停招标投标活动。

考点 3 合同价款的约定

1.【答案】D

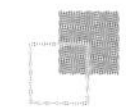

【解析】选项A错误，中标人无正当理由拒签合同的，投标保证金不予退还。选项B错误，招标人最迟应当在书面合同签订后5日内，向中标人和未中标的投标人退还投标保证金及银行同期存款利息，不是5个工作日内。选项C错误，签约合同价是指合同双方签订合同时在协议书中列明的合同价格，对于以单价合同形式招标的项目，工程量清单中各种价格的总计即为合同价。

2. 【答案】B

【解析】合同约定不得违背招投标文件中关于工期、造价、质量等方面的实质性内容，招标文件与中标人投标文件不一致的地方，以投标文件为准。

3. 【答案】B

【解析】招标人和中标人应当在投标有效期内并在自中标通知书发出之日起30日内，按照招标文件和中标人的投标文件订立书面合同。

4. 【解析】C

【解析】发承包双方应在合同条款中对下列事项进行约定：①预付工程款的数额、支付时间及抵扣方式；②安全文明施工措施费的支付计划、使用要求等；③工程计量与支付工程进度款的方式、数额及时间；④工程价款的调整因素、方法、程序、支付及时间；⑤施工索赔与现场签证的程序、金额确认与支付时间；⑥承担计价风险的内容、范围以及超出约定内容、范围的调整方法；⑦工程竣工结算价款的编制与核对、支付及时间；⑧工程质量保证金的数额、预留方式及时间；⑨违约责任以及发生合同价款争议的解决方法与时间；⑩与履行合同、支付价款有关的其他事项等。

5. 【答案】D

【解析】根据《建筑工程施工发包与承包计价管理办法》（住建部第16号令），实行工程量清单计价的建筑工程，鼓励发承包双方采用单价方式确定合同价款；建设规模较小、技术难度较低、工期较短的建设工程，发承包双方可以采用总价方式确定合同价款；紧急抢险、救灾以及施工技术特别复杂的建设工程，发承包双方可以采用成本加酬金方式确定合同价款。

第四节 工程总承包及国际工程合同价款的约定

考点 1 工程总承包合同价款的约定

1. 【答案】D

【解析】工程项目管理总承包是指专业化、社会化的工程项目管理企业接受业主委托，按照合同约定承担工程项目管理业务，工程项目管理企业不直接与该工程项目的总承包企业或勘察、设计、供货、施工等企业签订合同，但可以按合同约定，协助业主与上述企业签订合同，并受业主委托监督合同的履行。

2. 【答案】C

【解析】工程总承包投标文件编制和递交时同样需要遵循投标保证金以及投标有效期的有关规定，规定内容与施工投标基本相同。只是由于实施工程总承包的项目通常比较复杂，因此，除投标人须知前附表另有规定外，投标有效期均为120天。

3. 【答案】A

【解析】EPC总承包即工程总承包人按照合同约定，承担工程项目的设计、采购、施工、试运行服务等工作，并对承包工程的质量、安全、工期、造价全面负责。

4. 【答案】CDE

【解析】工程总承包的主要特点有：①合同结构简单；②承包商积极性高；③项目整体效果好；④企业综合实力强。

5. 【答案】ACE

【解析】工程总承包招标文件的编制内容有：①招标公告（或投标邀请书）；②投标人须知；③评标办法，与施工招标类似，评标办法可选择综合评估法或经评审的最低投标价法；④合同条款及格式，包括通用合同条款、专用合同条款以及各合同附件的格式；⑤发包人要求；⑥发包人提供的资料；⑦投标文件格式；⑧规定的其他资料。选项B、D属于施工招标文件。

6. 【答案】AD

【解析】根据《标准设计施工总承包招标文件》的规定，工程总承包投标文件的编制由以下内容组成：①投标函及投标函附录；②法定代表人身份证明或附有法定代表人身份证明的授权委托书；③联合体协议书；④投标保证金；⑤价格清单，包括勘察设计费清单、工程设备费清单、必备的备品备件费清单、建筑安装工程费清单、技术服务费清单、暂估价清单、其他费用清单、投标报价汇总表；（相当于已标价清单）⑥承包人建议书，包括图纸、工程详细说明、设备方案、分包方案、对发包人要求错误的说明等；（相当于施工组织设计）⑦承包人实施计划，包括概述、总体实施方案、项目实施要点、项目管理要点；（相当于项目管理机构、项目情况）⑧资格审查资料；⑨其他资料。选项 B、C、E 是施工投标文件包含的内容。

7.【答案】A

【解析】标高金是指总承包商投标报价时考虑到预期收益和根据约定应承担的风险而计算的成本以外的金额，由管理费、利润和风险费组成。

8.【答案】ABC

【解析】本题考查的是工程总承包合同价款的约定。综合评估法下的初步评审标准包括形式评审标准、资格评审标准、响应性评审标准三个方面。选项 D、E 属于详细评审。

9.【答案】DE

【解析】本题考查的是工程总承包合同价款的约定。签约合同价指中标通知书明确的并在签订合同时于合同协议书中写明的，包括了暂列金额、暂估价的合同总金额。合同价格是指承包人按合同约定完成了包括缺陷责任期内的全部承包工作后，发包人应付给承包人的金额，包括在履行合同过程中按合同约定进行的变更和调整。

10.【答案】C

【解析】本题考查的是工程总承包合同价款的约定。详细评审标准考虑的量化因素主要有付款条件。

11.【答案】ABCE

【解析】本题考查的是工程总承包合同价款的约定。无论承包人发现与否，在任何情况下，下列错误由发包人承担：发包人要求中引用的原始数据和资料；对工程或其任何部分的功能要求；对工程的工艺安排或要求；试验和检验标准；除合同另有约定外，承包人无法核实的数据和资料。

考点 2 国际工程招标投标及合同价款的约定

1.【答案】B

【解析】本题考查的是国际工程招标投标及合同价款的约定。资格预审的目的是缩小投标人的范围，资格预审与资格定审的标准相同。

2.【答案】ABD

【解析】本题考查的是国际工程招标投标及合同价款的约定。对每份标书都应当众读出投标人、报价和交货或完工期，允许提出替代方案的，也应读出替代方案的报价及完工期。标书是否附有投标保证金或保函也应当众读出。不能因为标书未附投标保证金或保函而拒绝开启。标书详细内容不可能也不必全部读出。

3.【答案】D

【解析】本题考查的是国际工程招标投标及合同价款的约定。世界银行虽然并不“批准”招标文件，但需其表示“无意见”后招标文件才可以公开发售。公开发售后，除非有十分严重的不妥之处或错误，即使其中有些规定不符合《采购指南》，评标时也必须以招标文件为准。

4.【答案】ABCE

【解析】本题考查的是国际工程招标投标及合同价款的约定。选项 A 错误，总采购公告送交世行的时间不应迟于招标文件公开发售之前 60 天。选项 B 错误，开标时不能因为标书未附投标保证金或保函而拒绝开启。选项 C 错误，开标时一般不允许投标人提问或做任何解释，但允许记录和录音。选项 E 错误，国际工程招标中规定投标准备时间不得少于 45 天。

5.【答案】A

【解析】本题考查的是国际工程招标投标及合同价款的约定。评标可分为审标、评标和资格定审三个步骤。

6.【答案】B

【解析】本题考查的是国际工程招标投标及合同价款的约定。评标可分为审标、评标和资格定审三个步骤：①审标。审标是对标书技术性、程序性问题加以澄清并初步筛选。例如，投标人是否具备投标资格，是否附有要求缴纳投标保证金，是否已按规定签字等。②评标。按招标文件所明确规定的标准和评标方法，评定各标书的评标价。评比时既考虑报价，也考虑其他因素。③资格定审。如果未进行资格预审的，需要对评标价最低的投标人进行资格定审。

7.【答案】A

【解析】本题考查的是国际工程招标投标及合同价款的约定。国际工程招标一般采用最低价中标或合理低价中标方式。标价由直接费用、间接费用、利润和风险费组成。

8.【答案】ABC

【解析】本题考查的是国际工程招标投标及合同价款的约定。选项D错误，上级单位管理费一般按工程直接费的3%～5%计取。选项E错误，盈余包括利润和风险费两部分。

9.【答案】ABD

【解析】本题考查的是国际工程招标投标及合同价款的约定。合同谈判的内容有：①原招标文件中规定采购的设备、货物或工程的数量可能有所增减，合同总价也随之可按单价计算而有增减。②投标人的投标，对原招标文件中提出的各种标准及要求，总会有一些非重大性的差异。如技术规格上某些重大的差别，交货或完工时间提前或推迟，工程预付款的多少及支付条件，损失赔偿的具体规定，价格调整条款及所依据的指数的确定等，都应在谈判中进一步明确。

10.【答案】D

【解析】本题考查的是国际工程招标投标及合同价款的约定。在国际工程标价中，对分包费的处理有两种方法：一种方法是将分包费列入直接费中，即考虑间接费时包含了对分包的管理费；另一种方法是将分包费与直接费、间接费平行并列，在估算分包费时适当加入对分包商的管理费即可。

第五章　建设项目施工阶段合同价款的调整和结算

第一节　合同价款调整

考点 1　法规变化类合同价款调整事项

1. 【答案】A

【解析】对于实行招标的建设工程，一般以施工招标文件中规定的提交投标文件的截止时间前的第28天作为基准日；对于不实行招标的建设工程，一般以建设工程施工合同签订前的第28天作为基准日。

2. 【答案】B

【解析】对于实行招标的建设工程，一般以施工招标文件中规定的提交投标文件的截止时间前的第28天作为基准日；对于不实行招标的建设工程，一般以建设工程施工合同签订前的第28天作为基准日。

3. 【答案】C

【解析】如果由于承包人的原因导致的工期延误，在工程延误期间国家的法律、行政法规和相关政策发生变化引起工程造价变化的，造成合同价款增加的，合同价款不予调整；造成合同价款减少的，合同价款予以调整。

4. 【答案】BD

【解析】发承包双方按照合同约定调整合同价款的若干事项，可以分为五类：①法规变化类，主要包括法律法规变化事件；②工程变更类，主要包括工程变更、项目特征不符、工程量清单缺项、工程量偏差、计日工等事件；③物价变化类，主要包括物价波动、暂估价事件；④工程索赔类，主要包括不可抗力、提前竣工（赶工补偿）、误期赔偿、索赔等事件；⑤其他类，主要包括现场签证以及发承包双方约定的其他调整事项，现场签证根据签证内容，有的可归于工程变更类，有的可归于索赔类，有的可能不涉及合同价款调整。

5. 【答案】B

【解析】选项A错误，选项B正确，施工合同履行期间，国家颁布的法律、法规、规章和有关政策在合同工程基准日之后发生变化，且因执行相应的法律、法规、规章和政策引起工程造价发生增减变化的，合同双方当事人应当依据法律、法规、规章和有关政策的规定调整合同价款。但是，如果有关价格（如人工、材料和工程设备等价格）的变化已经包含在物价波动事件的调价公式中，则不再予以考虑。选项C错误，对于不实行招标的建设工程，一般以建设工程施工合同签订前的第28天作为基准日。选项D错误，由于承包人的原因导致的工期延误，在工程延误期间国家的法律、行政法规和相关政策发生变化引起工程造价变化的，造成合同价款增加的，合同价款不予调整。

考点 2　工程变更类合同价款调整事项

1. 【答案】B

【解析】选项A错误，招标工程量清单是否准确和完整，其责任应当由提供工程量清单的发包人负责，作为投标人的承包人不应承担因工程量清单的缺项、漏项以及计算错误带来的风险与损失。选项B正确，施工合同履行期间，由于招标工程量清单中分部分项工程出现缺项、漏项，造成新增工程清单项目的，应按照工程变更事件中关于分部分项工程费的调整方法，调整合同价款。选项C错误，新增分部分项工程项目清单项目后，引起措施项目发生变化的，应当按照工程变更事件中关于措施项目费的调整方法，在承包人提交的实施方案被发包人批准后，调整合同价款。选项D错误，由于招标工程量清单中措施项目缺项，承包人应将新增措施项目实施方案提交发包人批准后，按照工程变更事件中的有关规定调整合同价款。

2. 【答案】A

【解析】任一计日工项目实施结束，承包人

应按照确认的计日工现场签证报告核实该类项目的工程数量，并根据核实的工程数量和承包人已标价工程量清单中的计日工单价计算，提出应付价款；已标价工程量清单中没有该类计日工单价的，由发承包双方按工程变更的有关规定商定计日工单价计算。每个支付期末，承包人应与进度款同期向发包人提交本期间所有计日工记录的签证汇总表，以说明本期间自己认为有权得到的计日工金额，调整合同价款，列入进度款支付。

3. 【答案】B

【解析】当应予计算的实际工程量与招标工程量清单出现偏差（包括因工程变更等原因导致的工程量偏差）超过15%，且该变化引起措施项目相应发生变化，如该措施项目是按系数或单一总价方式计价的，对措施项目费的调整原则为：工程量增加的，措施项目费调增；工程量减少的，措施项目费调减。至于具体的调整方法，则应由双方当事人在合同专用条款中约定。

4. 【答案】D

【解析】工程变更指令发出后，应当迅速落实指令，全面修改相关的各种文件。承包人也应当抓紧落实，如果承包人不能全面落实变更指令，则扩大的损失应当由承包人承担。

5. 【答案】C

【解析】当实际工程量与招标工程量清单出现偏差超过15%时，增加部分的工程量的综合单价应予调低；当工程量减少15%以上时，减少后剩余部分的工程量的综合单价应予调高。

6. 【答案】ACE

【解析】不同合同文本中规定的工程变更的范围可能会有所不同。《建设工程施工合同（示范文本）》中规定合同变更的范围有：①增加或减少合同中任何工作，或追加额外的工作；②取消合同中任何工作，但转由他人实施的工作除外（选项B错误）；③改变合同中任何工作的质量标准或其他特性；④改变工程的基线、标高、位置和尺寸；⑤改变工程的时间安排或实施顺序。《标准施工招标文件》中规定合同变更的范围有：①取消合同中任何一项工作，但被取消的工作不能转由发包人或其他人实施；②改变合同中任何一项工作的质量或其他特性；③改变合同工程的基线、标高、位置或尺寸；④改变合同中任何一项工作的施工时间或改变已批准的施工工艺或顺序；⑤为完成工程需要追加的额外工作。工程变更指令发出后，应当迅速落实指令，全面修改相关的各种文件。承包人也应当抓紧落实，如果承包人不能全面落实变更指令，则扩大的损失应当由承包人承担，选项D错误。

7. 【答案】D

【解析】选项A错误，已标价工程量清单中有适用于变更工程项目的，且工程变更导致的该清单项目的工程数量变化不足15%时，采用该项目的单价。选项B错误，已标价工程量清单中没有适用、但有类似于变更工程项目的，可在合理范围内参照类似项目的单价或总价调整。选项C错误，已标价工程量清单中没有适用也没有类似于变更工程项目的，由承包人根据变更工程资料、计量规则和计价办法、工程造价管理机构发布的信息（参考）价格和承包人报价浮动率，提出变更工程项目的单价或总价，报发包人确认后调整。

8. 【答案】A

【解析】报价浮动率＝（1－5030/5100）＝1.37%。

9. 【答案】A

【解析】本题考查的是工程变更类合同价款调整事项。在工程变更引起的措施项目费调整中，若承包人未事先将拟实施的方案提交给发包人确认，则视为工程变更不引起措施项目费的调整或承包人放弃调整措施项目费的权利。

10. 【答案】B

【解析】安全文明施工费，按照实际发生变化的措施项目调整，不得浮动。采用单价计算的措施项目费，按照实际发生的措施项目按前述分部分项工程费的调整方法确定单价。按总价（或系数）计算的措施项目费，除安全文明施工费外，按照实际发生变化的措施项目调整，但应考虑承包人报价浮动因素，即调整金额按照实际调整金额乘以承包人报价浮动率计算。

11. 【答案】C

【解析】如果发包人提出的工程变更，因非承包人原因删减了合同中的某项原定工作或工程，致使承包人发生的费用或（和）得到的收益不能被包括在其他已支付或应支付的项目中，也未被包含在任何替代的工作或工程中，则承包人有权提出并得到合理的费用及利润补偿。

12. 【答案】ACD

【解析】本题考查的是工程变更类合同价款调整事项。招标工程量清单必须作为招标文件的组成部分，其准确性和完整性由招标人负责。招标工程量清单是否准确和完整，其责任应当由提供工程量清单的发包人负责，作为投标人的承包人不应承担因工程量清单的缺项、漏项以及计算错误带来的风险与损失。

13. 【答案】C

【解析】当工程量偏差超过15%，且该变化引起措施项目相应发生变化，如该措施项目是按系数或单一总价方式计价的，对措施项目费调整原则为：工程量增加的，措施项目费调增；工程量减少的，措施项目费调减。

14. 【答案】C

【解析】该混凝土工程的工程量偏差减少超过15%，其综合单价应予调高。则调整后的价格＝150×300×1.1＝4.95（万元）。

15. 【答案】B

【解析】工程量增加＝（1800－1500）/1500＝20%，工程量增加超过15%，450元/m^3＞380×1.15＝437（元/m^3），应按照437元/m^3的综合单价进行价款结算。结算工程款＝1500×1.15×450＋（1800－1500×1.15）×437＝809025（元）。

16. 【答案】A

【解析】工程量减少＝（3600－3000）/3600＝16.7%，工程量减少超过15%，500×（1－10%）×（1－15%）＝382.5（元/m）＜400元/m^2，因此不作调整，按照400元/m^2的综合单价进行价款结算。结算价＝400×3000＝120.00（万元）。

17. 【答案】ABD

【解析】选项C错误，计日工完成后，承包人应按照确认的计日工现场签证报告核实工程数量，并根据核实的工程数量和承包人已标价工程量清单中的计日工单价计算，提出应付价款。选项E错误，计日工表的费用项目不包括规费。

考点 3 物价变化类合同价款调整事项

1. 【答案】D

【解析】合同价款调整金额＝3000×（0.25×110/100＋0.15×4200/4000＋0.6－1）＝97.5（万元）。

2. 【答案】BDE

【解析】选项A错误，发包人在招标工程量清单中给定暂估价的材料和工程设备不属于依法必须招标的，由承包人按照合同约定采购，经发包人确认后以此为依据取代暂估价，调整合同价款。选项B正确，发包人在招标工程量清单中给定暂估价的材料和工程设备属于依法必须招标的，由发承包双方以招标的方式选择供应商。依法确定中标价格后，以此为依据取代暂估价，调整合同价款。选项C错误，承包人不参加投标的专业工程，应由承包人作为招标人，但拟定的招标文件、评标方法、评标结果应报送发包人批准。与组织招标工作有关的费用应当被认为已经包括在承包人的签约合同价（投标总报价）中。选项D正确，承包人参加投标的专业工程，应由发包人作为招标人，与组织招标工作有关的费用由发包人承担。同等条件下，应优先选择承包人中标。选项E正确，发包人在工程量清单中给定暂估价的专业工程不属于依法必须招标的，应按照前述工程变更事件的合同价款调整方法，确定专业工程价款，并以此为依据取代专业工程暂估价，调整合同价款。发包人在招标工程量清单中给定暂估价的专业工程依法必须招标的，应当由发承包双方依法组织招标，选

择专业分包人，并接受建设工程招标投标管理机构的监督。

3. 【答案】D

【解析】由于发包人原因导致工期延误的，则对于计划进度日期（或竣工日期）后续施工的工程，在使用价格调整公式时，应采用计划进度日期（或竣工日期）与实际进度日期（或竣工日期）的两个价格指数中较高者作为现行价格指数。

4. 【答案】D

【解析】由于承包人原因导致工期延误的，则对于计划进度日期（或竣工日期）后续施工的工程，在使用价格调整公式时，应采用计划进度日期（或竣工日期）与实际进度日期（或竣工日期）的两个价格指数中较低者作为现行价格指数。

5. 【答案】ACE

【解析】选项B错误，人工单价发生变化时，发承包双方应按省级或行业建设主管部门或其授权的工程造价管理机构发布的人工成本文件调整合同价款。选项D错误，采用造价信息调整价格差额的方法，主要适用于使用的材料品种较多，相对而言每种材料使用量较小的房屋建筑与装饰工程。

6. 【答案】D

【解析】由于发包人原因导致工期延误的，则对于计划进度日期（或竣工日期）后续施工的工程，在使用价格调整公式时，应采用计划进度日期（或竣工日期）与实际进度日期（或竣工日期）的两个价格指数中较高者作为现行价格指数。

7. 【答案】D

【解析】各可调因子的现行价格指数，指根据进度付款、竣工付款和最终结清等约定的付款证书相关周期最后一天的前42天的各可调因子的价格指数。

8. 【答案】C

【解析】2019年7月造价信息发布价上涨，应以较高的投标价格为基础计算合同约定的风险幅度值。2400×（1＋5%）＝2520（元/t）。因此钢筋每吨应上调价格＝2600－2520＝80（元/t）。2019年7月实际结算价格＝2400＋80＝2480（元/t）。

9. 【答案】D

【解析】实际结算金额＝100×［0.2＋（0.25×0.8×1.2＋0.45×0.8×1.15＋0.3×0.8×1.25）］＝115.40（万元）。

10. 【答案】B

【解析】本题考查的是物价变化类合同价款调整事项。工程价款＝50×［30%＋70%×（45%×1.1＋45%＋10%）］＝51.58（万元）。

11. 【答案】BCD

【解析】选项A错误，采用造价信息调整价格差额的方法，主要适用于使用的材料品种较多，相对而言每种材料使用量较小的房屋建筑与装饰工程。选项E错误，承包人应当在采购材料前将采购数量和新的材料单价报发包人核对，确认用于本合同工程时，发包人应当确认采购材料的数量和单价。发包人在收到承包人报送的确认资料后3个工作日不予答复的，视为已经认可，作为调整合同价款的依据。

12. 【答案】BE

【解析】选项A错误，发包人在招标工程量清单中给定暂估价的材料和工程设备不属于依法必须招标的，由承包人按照合同约定采购，经发包人确认后以此为依据取代暂估价，调整合同价款。选项B正确，发包人在招标工程量清单中给定暂估价的材料和工程设备属于依法必须招标的，由发承包双方以招标的方式选择供应商。依法确定中标价格后，以此为依据取代暂估价，调整合同价款。选项C错误，选项E正确，不属于依法必须招标的暂估价专业工程，应按照工程变更事件的合同价款调整方法，确定专业工程价款。选项D错误，属于依法必须招标的暂估价专业工程，承包人参加投标的专业工程，应由发包人作为招标人，与组织招标工作有关的费用由发包人承担。同等条件下，应优先选择承包人中标。

13. 【答案】D

【解析】若承包人不参加投标，应由承包人

作为招标人，与组织招标工作有关的费用应当被认为已经包括在承包人的签约合同价（投标总报价）中。

14. 【答案】BD

【解析】发包人在招标工程量清单中给定暂估价的专业工程，依法必须招标的，应当由发承包双方依法组织招标选择专业分包人，并接受建设工程招标投标管理机构的监督：①除合同另有约定外，承包人不参加投标的专业工程，应由承包人作为招标人，但拟定的招标文件、评标方法、评标结果应报送发包人批准。与组织招标工作有关的费用应当被认为已经包括在承包人的签约合同价（投标总报价）中。②承包人参加投标的专业工程，应由发包人作为招标人，与组织招标工作有关的费用由发包人承担。同等条件下，应优先选择承包人中标。③专业工程依法进行招标后，以中标价为依据取代专业工程暂估价，调整合同价款。

考点 4 工程索赔类合同价款调整事项

1. 【答案】C

【解析】该题按比例进行计算，合同价格占总合同价格的1/5，所以延误工程的总部管理费＝1250/5＝250（万元）。工期延误10天，可索赔总部管理费＝250/200×10＝12.5（万元）。

2. 【答案】D

【解析】在共同延误情况下，要具体分析哪一种情况延误是有效的，应依据以下原则确定：①首先判断造成拖期的哪一种原因是最先发生的，即确定“初始延误”者，它应对工程拖期负责。在初始延误发生作用期间，其他并发的延误者不承担拖期责任。②如果初始延误者是发包人原因，则在发包人原因造成的延误期内，承包人既可得到工期延长，又可得到经济补偿。③如果初始延误者是客观原因，则在客观因素发生影响的延误期内，承包人可以得到工期延长，但很难得到费用补偿。④如果初始延误者是承包人原因，则在承包人原因造成的延误期内，承包人既不能得到工期补偿，也不能得到费用补偿。

3. 【答案】BD

【解析】选项A错误，基准日后法律的变化只能索赔费用。选项C错误，发包人提供的材料、工程设备不合格或迟延提供或变更地点可以索赔工期、费用和利润。选项E错误，迟延提供施工场地可以索赔工期、费用和利润。

4. 【答案】ADE

【解析】监理人对已覆盖的隐蔽工程要求重新检查且检查结果不合格以及承包人的工程设备不合格造成的工期延误，不可以进行索赔。

5. 【答案】D

【解析】施工企业可向业主索赔的费用应包括10工日的人工费和1个台班的机械费。由于没有停工，人工费不包括窝工补贴。索赔金额＝（10×80＋1×5000）×（1＋30%）＝7540（元）。

6. 【答案】C

【解析】在共同延误情况下，要具体分析哪一种情况延误是有效的，应依据以下原则确定：①首先判断造成拖期的哪一种原因是最先发生的，即确定“初始延误”者，它应对工程拖期负责。在初始延误发生作用期间，其他并发的延误者不承担拖期责任。②如果初始延误者是发包人原因，则在发包人原因造成的延误期内，承包人既可得到工期延长，又可得到经济补偿。③如果初始延误者是客观原因，则在客观因素发生影响的延误期内，承包人可以得到工期延长，但很难得到费用补偿。④如果初始延误者是承包人原因，则在承包人原因造成的延误期内，承包人既不能得到工期补偿，也不能得到费用补偿。

7. 【答案】BD

【解析】本题考查的是工程索赔类合同价款调整事项。选项A只能索赔工期和费用，选项C只能索赔费用，选项E只能索赔费用。

8. 【答案】C

【解析】因不可抗力事件导致的人员伤亡、

财产损失及其费用增加，发承包双方应按以下原则分别承担并调整合同价款和工期：①合同工程本身的损害、因工程损害导致第三方人员伤亡和财产损失以及运至施工场地用于施工的材料和待安装的设备的损害，由发包人承担；②发包人、承包人人员伤亡由其所在单位负责，并承担相应费用；③承包人的施工机械设备损坏及停工损失，由承包人承担；④停工期间，承包人应发包人要求留在施工场地的必要的管理人员及保卫人员的费用由发包人承担；⑤工程所需清理、修复费用，由发包人承担。

9. 【答案】BCE

【解析】本题考查的是工程索赔类合同价款调整事项。选项A错误，承包人遇到不利物质条件可进行工期和费用索赔，不能进行利润索赔。选项D错误，发包人原因引起的暂停施工可进行工期、费用和利润的索赔。

10. 【答案】D

【解析】利息的索赔包括：发包人拖延支付工程款利息；发包人迟延退还工程保留金的利息；承包人垫资施工的垫资利息；发包人错误扣款的利息等。至于具体的利率标准，双方可以在合同中明确约定，没有约定或约定不明的，可以按照中国人民银行发布的同期同类贷款利率计算。

11. 【答案】C

【解析】季节性大雨属于承包人可以预料的事件，因此不能获得工期补偿。

12. 【答案】C

【解析】压缩的工期天数不得超过定额工期的20%，超过的，应在招标文件中明示增加赶工费用。

13. 【答案】D

【解析】选项A错误，监理人是接受发包人的委托，监理人错误的责任应由发包人承担。选项B错误，因政策法令的变化属于其他类索赔。选项C错误，如果机械设备是承包人自有设备，一般按台班折旧费、人工费与其他费之和计算；如果是承包人租赁的设备，一般按台班租金加上每台班分摊的施工机械进出场费计算。

14. 【答案】ABE

【解析】选项C错误，总承包人与分包人之间的索赔属于按索赔当事人分类。选项D错误，工期索赔属于按索赔目的和要求分类。

15. 【答案】ABCD

【解析】人工费的索赔包括：由于完成合同之外的额外工作所花费的人工费用；超过法定工作时间加班劳动；法定人工费增长；因非承包商原因导致工效降低所增加的人工费用；因非承包商原因导致工程停工的人员窝工费和工资上涨费等。

16. 【答案】A

【解析】材料费的索赔包括：由于索赔事件的发生造成材料实际用量超过计划用量而增加的材料费；由于发包人原因导致工程延期期间的材料价格上涨和超期储存费用。材料费中应包括运输费，仓储费，以及合理的损耗费用。如果由于承包商管理不善，造成材料损坏失效，则不能列入索赔款项内。

17. 【答案】B

【解析】一般来说，双方还应当在合同中约定提前竣工奖励的最高限额（如合同价款的5%）。

18. 【答案】BDE

【解析】选项B错误，发包人要求承包人提前竣工时，可以得到费用索赔。选项D错误，对于非强制性标准，必须在合同中有明确规定的情况下，才能作为索赔的依据。选项E错误，工程施工合同是工程索赔中最关键和最主要的依据。

19. 【答案】ABCD

【解析】承包人工程索赔成立的基本条件包括：①已造成了承包人直接经济损失或工期延误；②是因非承包人的原因发生的；③承包人已经按照工程施工合同规定的期限和程序提交了索赔意向通知、索赔报告及相关证明材料。

20. 【答案】A

【解析】选项B错误，工期、费用索赔要划

分是谁的责任。选项C错误，承包人造成的延期不予补偿工期。选项D错误，有时也应注意，既要看被延误的工作是否在批准进度计划的关键路线上，又要详细分析这一延误对后续工作的可能影响。因为若对非关键路线工作的影响时间较长，超过了该工作可用于自由支配的时间，也会导致进度计划中非关键路线转化为关键路线，其滞后将影响总工期的拖延。

21. **【答案】** A

【解析】 选项A正确，在计算停工损失中人工费时，通常采取人工单价乘以折算系数计算。选项B错误，保函手续费是指因发包人原因导致工程延期时，承包人必须办理工程保险、施工人员意外伤害保险等各项保险的延期手续，对于由此而增加的费用，承包人可以提出索赔。选项C错误，管理费可分为现场管理费和公司管理费两部分。选项D错误，在计算机械设备台班停滞费时，不能按机械设备台班费计算，因为台班费中包括设备使用费。如果机械设备是承包人自有设备，一般按台班折旧费计算；如果是承包人租赁的设备，一般按台班租金加上每台班分摊的施工机械进出场费计算。

22. **【答案】** C

【解析】 由于发包人的原因导致分包工程费用增加时，分包人只能向总承包人提出索赔，但分包人的索赔款项应当列入总承包人对发包人的索赔款项中。分包费用索赔指的是分包人的索赔费用，一般也包括与上述费用类似的内容索赔。

23. **【答案】** D

【解析】 工期索赔的计算方法包括直接法、比例计算法、网络图分析法。

24. **【答案】** A

【解析】 工期索赔值＝原合同总工期×额外增加的工程量的价格/原合同总价＝200/2000×18＝1.8（个月）。

25. **【答案】** B

【解析】 异常恶劣天气只索赔工期，只能索赔因异常恶劣的天气导致复工的费用，即：(10×100＋900)×(1＋30%)＝2470（元）。停电导致的索赔额＝1×400＋5×50＝650（元）。总索赔费用＝2470＋650＝3120（元）。

26. **【答案】** A

【解析】 工作B虽然不是关键工作，是由业主的原因造成的，可以获得索赔，但是延误的天数并没有超过其总时差，所以不能得到工期索赔。工作D为关键工作，但是并不是由发包人原因造成的，故不能得到索赔。

27. **【答案】** D

【解析】 承包人向发包人提出工期索赔的具体依据主要包括：①合同约定或双方认可的施工总进度规划；②合同双方认可的详细进度计划；③合同双方认可的对工期的修改文件；④施工日志、气象资料；⑤业主或工程师的变更指令；⑥影响工期的干扰事件；⑦受干扰后的实际工程进度等。

28. **【答案】** ABC

【解析】 索赔费用的计算方法通常有三种，即实际费用法、总费用法和修正的总费用法。

29. **【答案】** D

【解析】 利息的索赔包括：发包人拖延支付工程款利息；发包人迟延退还工程质量保证金的利息；承包人垫资施工的垫资利息；发包人错误扣款的利息等。至于具体的利率标准，双方可以在合同中明确约定，没有约定或约定不明的，可以按照中国人民银行发布的同期同类贷款利率计算。

30. **【答案】** A

【解析】 现场管理费率的确定可以选用以下方法：①合同百分比法，即管理费比率在合同中规定；②行业平均水平法，即采用公开认可的行业标准费率；③原始估价法，即采用投标报价时确定的费率；④历史数据法，即采用以往相似工程的管理费率。

考点5 其他类合同价款调整事项

1. **【答案】** B

【解析】 对签证金额的复核由造价工程师

完成。

2. 【答案】ABC

【解析】选项A错误，承包人应按照现场签证内容计算价款，报送发包人确认后，作为增加合同价款，与进度款同期支付。选项B错误，如果现场签证的工作没有相应的计日工单价，应当在现场签证报告中列明完成该签证工作所需的人工、材料、工程设备和施工机械台班的数量及其单价。选项C错误，选项E正确，合同工程发生现场签证事项，未经发包人签证确认，承包人便擅自实施相关工作的，除非征得发包人书面同意，否则发生的费用由承包人承担。承包人应发包人要求完成合同以外的零星项目、非承包人责任事件等工作的，发包人应及时以书面形式向承包人发出指令，提供所需的相关资料；承包人在收到指令后，应及时向发包人提出现场签证要求。选项D正确，现场签证是指发包人或其授权现场代表包括（工程监理人、工程造价咨询人）与承包人或其授权现场代表就施工过程中涉及的责任事件所作的签认证明。

3. 【答案】ACD

【解析】选项B错误，其不属于现场签证的范围。选项E错误，承包人应按照现场签证内容计算价款，报送发包人确认后，作为增加合同价款，与进度款同期支付。

第二节　工程合同价款支付与结算

考点1　工程计量

1. 【答案】D

【解析】工程计量的范围包括：工程量清单及工程变更所修订的工程量清单的内容；合同文件中规定的各种费用支付项目，如费用索赔、各种预付款、价格调整、违约金等。上述内容并不涵盖选项D。

2. 【答案】B

【解析】工程计量的原则包括下列三个方面：①不符合合同文件要求的工程不予计量；②按合同文件所规定的方法、范围、内容和单位计量；③因承包人原因造成的超出合同工程范围施工或返工的工程量，发包人不予计量。

3. 【答案】D

【解析】总价合同各项目的工程量是承包人用于结算的最终工程量。

4. 【答案】BE

【解析】工程计量就是发承包双方根据合同约定，对承包人完成合同工程的数量进行的计算和确认。工程计量的原则包括：①不符合合同文件要求的工程不予以计量；②按合同文件所规定的方法、范围、内容和单位计量；③因承包人原因造成的超出合同工程范围施工或返工的工程量，发包人不予计量。

5. 【答案】AE

【解析】工程计量的原则包括：①不符合合同文件要求的工程不予计量；②按合同文件所规定的方法、范围、内容和单位计量；③因承包人原因造成的超出合同工程范围施工或返工的工程量，发包人不予计量。选项B、C错误，通常区分单价合同和总价合同规定不同的计量方法，成本加酬金合同按照单价合同的计量规定进行计量。选项D错误，单价合同工程量必须以承包人完成合同工程应予计量的且依据国家现行工程量计算规则计算得到的工程量确定。施工中工程计量时，若发现招标工程量清单中出现缺项、工程量偏差，或因工程变更引起工程量的增减，应按承包人在履行合同义务中完成的工程量计算。

6. 【答案】ACE

【解析】工程计量的依据包括工程量清单及说明、合同图纸、工程变更令及其修订的工程量清单、合同条件、技术规范、有关计量的补充协议、质量合格证书等。

考点2　预付款及期中支付

1. 【答案】A

【解析】预付款担保是指承包人与发包人签订合同后领取预付款前，承包人正确、合理使用发包人支付的预付款而提供的担保。预付款担保的主要形式为银行保函；预付款担保也可以采用发承包双方约定的其他形式。承包人的预付款保函的担保金额根据预付款扣回的数额相应递减，但在预付款全部扣回之前一直保持有效。

2.【答案】C

【解析】支付申请的内容包括：①累计已完成的合同价款。②累计已实际支付的合同价款。③本周期合计完成的合同价款，其中包括：本周期已完成单价项目的金额；本周期应支付的总价项目的金额；本周期已完成的计日工价款；本周期应支付的安全文明施工费；本周期应增加的金额。④本周期合计应扣减的金额，其中包括：本周期应扣回的预付款；本周期应扣减的金额。⑤本周期实际应支付的合同价款。

3.【答案】A

【解析】工程预付款数额＝5000×0.6/180×25＝417（万元）。

4.【答案】C

【解析】起扣点的计算公式为：$T=P-M/N$。式中，T——起扣点（即工程预付款开始扣回时）的累计完成工程金额；M——工程预付款总额；N——主要材料及构件所占比重；P——承包工程合同总额。

5.【答案】A

【解析】起扣点的计算公式为：$T=P-M/N$。式中，T——起扣点（即工程预付款开始扣回时）的累计完成工程金额；M——工程预付款总额；N——主要材料及构件所占比重；P——承包工程合同总额。

6.【解析】A

【解析】工程预付款起扣点表示从未施工工程尚需的主要材料及构件的价值相当于工程预付款数额时起扣。

7.【解析】AE

【解析】选项A错误，预付款担保是指承包人与发包人签订合同后领取预付款前，承包人正确、合理使用发包人支付的预付款而提供的担保。选项E错误，预付款担保的主要形式是银行保函。

8.【答案】D

【解析】发包人应在工程开工后的28天内预付不低于当年施工进度计划的安全文明施工费总额的60%，其余部分按照提前安排的原则进行分解，与进度款同期支付。

9.【答案】C

【解析】进度款的支付比例按照合同约定，按期中结算价款总额计，不低于60%，不高于90%。

10.【答案】B

【解析】预付款的支付比例为签约合同价（扣除暂列余额）的10%～30%。预付款金额最低应为：(3500－500)×10%＝300（万元）。

11.【答案】B

【解析】选项A错误，预付款担保的担保金额通常与发包人的预付款是等值的。选项B正确，起扣点计算法对承包人比较有利，最大限度地占用了发包人的流动资金，但是，显然不利于发包人资金使用。选项C错误，预付款一般逐月从工程进度款中扣除，预付款担保的担保金额也相应逐月减少。选项D错误，承包人的预付款保函的担保金额根据预付款扣回的数额相应扣减，但在预付款全部扣回之前一直保持有效，在预付款扣完后就无效了。

12.【答案】D

【解析】选项A错误，发包人应在开工后的28天内预付安全文明施工费。选项B、C错误，发包人应在工程开工后的28天内预付不低于当年施工进度计划的安全文明施工费总额的60%，其余部分按照提前安排的原则进行分解，与进度款同期支付。选项D正确，发包人没有按时支付安全文明施工费的，承包人可催告发包人支付；发包人在付款期满后的7天内仍未支付的，若发生安全事故，发包人应承担连带责任。

13.【答案】B

【解析】发现已签发的任何支付证书有错、漏或重复的数额，发包人有权予以修正，承包人也有权提出修正申请。经发承包双方复核同意修正的，应在本次到期的进度款中支付或扣除。

14.【答案】ABC

【解析】支付申请的内容包括：①累计已完

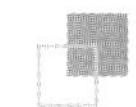

成的合同价款。②累计已实际支付的合同价款。③本周期合计完成的合同价款，其中包括：本周期已完成单价项目的金额；本周期应支付的总价项目的金额；本周期已完成的计日工价款；本周期应支付的安全文明施工费；本周期应增加的金额。④本周期合计应扣减的金额，其中包括：本周期应扣回的预付款；本周期应扣减的金额。⑤本周期实际应支付的合同价款。

考点 3 竣工结算

1. 【答案】B

【解析】发包人对工程质量有异议，拒绝办理工程竣工结算的，按以下情形处理：①已经竣工验收或已竣工未验收但实际投入使用的工程，其质量争议按该工程保修合同执行，竣工结算按合同约定办理；②已竣工未验收且未实际投入使用的工程以及停工、停建工程的质量争议，双方应就有争议的部分委托有资质的检测鉴定机构进行检测，根据检测结果确定解决方案，或按工程质量监督机构的处理决定执行后办理竣工结算，无争议部分的竣工结算按合同约定办理。

2. 【答案】ADE

【解析】选项A正确，工程竣工结算文件经发承包双方签字确认的，应当作为工程结算的依据。选项B错误，工程完工后，承包人应当在工程完工后的约定期限内提交竣工结算文件。选项C错误，工程造价咨询机构应在规定期限内核对完毕，核对结论与承包人竣工结算文件不一致的，应提交给承包人复核，承包人应在规定期限内将同意核对结论或不同意见的说明提交工程造价咨询机构。选项D正确，复核后仍有异议的，对于无异议部分办理不完全竣工结算。选项E正确，有异议部分由发承包双方协商解决，协商不成的，按照合同约定的争议解决方式处理。

3. 【答案】D

【解析】选项D错误，工程造价咨询机构应在规定期限内核对完毕，核对结论与承包人竣工结算文件不一致的，应提交给承包人复核，承包人应在规定期限内将同意核对结论或不同意见的说明提交工程造价咨询机构。

4. 【答案】BCDE

【解析】选项A错误，措施项目中的单价项目应依据双方确认的工程量与已标价工程量清单的综合单价计算；如发生调整的，以发承包双方确认调整的综合单价计算。措施项目中的总价项目应依据合同约定的项目和金额计算；如发生调整的，以发承包双方确认调整的金额计算，其中安全文明施工费必须按照国家或省级、行业建设主管部门的规定计算。规费中的工程排污费应按工程所在地环境保护部门规定标准缴纳后按实列入。计日工应按发包人实际签证确认的事项计算。施工索赔费用应依据发承包双方确认的索赔事项和金额计算。

5. 【答案】BCDE

【解析】由于不可抗力解除合同的，发包人除应向承包人支付合同解除之日前已完工程但尚未支付的合同价款，还应支付下列金额：①合同中约定应由发包人承担的费用。②已实施或部分实施的措施项目应付价款。③承包人为合同工程合理订购且已交付的材料和工程设备货款。发包人一经支付此项货款，该材料和工程设备即成为发包人的财产。④承包人撤离现场所需的合理费用，包括员工遣送费和临时工程拆除、施工设备运离现场的费用。⑤承包人为完成合同工程而预期开支的任何合理费用，且该项费用未包括在本款其他各项支付之内。

6. 【答案】C

【解析】发包人委托工程造价咨询机构核对审核竣工结算文件的，工程造价咨询机构应在规定期限内核对完毕，审核意见与承包人提交的竣工结算文件不一致的，应提交给承包人复核。

7. 【答案】D

【解析】选项A错误，分部分项工程和措施项目中的单价项目应依据双方确认的工程量与已标价工程量清单的综合单价计算。选项B错误，计日工应按发包人实际签证确认的事项计算。选项C错误，暂列金额应减去工程价款调整（包括索赔、现场签证）金额计算，如有余额归发包人。

8.【答案】BE

【解析】选项A错误，措施项目如果发生调整的，以发承包双方确认调整的金额计算，其中安全文明施工费必须按照国家或省级、行业建设主管部门的规定计算。选项C错误，暂列金额应减去工程价款调整金额计算，如有余额归发包人。选项D错误，施工索赔费用应依据发承包双方确认的索赔事项和金额计算。

9.【答案】ABCE

【解析】工程竣工结算编制和复核的主要依据有：①计价规范；②工程合同；③发承包双方实施过程中已确认的工程量及其结算的合同价款；④发承包双方实施过程中已确认调整后追加（减）的合同价款；⑤建设工程设计文件及相关资料；⑥投标文件；⑦其他依据。

10.【答案】BE

【解析】选项B错误，总承包服务费应依据合同约定金额计算，如发生调整的，以发承包双方确认调整的金额计算。选项E错误，采用总价合同的，应在合同总价基础上，对合同约定能调整的内容及超过合同约定范围的风险因素进行调整。

11.【答案】DE

【解析】选项A错误，措施项目中的单价项目应依据双方确认的工程量与已标价工程量清单的综合单价计算。选项B错误，总承包服务费应依据合同约定金额计算，如发生调整的，以发承包双方确认调整的金额计算。选项C错误，暂列金额应减去工程价款调整（包括索赔、现场签证）金额计算，如有余额归发包人。

12.【答案】B

【解析】选项A错误，分部分项工程和措施项目中的单价项目应依据双方确认的工程量与已标价工程量清单的综合单价计算；如发生调整的，以发承包双方确认调整的综合单价计算。选项C错误，安全文明施工费必须按照国家或省级、行业建设主管部门的规定计算。选项D错误，发承包双方在合同工程实施过程中已经确认的工程计量结果和合同价款，在竣工结算办理中应直接进入结算。

13.【答案】B

【解析】国有资金投资建设工程的发包人，应当委托具有相应资质的工程造价咨询企业对竣工结算文件进行审核，并在收到竣工结算文件后的约定期限内向承包人提出由工程造价咨询企业出具的竣工结算文件审核意见；逾期未答复的，按照合同约定处理，合同没有约定的，竣工结算文件视为已被认可。

14.【答案】ABC

【解析】接受委托的工程造价咨询机构从事竣工结算审核工作通常应包括下列三个阶段：①准备阶段；②审核阶段；③审定阶段。

15.【答案】ABC

【解析】审核阶段应包括现场踏勘核实，召开审核会议，澄清问题，提出补充依据性资料和必要的弥补性措施，形成会商纪要，进行计量、计价审核与确定工作，完成初步审核报告。选项D属于审定阶段的内容，选项E属于准备阶段的内容。

16.【答案】A

【解析】竣工结算审核应采用全面审核法，除委托咨询合同另有约定外，不得采用重点审核法、抽样审核法或类比审核法等其他方法。

17.【答案】B

【解析】承包人应根据办理的竣工结算文件，向发包人提交竣工结算款支付申请。该申请应包括下列内容：①竣工结算合同价款总额；②累计已实际支付的合同价款；③应扣留的质量保证金；④实际应支付的竣工结算款金额。

18.【答案】D

【解析】发包人未按照规定的程序支付竣工结算款的，承包人可催告发包人支付，并有权获得延迟支付的利息；发包人在竣工结算支付证书签发后或者在收到承包人提

交的竣工结算款支付申请规定时间内仍未支付的，除法律另有规定外，承包人可与发包人协商将该工程折价，也可直接向人民法院申请将该工程依法拍卖。

考点 4 质量保证金的处理

1. 【答案】DE

【解析】选项 A 错误，发包人应按照合同约定方式预留质量保证金，质量保证金总预留比例不得高于工程价款结算总额的 3%。选项 B 错误，缺陷责任期从工程通过竣工验收之日起算。选项 C 错误，缺陷责任期一般为 1 年，最长不超过 2 年。

2. 【答案】C

【解析】社会投资项目采用预留质量保证金方式的，发承包双方可以约定将质量保证金交由金融机构托管。

3. 【答案】A

【解析】由他人及不可抗力原因造成的缺陷，发包人负责维修，承包人不承担费用，且发包人不得从质量保证金中扣除费用。

4. 【答案】ACDE

【解析】发包人在接到承包人返还质量保证金申请后，应于 14 天内会同承包人按照合同约定的内容进行核实。如无异议，发包人应当按照约定将质量保证金返还给承包人。对返还期限没有约定或者约定不明确的，发包人应当在核实后 14 天内将质量保证金返还承包人，逾期未返还的，依法承担违约责任。发包人在接到承包人返还质量保证金申请后 14 天内不予答复，经催告后 14 天内仍不予答复，视同认可承包人的返还保证金申请。

考点 5 最终结清

1. 【答案】D

【解析】选项 A 错误，所谓最终结清，是指合同约定的缺陷责任期终止后，承包人已按合同规定完成全部剩余工作且质量合格的，发包人与承包人结清全部剩余款项的活动。选项 B 错误，提出索赔的期限自接受最终支付证书时终止。选项 C 错误，最终结清时，如果承包人被扣留的质量保证金不足以抵减发包人工程缺陷修复费用的，承包人应承担不足部分的补偿责任。选项 D 正确，最终结清付款涉及政府投资资金的，按照国库集中支付等国家相关规定和专用合同条款的约定办理。

2. 【答案】C

【解析】所谓最终结清，是指合同约定的缺陷责任期终止后，承包人已按合同规定完成全部剩余工作且质量合格的，发包人与承包人结清全部剩余款项的活动。

3. 【答案】D

【解析】承包人按合同约定接受了竣工结算支付证书后，应被认为已无权再提出在合同工程接收证书颁发前所发生的任何索赔。承包人在提交的最终结清申请中，只限于提出工程接收证书颁发后发生的索赔。提出索赔的期限自接受最终支付证书时终止。

4. 【答案】D

【解析】发包人收到承包人提交的最终结清申请单后的规定时间内予以核实，向承包人签发最终支付证书。发包人未在约定时间内核实，又未提出具体意见的，视为承包人提交的最终结清申请单已被发包人认可。

考点 6 合同价款纠纷的处理

1. 【答案】C

【解析】下列时间视为应付款时间：①建设工程已实际交付的，为交付之日；②建设工程没有交付的，为提交竣工结算文件之日；③建设工程未交付，工程价款也未结算的，为当事人起诉之日。

2. 【答案】B

【解析】对于垫资施工部分的工程价款结算，最高人民法院《关于审理建设工程施工合同纠纷案件适用法律问题的解释》提出了处理意见：①当事人对垫资和垫资利息有约定，承包人请求按照约定返还垫资及其利息的，应予支持，但是约定的利息计算标准高于中国人民银行发布的同期同类贷款利率的部分除外；②当事人对垫资没有约定的，按照工程欠款处理；③当事人对垫资利息没有约定，承包人请求支付利息的，不予支持。

3.【答案】ACDE

【解析】选项A正确，承包人非法转包、违法分包建设工程或者没有资质的实际施工人借用有资质的建筑施工企业名义与他人签订建设工程施工合同的行为无效。选项B错误，当事人对垫资和垫资利息有约定，承包人请求按照约定返还垫资及其利息的，应予支持，但是约定的利息计算标准高于中国人民银行发布的同期同类贷款利率的部分除外。选项C正确，当出现设计变更时，当事人对建设工程的计价标准或者计价方法有约定的，按照约定结算工程价款。选项D正确，当事人就同一建设工程另行订立的建设工程施工合同与经过备案的中标合同实质性内容不一致的，应当以备案的中标合同作为结算工程价款的根据。选项E正确，利息从应付工程价款之日计付。当事人对付款时间没有约定或者约定不明的，下列时间视为应付款时间：①建设工程已实际交付的，为交付之日；②建设工程没有交付的，为提交竣工结算文件之日；③建设工程未交付，工程价款也未结算的，为当事人起诉之日。

4.【答案】A

【解析】最高人民法院《关于审理建设工程施工合同纠纷案件适用法律问题的解释》提出了处理意见：①当事人对垫资和垫资利息有约定，承包人请求按照约定返还垫资及其利息的，应予支持，但是约定的利息计算标准高于中国人民银行发布的同期同类贷款利率的部分除外；②当事人对垫资没有约定的，按照工程欠款处理；③当事人对垫资利息没有约定，承包人请求支付利息的，不予支持。

5.【答案】BCD

【解析】承包人非法转包、违法分包建设工程或者没有资质的实际施工人借用有资质的建筑施工企业名义与他人签订建设工程施工合同的行为无效。

6.【答案】ACD

【解析】选项B错误，如果发承包双方发生了争议，任何一方可以将该争议以书面形式提交调解人，并将副本抄送另一方，委托调解人调解。选项E错误，若发承包任一方对调解书有异议，应在收到调解书28天内向另一方发出异议通知。

7.【答案】A

【解析】在鉴定过程中，对鉴定项目或鉴定项目中部分内容，当事人相互协商一致，达成的书面妥协性意见应纳入确定性意见，但应在鉴定意见中予以注明。

8.【答案】ABD

【解析】选项C错误，施工合同解除后，已完成的建设工程质量不合格，但修复后经验收合格，承包人请求支付工程价款的，予以支持。选项E错误，未约定利率的，当事人对欠付工程价款利息按中国人民银行发布的同期同类贷款利率计算。

9.【答案】ABD

【解析】选项C错误，建设工程未经竣工验收，发包人擅自使用后，又以使用部分质量不符合约定为由主张权利的，不予支持；但是承包人应当在建设工程的合理使用寿命内对地基基础工程和主体结构质量承担民事责任。选项E错误，承包人超越资质等级许可的业务范围签订建设工程施工合同，在建设工程竣工前取得相应资质等级，当事人请求按照无效合同处理的，不予支持。

10.【答案】ABD

【解析】选项A错误，承包人对调解书有异议时，除非并直到调解书在协商和解或仲裁裁决、诉讼判决中做出修改，或合同已经解除，承包人应继续按照合同实施工程。选项B错误，调解人应在收到调解委托后28天内，或由调解人建议并经发承包双方认可的其他期限内，提出调解书，发承包双方接受调解书的，经双方签字后作为合同的补充文件。选项C正确，合同履行期间，发承包双方可以协议调换或终止任何调解人，但发包人或承包人都不能单独采取行动。选项D错误，在最终结清支付证书生效后，调解人的任期即终止。选项E正确，如果调解人已就争议事项向发承包双方提交了调解书，而任一方在收到调解书后28天内，均未发出表示异议的通

知，则调解书对发承包双方均具有约束力。

11.【答案】C

【解析】鉴定事项涉及复杂、疑难、特殊的技术问题需要较长时间的，经与委托人协商，完成鉴定的时间可以延长，每次延长时间一般不得超过30个工作日。每个鉴定项目延长次数一般不得超过3次。

12.【答案】ACDE

【解析】选项B错误，鉴定机构对同一鉴定事项，应指定2名及以上鉴定人共同进行鉴定。对争议标的较大或涉及工程专业较多的鉴定项目，应成立由3名及以上鉴定人组成的鉴定项目组。

13.【答案】C

【解析】争议标的涉及工程造价金额为3000万元以上1亿元以下（含1亿元）的，委托签定期限为80个工作日。

14.【答案】A

【解析】选项B错误，当事人因物价波动要求调整合同价款发生争议的，应按以下规定进行鉴定：①合同中约定了计价风险范围和幅度的，按合同约定进行鉴定；合同中约定了物价波动可以调整，但没有约定风险范围和幅度的，应提请委托人决定，按现行国家标准计价规范的相关规定进行鉴定；但已经采用价格指数法进行了调整的除外。②合同中约定物价波动不予调整的，仍应对实行政府定价或政府指导价的材料按《民法典》的相关规定进行鉴定。选项C错误，当事人因材料价格发生争议的，鉴定人应提请委托人决定并按其决定进行鉴定，委托人未及时决定的可按以下规定进行鉴定，供委托人判断使用：①材料价格在采购前经发包人或其代表签批认可的，应按签批的材料价格进行鉴定；②材料采购前未报发包人或其代表认质认价的，应按合同约定的价格进行鉴定；③发包人认为承包人采购的材料不符合质量要求，不予认价的，应按双方约定的价格进行鉴定，质量方面的争议应告知发包人另行申请质量鉴定。选项D错误，当事人对鉴定项目开工时间有争议的，鉴定人应提请委托人决定，委托人要求鉴定人提出意见的，鉴定人应按以下规定提出鉴定意见，供委托人判断使用：①合同中约定了开工时间，但发包人又批准了承包人的开工报告或发出了开工通知，应采用发包人批准的开工报告或发出的开工通知的时间。②合同中未约定开工时间，应采用发包人批准的开工时间；没有发包人批准的开工时间，可根据施工日志、验收记录等相关证据确定开工时间。③合同中约定了开工时间，因承包人原因不能按时开工，发包人接到承包人延期开工申请且同意承包人要求的，开工时间相应顺延；发包人不同意延期要求或承包人未在约定时间内提出延期开工要求的，开工时间不予顺延。

15.【答案】D

【解析】委托人移交的证据材料宜包含但不限于下列内容：①起诉状（或仲裁申请书）、反诉状（或仲裁反申请书）及答辩状、代理词；②证据及《送鉴证据材料目录》；③质证记录、庭审记录等卷宗；④鉴定机构认为需要的其他有关资料。

16.【答案】BE

【解析】当事人因工程签证费用发生争议的，应按以下规定进行鉴定：①签证明确了人工、材料、机具台班数量及其价格的，按签证的数量和价格计算；②签证只有用工数量没有人工单价的，其人工单价按照工作技术要求比照鉴定项目相应工程人工单价适当上浮计算；③签证只有材料机具台班用量没有价格的，其材料和台班价格按照鉴定项目相应工程材料和台班价格计算；④签证只有总价款而无明细表述的，按总价款计算；⑤签证中的零星工程数量与该工程应予实际完成的数量不一致时，应按实际完成的工程数量计算。

第三节　工程总承包和国际工程合同价款结算

考点1　工程总承包合同价款的结算

1.【答案】ABDE

【解析】本题考查的是工程总承包合同价款

的结算。根据《标准设计施工总承包招标文件》（2012 年版）的规定，合同价格包括签约合同价以及按照合同约定进行的调整。价格清单列出的任何数量仅为估算的工作量，不得将其视为要求承包人实施的工程的实际或准确的工作量。合同约定工程的某部分按照实际完成的工程量进行支付的，应按照专用合同条款的约定进行计量和估价，并据此调整合同价格。

2.【答案】A

【解析】选项 B 错误，承包人提出的合理化建议降低了合同价格、缩短了工期或者提高了工程经济效益的，发包人可在专用合同条款中约定给予奖励。选项 C 错误，变更指示只能由监理人发出。选项 D 错误，监理人应与合同当事人商定或确定变更价格，变更价格应包括合理的利润，并应考虑承包人提出的合理化建议。

3.【答案】A

【解析】本题考查的是工程总承包合同价款的结算。对于暂估价项目是否调整价差，《标准设计施工总承包招标文件》（2012 年版）给出了两类可供选择的条款，当事人订立合同时应当明确本合同所采用的条款。暂估价（B）条款，签约合同价中包括暂估价的，按合同约定进行支付，不予调整价差。

4.【答案】C

【解析】根据《标准设计施工总承包招标文件》（2012 年版）的规定，暂估价（A）条款，发包人在价格清单中给定暂估价的专业服务、材料、工程设备和专业工程属于依法必须招标的范围并达到规定的规模标准的，由发包人和承包人以招标的方式选择供应商或分包人。

5.【答案】B

【解析】发包人最迟应在监理人收到进度付款申请单后的 28 天内，将进度应付款支付给承包人。发包人未能在前述时间内完成审批或不予答复的，视为发包人同意进度付款申请。发包人不按期支付的，按专用合同条款的约定支付逾期付款违约金。

6.【答案】B

【解析】除专用合同条款另有约定外，工程进度付款按月支付。

考点 2 国际工程合同价款的结算

1.【答案】ABD

【解析】选项 A 正确，变更指示只能由监理人发出。选项 B 正确，在明确构成工程变更的情况下，承包商享有工期顺延和调价的权利，无须再依据索赔程序发出索赔通知。选项 C 错误，承包商建议的变更，承包商的建议包括两类：一类是工程师征求承包商的建议，另一类是承包商基于价值工程主动提出的建议。选项 D 正确，如果没有可供参考的相关费率或价格，则新的费率或价格应根据实施该项工作的合理费用，以及合同专用条款中规定的利润率（如果没有，按 5%计取），并考虑任何相关事件后确定。选项 E 错误，如果由工程师批准的建议包括对部分永久工程的设计的改变，除非双方另有约定，应当由承包商自费完成该部分工程的设计工作并承担相应的义务。

2.【答案】C

【解析】本题考查的是国际工程合同价款的结算。工程变更的范围包括：①合同中任何工作的工程量的变化（但此类变化不一定构成变更）；②任何工作的质量或其他特性的改变；③工程任何部位的标高、位置和（或）尺寸的改变；④任何工作的删减，但未经双方同意由他人实施的除外；⑤永久工程所必需的任何附加工作、永久设备、材料或服务，包括任何有关的竣工试验、钻孔、其他试验或勘察工作；⑥实施工程的顺序或时间安排的改变。承包商不应对永久工程做任何更改或修改，除非且直到工程师发出变更指令。

3.【答案】AE

【解析】选项 B 错误，如果承包商认为其建议被业主采纳后能够缩短工程工期，降低业主实施、维护或运营工程的费用，能为业主提高竣工工程的效率、价值或者为业主带来其他利益，那么他可以随时向工程师提交一份书面建议。承包商应自费编制此类建议

书。选项C错误，不论何种变更，都必须由工程师发布变更指令。选项D错误，工程师发出变更指令，承包商应当在收到工程师指令的28天（或者承包商提请工程师同意的其他期限）内，针对变更工作的实施提交详细资料。

4. **【答案】**D

【解析】工程师签发工程接收证书后，承包商应将保留金的前一半列入其支付报表中。在最后一个缺陷通知期届满后，承包商应立即将保留金的另一半列入支付报表。

5. **【答案】**D

【解析】业主应于工程师收到承包商的报表及证明文件之日起56天内，将期中支付证书中开具的款额支付给承包商。如果承包商不能按时收到业主的付款，承包商有权就未付款额从业主应当支付之日起，按月计算复利，收取延误支付期间的融资费。

6. **【答案】**D

【解析】工程师确认用于永久工程的材料和设备符合预支条件后，应当根据审查承包商提交的相关文件确定此类材料和设备的实际费用（包括运至现场的费用），期中支付证书中应增加的款额为该费用的80%。

7. **【答案】**B

【解析】选项A错误，工程师应当在收到承包商提交的符合要求的履约保函、预付款保函以及承包商的预付款支付申请后的14天内，签发预付款支付证书。选项C错误，除专用条款“合同数据”中规定的其他比例外，按以下方法扣还：①当期中支付证书中的累计支付总额（不包括预付款以及保留金的扣留与返还）超过中标合同金额减去暂定金额之差的10%时，开始扣还；②每次扣还的金额为每份期中支付证书金额（不包括预付款以及保留金的扣留与返还）的25%，直至还清全部预付款。选项D错误，扣还的货币及比例与支付预付款时相同。如果在颁发工程接收证书前，或者因业主提出终止、承包商提出暂停和终止、不可预见事件而导致合同终止之前，尚未还清全部预付款的，所有未清余额应由承包商立即支付给业主。

8. **【答案】**BE

【解析】选项C错误，如果由于工程变更，使得数据调整表中所列各项费用要素的权重（系数）变得不合理、失衡或者不适用时，则应对其进行调整。选项D错误，调价公式中的固定系数，代表合同支付中不予调整的部分。

9. **【答案】**ABC

【解析】当某项工作的工程量变化同时满足下列条件时，对该项工作的估价应当适用新的费率或价格：①该项工作实际测量的工程量变化超过工程量清单或其他报表中规定工程量的10%以上；②该项工作工程量的变化与工程量清单或其他报表中相对应费率或价格的乘积超过中标合同金额的0.01%；③工程量的变化直接导致该项工作的单位工程量费用的变动超过1%；④该项工作并非工程量清单或其他报表中规定的“固定费率项目”“固定费用”和其他类似涉及单价不因工程量的任何变化而调整的项目。

第六章　建设项目竣工决算和新增资产价值的确定

第一节　竣工决算

考点 1　建设项目竣工决算的概念及作用

1.【答案】ABCD

【解析】选项E错误，竣工决算包括固定资产、流动资产、无形资产和其他资产的价值。

考点 2　竣工决算的内容和编制

1.【答案】B

【解析】非经营性项目转出投资支出是指非经营项目为项目配套的专用设施投资，包括专用道路、专用通信设施、送变电站、地下管道等，且其产权不属于本单位的投资支出。对于产权归属本单位的，应计入交付使用资产价值。

2.【答案】A

【解析】根据财政部、国家发改委、住房和城乡建设部的有关文件规定，竣工决算是由竣工财务决算说明书、竣工财务决算报表、工程竣工图和工程竣工造价对比分析四部分组成。其中竣工财务决算说明书和竣工财务决算报表两部分又称建设项目竣工财务决算，是竣工决算的核心内容。

3.【答案】B

【解析】建设工程竣工图是真实地记录各种地上、地下建筑物、构筑物等情况的技术文件，是工程进行交工验收、维护、改建和扩建的依据，是国家的重要技术档案。国家规定，各项新建、扩建、改建的基本建设工程，特别是基础、地下建筑、管线、结构、井巷、桥梁、隧道、港口、水坝以及设备安装等隐蔽部位，都要编制竣工图。

4.【答案】ABCD

【解析】竣工财务决算说明书主要反映竣工工程建设成果和经验，是对竣工决算报表进行分析和补充说明的文件，是全面考核分析工程投资与造价的书面总结，是竣工决算报告的重要组成部分，其内容主要包括：①项目概况；②会计账务的处理、财产物资清理及债权债务的清偿情况；③项目建设资金计划及到位情况，财政资金支出预算、投资计划及到位情况；④项目建设资金使用、项目结余资金等分配情况；⑤项目概（预）算执行情况及分析，竣工实际完成投资与概算差异及原因分析；⑥尾工工程情况；⑦历次审计、检查、审核、稽查意见及整改落实情况；⑧主要技术经济指标的分析、计算情况；⑨项目管理经验、主要问题和建议；⑩预备费动用情况；⑪项目建设管理制度执行情况、政府采购情况、合同履行情况；⑫征地拆迁补偿情况、移民安置情况；⑬需说明的其他事项。

5.【答案】C

【解析】基本建设项目竣工财务决算表反映建设项目全部资金来源和资金占用情况，是考核和分析投资效果的依据。

6.【答案】A

【解析】资金来源包括基建拨款、部门自筹资金（非负债性资金）、项目资本、项目资本公积、基建借款、待冲基建支出、应付款和未交款等。选项B、C、D属于资金来源。

7.【答案】C

【解析】待核销基建支出是指非经营性项目发生的江河清障、补助群众造林、水土保持、城市绿化等不能形成资产部分的投资，项目取消、项目报废前已发生的支出。非经营性项目发生的农村沼气工程、游牧民定居工程、渔民上岸工程等涉及家庭或者个人的支出，形成资产产权归属家庭或者个人的，也作为待核销基建支出处理。上述待核销基建支出，若形成资产产权归属本单位的，计入交付使用资产价值；形成产权不归属本单位的，作为转出投资处理。

8.【答案】A

【解析】本题考查的是竣工决算的内容和编

制。凡结构形式改变、施工工艺改变、平面布置改变、项目改变以及有其他重大改变，不宜再在原施工图上修改、补充时，应重新绘制改变后的竣工图。由设计原因造成的，由设计单位负责重新绘制；由施工原因造成的，由承包人负责重新绘图；由其他原因造成的，由建设单位自行绘制或委托设计单位绘制。承包人负责在新图上加盖“竣工图”标志，并附以有关记录和说明，作为竣工图。

9.【答案】ACE

【解析】建设项目竣工决算的编制条件有：①经批准的初步设计所确定的工程内容已完成；②单项工程或建设项目竣工结算已完成；③收尾工程投资和预留费用不超过规定的比例；④涉及法律诉讼、工程质量纠纷的事项已处理完毕；⑤其他影响工程竣工决算编制的重大问题已解决。

10.【答案】BCD

【解析】建筑安装工程投资支出、设备工器具投资支出、待摊投资支出和其他投资支出构成建设项目的建设成本。

考点 3 竣工决算的审核和批复

1.【答案】C

【解析】选项A错误，项目决算应包括从筹建到竣工投产全过程的实际支出费用。选项B错误，主管部门本级投资额在3000万元（含3000万元）以下的项目决算由财政部批复。选项D错误，批复项目结余资金和审减投资中应上缴中央总金库的资金，在决算批复后30日内，由主管部门负责上缴。

2.【答案】C

【解析】选项A错误，基本建设项目完工可投入使用或者试运行合格后，应当在3个月内编报竣工财务决算，特殊情况确需延长的，中小型项目不得超过2个月，大型项目不得超过6个月。选项B错误，项目竣工财务决算未经审核前，项目建设单位一般不得撤销，项目负责人及财务主管人员、重大项目的相关工程技术主管人员、概（预）算主管人员一般不得调离。选项D错误，审核项目或单项工程是否已完工，尾工工程超过5%的项目或单项工程，予以退回。

第二节 新增资产价值的确定

考点 1 新增固定资产价值的确定方法

1.【答案】ABDE

【解析】选项C错误，设计的专利权计入无形资产。

2.【答案】CE

【解析】选项A错误，新增固定资产价值的计算是以单项工程为对象。选项B错误，一次交付生产或使用的工程一次计算新增固定资产价值，分期分批交付生产或使用的工程，应分期分批计算新增固定资产价值。选项D错误，生产工艺流程系统设计费按安装工程造价比例分摊。

3.【答案】ACE

【解析】一般情况下，建设单位管理费按建筑工程、安装工程、需安装设备价值总额等按比例分摊，而土地征用费、地质勘察和建筑工程设计费等费用则按建筑工程造价比例分摊，生产工艺流程系统设计费按安装工程造价比例分摊。

4.【答案】ABD

【解析】一般情况下，建设单位管理费按建筑工程、安装工程、需安装设备价值总额等按比例分摊，而土地征用费、地质勘察和建筑工程设计费等费用则按建筑工程造价比例分摊，生产工艺流程系统设计费按安装工程造价比例分摊。

5.【答案】D

【解析】一般情况下，建设单位管理费按建筑工程、安装工程、需安装设备价值总额等按比例分摊，而土地征用费、地质勘察和建筑工程设计费等费用则按建筑工程造价比例分摊，生产工艺流程系统设计费按安装工程造价比例分摊。

6.【答案】B

【解析】建设项目总的建筑工程费：3000＋1000＝4000（万元）；总的安装工程费为800万元；总的需要安装的设备费为1200万元。应分摊的建设单位管理费＝（1000＋

800＋1200）/（4000＋800＋1200）×100＝50（万元）；应分摊的土地征用费＝1000/4000×120＝30（万元）；应分摊的建筑设计费＝1000/4000×60＝15（万元）；应分摊的工艺设计费＝800/800×40＝40（万元）。B工程新增固定资产价值＝（1000＋800＋1200）＋（50＋30＋15＋40）＝3135（万元）。

考点 2　新增无形资产价值的确定方法

1.【答案】B

【解析】选项A错误，企业接受捐赠的无形资产，按照发票账单所载金额或者同类无形资产市场价作价。选项C、D错误，如果专有技术是自创的，一般不作为无形资产入账。

2.【答案】AD

【解析】选项B错误，转让不能按成本估价，按所能带来的超额收益计价。选项C错误，自创的非专利技术一般不作为无形资产入账，按当期费用处理。选项E错误，通过行政划拨取得的土地使用权，不能作为无形资产核算。

3.【答案】C

【解析】对于外购专有技术，应由法定评估机构确认后再进行估价，其方法往往通过能产生的收益采用收益法进行估价。

4.【答案】AC

【解析】选项B错误，专利权转让按其所能带来的超额收益计价。选项D错误，自创的非专利技术一般不作为无形资产入账。选项E错误，通过行政划拨的土地，其土地使用权不能作为无形资产核算。

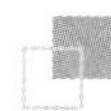

《建设工程计价》真题选编（一）

1. D	11. A	21. A	31. A	41. B	51. C	61. AD	71. ADE
2. A	12. D	22. D	32. A	42. A	52. D	62. BD	72. ABCD
3. D	13. C	23. B	33. B	43. B	53. A	63. BCD	73. ACD
4. C	14. C	24. D	34. D	44. D	54. D	64. ABC	74. BD
5. C	15. B	25. D	35. C	45. A	55. A	65. AC	75. ADE
6. C	16. A	26. C	36. D	46. C	56. D	66. CE	76. BE
7. D	17. C	27. C	37. B	47. D	57. B	67. AB	77. ABE
8. A	18. C	28. C	38. A	48. B	58. B	68. AC	78. ABD
9. B	19. A	29. A	39. C	49. B	59. D	69. ABCE	79. ABE
10. C	20. A	30. B	40. D	50. D	60. A	70. CD	80. BCE

《建设工程计价》真题选编（二）

1. C	11. D	21. A	31. A	41. C	51. D	61. ABCE	71. CD
2. C	12. B	22. C	32. B	42. A	52. D	62. BD	72. ACE
3. D	13. C	23. D	33. C	43. D	53. C	63. BCE	73. ABDE
4. B	14. C	24. C	34. B	44. B	54. C	64. ACE	74. BD
5. A	15. A	25. B	35. C	45. A	55. D	65. AD	75. ACE
6. B	16. B	26. B	36. D	46. C	56. A	66. ACD	76. ACDE
7. A	17. A	27. D	37. C	47. D	57. D	67. BC	77. ABE
8. B	18. C	28. D	38. C	48. C	58. B	68. ABE	78. ACD
9. B	19. D	29. C	39. C	49. B	59. B	69. ACE	79. ABD
10. D	20. C	30. D	40. D	50. B	60. C	70. ABCE	80. BCE